数字电路应用

唐智杰 朱方文 编著

上海大学出版社
·上海·

内 容 提 要

本教材以"从基础理论出发,以实际应用为切入点,教学与实践相结合"为主线,采用从简单到复杂,从一般到特殊的演绎方法,主要讲述数字电路基础知识、大规模集成电路设计与应用、Verilog HDL 语言设计方法和 Quartus Ⅱ 应用软件的使用技术。同时,本教材引进实例设计与实验环节,方便有效地通过计算机来实现多个实例的设计与验证,加深学生对概念、方法和应用技巧的理解,并能够加以应用。本教材结构清楚、层次分明、重点突出,注重理论与实践相结合。

本教材可作为高等工科院校电子技术、自动控制及相近专业本科高年级学生和研究生的教材,也作为广大科研工作者、工程技术人员以及高等院校教师的参考书。

图书在版编目(CIP)数据

数字电路应用 / 唐智杰,朱方文编著. —上海:
上海大学出版社,2015.11
ISBN 978-7-5671-2003-7

Ⅰ.①数… Ⅱ.①唐… ②朱… Ⅲ.①数字电路—高等学校—教材 Ⅳ.①TN79

中国版本图书馆 CIP 数据核字(2015)第 257498 号

责任编辑 王悦生 封面设计 柯国富
技术编辑 章 斐

数字电路应用

唐智杰 朱方文 编著
上海大学出版社出版发行
(上海市上大路 99 号 邮政编码 200444)
(http://www.press.shu.edu.cn 发行热线 021—66135112)
出版人:郭纯生
＊
南京展望文化发展有限公司排版
上海上大印刷有限公司印刷 各地新华书店经销
开本 787×1092 1/16 印张 14.75 字数 314 千字
2015 年 11 月第 1 版 2015 年 11 月第 1 次印刷
ISBN 978-7-5671-2003-7/TN·016 定价:38.00 元

前　言

随着数字电子技术和计算机应用技术的迅速发展,数字电路已广泛应用到各个领域。特别是大规模集成电路的应用与发展,使得数字电路应用进入到了崭新的阶段。

如何从数字电路基础理论出发,逐步完成简单设计,进而实现大规模集成数字电路的应用设计,是本书所要实现的主要任务。

本书主要讲述数字电路基础知识、大规模集成电路设计与应用、Verilog HDL 语言设计方法和 Quartus II 应用软件的使用技术。同时,引进实例设计与实验环节,方便有效地通过计算机来实现多个实例的设计与验证,加深读者对概念、方法和应用技巧的理解,并能够加以应用。学习本书的读者应该是已经学过数字电路基础知识的,本书关于数字电路的部分只做回顾性介绍。

本书的主要特点如下:

(1) 以"从基础理论出发,以实际应用为切入点,教学与实践相结合"这样一条主线,采用从简单到复杂,从一般到特殊的演绎方法来介绍内容,力求通俗易懂;

(2) 在教材中广泛使用 Verilog HDL 设计语言和 Quartus II 应用软件,对每个应用实例配备 Verilog HDL 程序。通过程序学习和实践,读者可以对所学的内容更容易接受,而且有更加深刻的理解,也提高了读者的学习兴趣;

(3) 结合科学技术发展的最新发展动态和设计理念,采用业内先进的大规模集成电路构架实验平台,让读者掌握最新的数字化电路设计技术。

本书在编写过程中,得到了上海大学"机械电子工程"国家重点学科的支撑,在此表示衷心的感谢。

由于编者水平有限,本书在内容取舍、编写方面难免存在疏漏,恳请广大读者批评指正。

目 录

第 1 章 绪论 ··· 001
  1.1 什么是数字电路 ··· 001
  1.2 数字电路的发展及应用 ·· 002
  1.3 数字电路设计方法 ·· 003
  1.4 课程应用模型 ·· 005

第 2 章 数字电路基础 ·· 007
  2.1 数制和码制 ·· 007
    2.1.1 基本概念 ·· 007
    2.1.2 二进制与十进制 ·· 008
    2.1.3 八进制与十六进制 ··· 009
    2.1.4 码制 ··· 010
  2.2 逻辑代数基础 ·· 011
    2.2.1 逻辑运算 ·· 011
    2.2.2 基本规则 ·· 013
  2.3 逻辑函数 ··· 014
    2.3.1 逻辑函数及其表示方法 ··· 014
    2.3.2 逻辑函数的标准形式 ·· 015
    2.3.3 逻辑函数的代数化简 ·· 015
    2.3.4 卡诺图化简法 ··· 016
  习题 ··· 019

第 3 章 逻辑电路 ·· 021
  3.1 门电路 ·· 021
    3.1.1 基本门电路 ·· 021
    3.1.2 常用集成门电路 ·· 025

3.2 组合逻辑电路 ·· 029
3.2.1 组合电路的分析和设计 ·· 029
3.2.2 组合逻辑电路的竞争与冒险 ·· 031
3.2.3 常用的集成组合逻辑电路 ·· 032
3.3 时序逻辑电路 ·· 046
3.3.1 触发器 ·· 046
3.3.2 典型触发器 ·· 047
3.3.3 典型集成触发器 ·· 055
3.3.4 时序逻辑电路的分类 ·· 056
3.3.5 同步时序逻辑电路分析与设计 ···································· 057
3.3.6 异步时序逻辑电路的分析与设计 ································ 061
3.3.7 计数器 ·· 065
3.3.8 寄存器 ·· 069
习题 ·· 070

第 4 章 大规模数字集成电路 ·· 074
4.1 半导体存储器 ·· 074
4.1.1 只读存储器 ·· 075
4.1.2 随机存储器 ·· 077
4.2 可编程逻辑器件 ·· 079
4.2.1 简单可编程逻辑器件 ·· 079
4.2.2 复杂可编程逻辑器件(CPLD) ····································· 085
4.2.3 现场可编程门阵列(FPGA) ··· 087
4.3 常用 CPLD/FPGA 器件 ·· 089
4.3.1 Altera 公司产品 ·· 089
4.3.2 Xilinx 公司产品 ·· 090
4.3.3 Lattice 公司产品 ·· 091
习题 ·· 092

第 5 章 Verilog HDL 数字设计基础 ·· 094
5.1 Verilog HDL 简介 ··· 094
5.2 语法基本要素 ·· 095
5.3 模块的结构 ·· 099
5.3.1 模块的介绍 ·· 099
5.3.2 模块的调用 ·· 101

目　录

- 5.4 数据类型与表达式 ·· 102
  - 5.4.1 线网型变量 ·· 103
  - 5.4.2 寄存器型变量 ·· 106
- 5.5 运算符 ·· 110
  - 5.5.1 操作数 ··· 110
  - 5.5.2 Verilog HDL 的运算符 ································ 112
- 5.6 赋值语句 ·· 115
  - 5.6.1 连续赋值语句 ·· 115
  - 5.6.2 线网声明赋值 ·· 115
  - 5.6.3 过程赋值语句 ·· 116
- 5.7 结构说明语句 ·· 117
- 5.8 条件语句 ·· 117
  - 5.8.1 if-else 语句 ··· 117
  - 5.8.2 case 语句 ·· 118
- 5.9 循环语句 ·· 119
  - 5.9.1 forever 循环语句 ·· 119
  - 5.9.2 repeat 循环语句 ··· 119
  - 5.9.3 while 循环语句 ··· 119
  - 5.9.4 for 循环语句 ··· 120
- 5.10 块语句 ·· 120
  - 5.10.1 顺序语句块 ··· 120
  - 5.10.2 并行语句块 ··· 121
- 5.11 结构语句 ·· 122
  - 5.11.1 initial 语句 ·· 122
  - 5.11.2 always 语句 ··· 123
- 5.12 系统任务 ·· 126
  - 5.12.1 任务 ··· 126
  - 5.12.2 任务定义 ·· 126
  - 5.12.3 任务调用 ·· 127
- 5.13 函数语句 ·· 127
  - 5.13.1 函数定义 ·· 128
  - 5.13.2 函数调用 ·· 129
  - 5.13.3 函数的使用规则 ·· 129
  - 5.13.4 task 和 function 的区别 ····························· 129
- 5.14 常用的系统任务和函数 ································· 130

5.14.1　$display 和 $write ·· 131
5.14.2　系统任务 $monitor ·· 133
5.14.3　系统函数 $time 和 $realtime ·· 133
5.14.4　系统任务 $finish 和 $stop ··· 134
5.14.5　系统任务 $readmem ·· 135
5.14.6　系统任务 $random ··· 135
5.14.7　文件输入/输出任务 ··· 136
5.15　编译预处理 ·· 136
5.15.1　′define 和′undef ··· 137
5.15.2　′ifdef、′else 和′endif ·· 137
5.15.3　′default_nettype ··· 137
5.15.4　′include ··· 137
5.15.5　′resetall ··· 138
5.15.6　′timescale ·· 138
5.15.7　′unconnected_drive 和′nounconnected_drive ···························· 139
习题 ··· 140

第6章　Quartus II 功能及应用 ·· 141

6.1　Quartus II 软件简介及特点 ·· 141
6.2　Quartus II 软件开发流程 ·· 141
　　6.2.1　设计输入 ··· 143
　　6.2.2　综合 ··· 143
　　6.2.3　布局布线 ··· 143
　　6.2.4　编译和配置 ··· 144
　　6.2.5　仿真 ··· 144
　　6.2.6　调试 ··· 147
　　6.2.7　系统级设计 ··· 148
6.3　Quartus II 软件的使用举例 ·· 148
　　6.3.1　创建 Quartus II 工程 ··· 148
　　6.3.2　设计输入 ··· 154
　　6.3.3　工程配置及时序约束 ··· 159
　　6.3.4　编译 ··· 161
　　6.3.5　器件与引脚设定 ··· 161
　　6.3.6　功能仿真 ··· 163
　　6.3.7　时序仿真 ··· 166

　　　　6.3.8　机器编程和配置 ·················· 167
　6.4　Quartus II 下载及安装建议 ·················· 169

第 7 章　基础应用实例 ·················· 170
　7.1　基本门电路设计实例 ·················· 170
　　7.1.1　基本逻辑门 ·················· 170
　　7.1.2　三态门电路 ·················· 172
　　7.1.3　总线缓冲器 ·················· 173
　7.2　组合逻辑电路设计实例 ·················· 174
　　7.2.1　逻辑函数的实现 ·················· 174
　　7.2.2　多路数据选择器 ·················· 176
　　7.2.3　数据分配器 ·················· 177
　　7.2.4　比较器 ·················· 178
　　7.2.5　优先编码器 ·················· 179
　　7.2.6　3 线-8 线译码器 ·················· 181
　　7.2.7　BCD-七段显示译码器 ·················· 183
　　7.2.8　码制转换器 ·················· 184
　7.3　加法器 ·················· 185
　　7.3.1　半加器 ·················· 185
　　7.3.2　全加器 ·················· 187
　7.4　减法器 ·················· 188
　　7.4.1　半减器 ·················· 188
　　7.4.2　全减器 ·················· 189
　7.5　时序逻辑电路设计实例 ·················· 190
　　7.5.1　触发器 ·················· 190
　　7.5.2　计数器 ·················· 195
　　7.5.3　寄存器 ·················· 196
　　7.5.4　移位寄存器 ·················· 198

第 8 章　高级应用实例 ·················· 200
　8.1　投票表决器 ·················· 200
　　8.1.1　功能要求 ·················· 200
　　8.1.2　设计实现 ·················· 200
　　8.1.3　仿真结果 ·················· 201

8.2 序列信号发生器 ……………………………………………………………………… 201
8.2.1 功能要求 …………………………………………………………………… 201
8.2.2 设计实现 …………………………………………………………………… 202
8.2.3 仿真结果 …………………………………………………………………… 203
8.3 分频器 …………………………………………………………………………… 203
8.3.1 功能要求 …………………………………………………………………… 203
8.3.2 设计实现 …………………………………………………………………… 204
8.3.3 仿真结果 …………………………………………………………………… 204
8.4 交通灯控制器 …………………………………………………………………… 205
8.4.1 功能要求 …………………………………………………………………… 205
8.4.2 设计实现 …………………………………………………………………… 205
8.4.3 仿真结果 …………………………………………………………………… 208
8.5 颗粒物罐装系统 ………………………………………………………………… 209
8.5.1 功能要求 …………………………………………………………………… 209
8.5.2 设计实现 …………………………………………………………………… 209
8.5.3 仿真结果 …………………………………………………………………… 210

附录 A 参考系统硬件原理图 ……………………………………………………… 212
附录 B 参考系统管脚对应表 ……………………………………………………… 219
参考文献 ……………………………………………………………………………… 223

第 1 章 绪 论

数字电路是一门技术基础课程,既有丰富的理论体系,又有很强的实践性。全书共分 8 章,系统地介绍了数字电路基础、逻辑电路、大规模数字集成电路、Verilog HDL 数字设计基础、Quartus II 功能及应用、基础应用实例和高级应用实例的相关内容。本书语言精练,深入浅出,强化集成电路及应用,注重实用知识,加强理论与实际的相结合,从实例中培养读者的动手实践能力。

1.1 什么是数字电路

在电子技术中,被传送和处理的信号可以分为两类:模拟信号和数字信号。

模拟信号(Analog Signal)是指在时间和数值上均连续的信号,例如在对速度、压力、温度、电场、磁场等物理量的采集和处理时,这些物理量通过传感器转变成电信号,这样的电信号成为模拟信号。用于传递、处理模拟信号的电子电路称为模拟电路(Analog Circuit)。

数字信号(Digital Signal)是指在时间和数值上均离散的信号,例如在 MP3、U 盘等中传输和存储的数据信号。对数字信号进行传递、处理的电子电路称为数字电路(Digital Circuit)。一般来说数字信号是在两个稳定状态之间做跳跃式变化,它有电位型和脉冲型两种表示形式:用高低不同电位信号表示数字 1 和 0 的是电位型表示法;用有无脉冲表示数字 1 和 0 的是脉冲型表示法。

如图 1-1 所示是典型的模拟信号和数字信号的信号波形图。

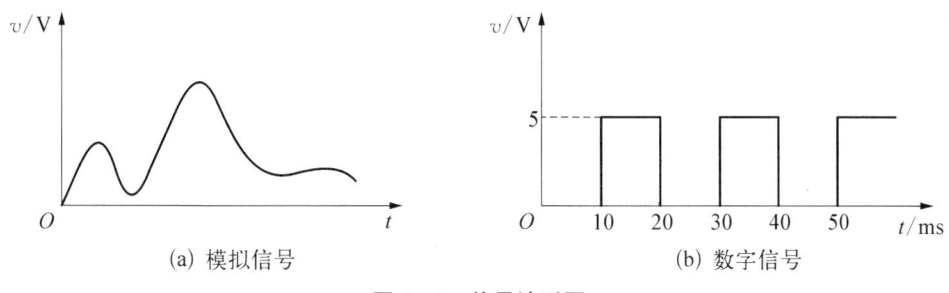

图 1-1 信号波形图

数字电路与模拟电路相比,数字电路具有以下优点:
(1) 便于集成化和系列化生产。
(2) 工作可靠性高、性能稳定、抗干扰能力强。
(3) 数字信号便于存储、传输和压缩。
(4) 数字信号保密性好,便于加密。

1.2 数字电路的发展及应用

电子技术与我们的生活密不可分,我们日常生活中使用的各种电器——电视机、收音机、摄像机、DVD 播放机、移动电话、数码照相机、计算器等,都是利用电子技术生产出来的产品。

电子技术日益广泛的应用是和电子器件的不断发展紧密相连的。20 世纪初首先得到推广应用的电子器件是真空电子管。它是在抽成真空的玻璃或金属外壳内安置特制的阳极、阴极、栅极和加热用的灯丝而构成的。电子管的发明引发了通信技术的革命,产生了无线电通信和早期的无线电广播和电视。这就是电子技术的"电子管时代"。由于电子管在工作时必须通过灯丝将阴极加热到数千摄氏度的高温以后,阴极才能发射出电子流,所以这种电子器件不仅体积大、笨重,而且耗电量大、寿命短、可靠性差。因此,各国的科学家开始致力于寻找性能更优越的电子器件。

1947 年美国贝尔实验室的科学家巴丁(Bardeen)、布莱顿(Brattain)和肖克利(Schockley)发明了晶体管(即半导体三极管)。由于它是一种固体器件,而且不需要灯丝加热,所以不仅体积小、重量轻、耗电省,而且寿命长,可靠性也大为提高。从 20 世纪 50 年代初开始,晶体管在几乎所有的应用领域中逐渐取代了电子管,导致了电子设备大规模的更新换代。同时,也为电子技术更广泛的应用提供了有利条件,用晶体管制造的计算机开始在各种民用领域得到了推广应用。

1960 年又诞生了新型的金属-氧化物-半导体场效应三极管(MOSFET),为后来大规模集成电路的研制奠定了基础。我们把这一时期叫做电子技术的"晶体管时代"。为了满足许多应用领域对电子电路微型化的需要,美国德克萨斯仪器公司(Texas Instruments)的科学家吉尔伯(Kilby)于 1959 年研制成功了半导体集成电路(Integrated Circuit,IC)。由于这种集成电路将为数众多的晶体管、电阻和连线组成的电子电路制作在同一块硅半导体芯片上,所以不仅减小了电子电路的体积,实现了电子电路的微型化,而且还使电路的可靠性大为提高。从 20 世纪 60 年代开始,集成电路大规模投放市场,并再一次引发了电子设备的全面更新换代,开创了电子技术的"集成电路时代"。随着集成电路制造技术的不断进步,集成电路的集成度(每个芯片包含的三极管数目或门电路的数目)不断提高。在不足 10 年的时间里,集成电路制造技术便走完了从小规模集成(Small Scale Integration,SSI,每个芯片包含 10 个以内逻辑门电路)到中规模集成(Medium

Scale Integration，MSI，每个芯片包含 10～1 000 个逻辑门电路），再到大规模集成（Large Scale Integration，LSI，每个芯片包含 1 000～10 000 个逻辑门电路）和超大规模集成（Very Large Scale Integration，VLSI，每个芯片包含 10 000 个以上逻辑门电路）的发展过程。

自 20 世纪 70 年代以来，集成电路基本上遵循着摩尔定律（Moore's Law）发展进步，即每一年半左右集成电路的综合性能提高 1 倍，每三年左右集成电路的集成度提高 1 倍。

目前集成电路制造工艺可以加工的最小尺寸已经缩小到了 16 nm，能将 1 亿以上的晶体管制作在一片硅片上。现在已经可以把一个复杂的电子系统（例如数字计算机）制造在一个硅片上，形成所谓的"片上系统"（System On Chip，SOC）。高集成度、高性能、低价格的大规模集成电路批量生产并投放市场，极大地拓展了电子技术的应用空间。它不仅促成了信息产业的大发展，而且成为改造所有传统产业的有力的手段。集成电路的普遍应用对工业生产和国民经济的影响，不亚于当年蒸汽机、电动机的普遍应用对工业生产和国民经济的影响。因此，也有人把 20 世纪中期以来的这一段历史时期叫做"硅片时代"。

随着数字电子技术和计算机应用技术的迅速发展，数字电路已广泛应用到各个领域。特别是大规模集成电路的应用与发展，使得数字电路应用进入到了崭新的阶段。

近年来，可编程逻辑器件（CPLD）和现场可编程门阵列（FPGA）的飞速进步，使数字电子技术开创了新局面，不仅规模大，而且将硬件与软件相结合，使器件的功能更加完善，使用更灵活。

1.3 数字电路设计方法

传统的数字电路设计采用基于"人工"的方式来完成的，具体步骤如下：

（1）设定设计目标。根据所需要完成的功能或需求，进行目标设定和变量确定。

（2）给定真值表。确立各变量与输入、输出之间的关系，获得设计目标的真值表描述。

（3）真值表化简。可以采用卡诺图化简或函数化简法进行化简。

（4）根据现有的逻辑电路，获得最简表达式。可以有"与或式"或者"或与式"。

（5）采用逻辑电路实现电路。完成目标系统板的电路设计与逻辑电路的焊接与连接线。

（6）系统调试和验证。

图 1-2 所示为传统的数字电路设计流程。

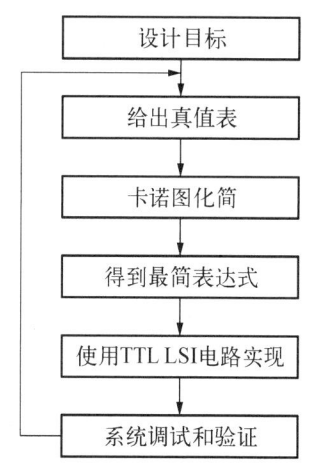

图 1-2 传统数字电路设计流程

传统设计方法存在以下不足：

(1) 设计常常受到设计者的经验及市场器件情况等因素限制，线路板采用手工布线，且没有明显的规律可循。

(2) 系统测试必须在电路板制作完成后进行。如果发现系统设计需要修改，则需要重新制做电路板，重新购买器件，重新调试与修改设计。整个修改过程花费大量的时间与经费。

(3) 随着系统目标的复杂程度增加，设计难度就会大幅度提高，调试难度急剧增加。

(4) 设计电路与系统目标密切相关，功能确定以后，电路可移植性比较差。

由于上述原因和新型电子器件(FPGA/CPLD 等)的不断发展，采用基于 EDA 设计方法的现代数字电路设计方法得到了广泛应用。

FPGA/CPLD 的设计流程如图 1-3 所示，具体步骤如下：

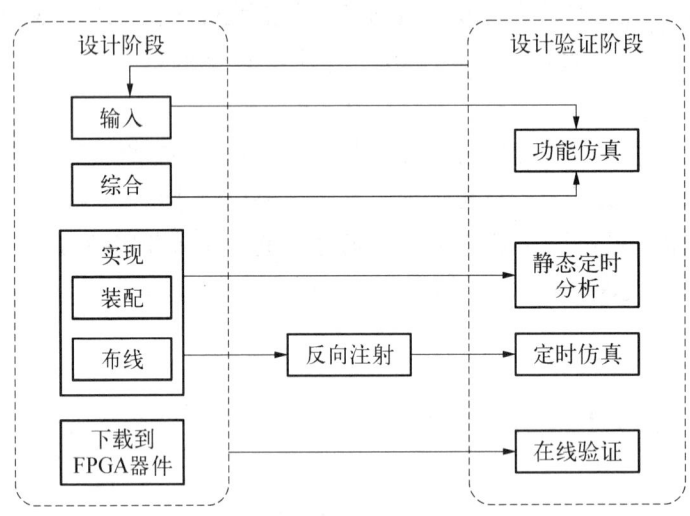

图 1-3 FPGA/CPLD 的设计流程图

(1) 设定设计目标。根据所需要完成的功能或需求，进行目标设定和变量确定。

(2) 系统功能分解。根据系统功能，层层分解和简化，把整个系统分解为各个子系统和功能块。

(3) 功能设计与仿真。采用 EDA 软件实现各个功能块程序的设计与仿真。

(4) 系统综合。实现所有系统功能块的拼接与综合，然后进行 EDA 软件仿真、测试与验证。

(5) 系统电路设计与测试。完成系统电路的设计与测试。

(6) 功能验证。整个系统功能的在线测试与验证。

通过对比，我们可以清楚地看到，FPGA/CPLD 的设计过程中采用了"自顶向下"的层次化设计理念，具有以下的优点：

(1) 系统可以采用软件自动综合布局布线，减少了人工干预。

(2) 各个模块独立设计和仿真验证,便于移植。

(3) 进行复杂系统设计时,可以不受硬件平台的约束,可以采用软件 EDA 自行设计与验证。

(4) 系统功能调整时,硬件的调整相对比较少,更多的偏向于软件设计,缩短开发周期,节约了成本。

1.4 课程应用模型

数字电路系统是一个综合复杂的电路系统,本书将以一个"颗粒物灌装系统"模型为应用实例,逐步探讨传统数字电路设计和 FPGA/CPLD 的应用设计之间的关联和衔接。

"颗粒物灌装系统"工作原理示意图如图 1-4 所示,该系统原图来自 Thomas L. Floyd 所著 *Digital Fundamentals*(《数字基础》,科学出版社)。系统工作流程如下:

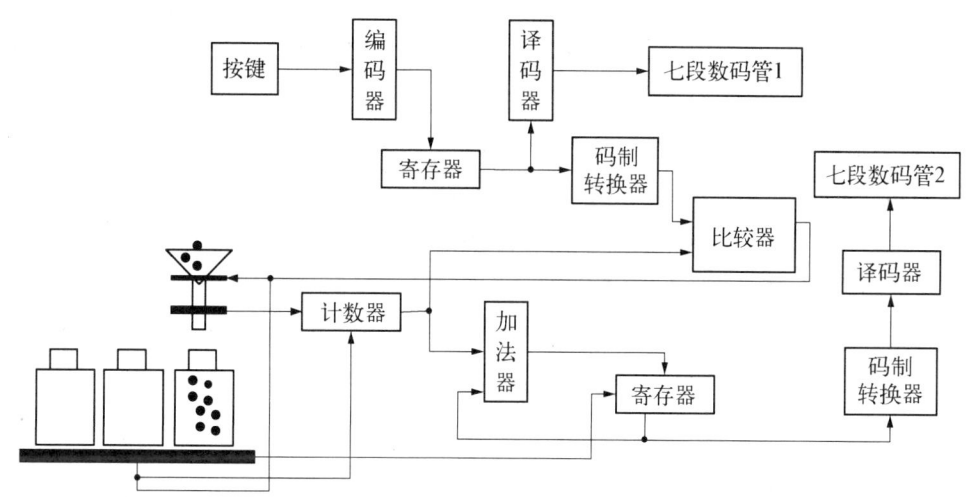

图 1-4 "颗粒物灌装系统"的工作原理图

(1) 通过拨码开关设置每瓶要装颗粒物的个数(2 位十进制),通过编码器转换为 BCD 码,存入到寄存器中,寄存器的值可以通过译码器转换为七段数码管对应段码显示出来。

(2) 灌装的颗粒通过灌装装置上的漏斗落入下面传送带上的瓶中,漏斗上装有检测颗粒下落的光电传感器,每下落一个颗粒物,传感器发送一个脉冲,控制系统中的计数器对该脉冲进行计数,计数的结果与预置的每瓶灌装的颗粒数进行比较,比较的码制可以使用二进制或者 BCD 码,如果比较器两个输入的码制不同,需事先进行码制转换(将 BCD 转为二进制或者二进制转为 BCD 码);比较结果相等则使计数器停止计数,同时该信号控制关闭漏斗开关,停止颗粒下落,启动传送带换瓶等待下一次灌装。

(3) 系统中加法器负责统计当前灌装总量,其数值送入寄存器寄存,寄存器的值可以通过码制转换和译码器显示在七段数码管 2 上。

（4）新瓶到位也由光电传感器检测，检测到瓶子以后，停止传送带移动，将计数器清零后启动计数器准备新一轮计数，打开漏斗开关进行新的灌装。系统重复执行步骤（2）过程。

在以上的介绍中，编码器、寄存器、译码器等专业的名词和器件应该在数字电路课程中已有所了解，我们将在本书的前几章进行简单回顾性介绍，在这里我们简单介绍一下这些器件在系统中的功能：

（1）编码器（Encoder），由编码器模块实现每瓶颗粒灌装数量的设置功能，数字按钮或开关信号由编码器转换成 BCD 编码。

（2）寄存器（Register），由寄存器模块实现所设置的每瓶灌装数的存储功能，保存编码器转换的 BCD 码灌装数，以提供给后继电路进行比较运算处理。

（3）译码器（Decoder），由译码器（代码转换器）模块实现每瓶灌装数（BCD 码）的显示输出功能，将以 BCD 码表示的每瓶灌装数转换为数码显示管需要的显示码。

（4）比较器（Comparator），由比较器模块实现每瓶灌装数到达设置数的检测功能，将每瓶设置值和通过计数器计数统计的实际每瓶灌装数进行比较，以实现每瓶灌装数是否到达设置数的检测功能。

（5）加法器（Adder），由加法器模块实现总灌装数的统计功能，加法器将来自计数器的值和已累计的灌装颗数相加，从而统计总灌装数。

（6）计数器（Counter），由计数器模块实现脉冲信号的计数功能，分为颗粒物灌装系统中颗粒数的计数和瓶子传送带直线位移驱动系统中光电编码器的位移检测值计数。

第 2 章

数字电路基础

※ 学习要点

本章主要介绍数字电路基本知识,包括数制和码制,十进制、二进制、八进制、十六进制的计数规则及它们之间相互转化方法以及常用的 BCD 代码。最后介绍了逻辑函数的公式化简法和卡诺图化简法。

2.1 数制和码制

2.1.1 基本概念

(1) 数制(Number System)是进位计数制的简称,即构成若干位数码中某一位的方法和高低之间的进位规则。生活中人们习惯使用十进制数(Decimal System),而在数字系统中常采用二进制数(Binary System)和十六进制数(Hexadecimal System)等,本节首先从最熟悉的十进制数开始分析,进而引出各种不同的进位数制。

(2) 数码:数制中表示基本数值大小的不同数字符号。

例如:十进制数中,采用 0~9 十个基本数字符号表示数值,通常把这些数值符号称为数码。

(3) 基数:在某种计数制中,每个数位上所能使用的数码符号个数称为计数制的基数。

(4) 数位:数码在一个数中的位置。

(5) 位权:在每个数位上的数码符号所代表的数制等于该数位上的数码乘上一个固定的数制,这个固定的数值就是位权。

例 2.1 十进制数 230.625,小数点左边第一位为个位,位权为 10^0,数值为 0;左起第二位为十位,位权是 10^1,数值为 3;左起第三位为百位,位权是 10^2,数值为 2,小数点右边第一位的位权为 10^{-1},数值为 6;右边第二位的位权为 10^{-2},数值为 2;右边第三位的位权为 10^{-3},数值为 5,那么 231.625 就可以写成:

$$(230.625)_{10} = 2 \times 10^2 + 3 \times 10^1 + 0 \times 10^0 + 6 \times 10^{-1} + 2 \times 10^{-2} + 5 \times 10^{-3}$$

任意一个数 N 的十进制数都可以写成：

$$(N)_D = \sum_{i=-m}^{n} a_i \cdot 10^i \tag{2.1}$$

其中，下标 D(Decimal)表示十进制，也可以用 10 作为下标表示，a_i 表示对应 i 权位上的数值，n 表示小数点之前的整数部分数位，m 表示小数点之后小数部分的数位。

2.1.2 二进制与十进制

在现代数字系统中，广泛采用二进制计数制。与十进制相比较，二进制也有两个主要的特点：

(1) 二进制只用 0 和 1 两个数码来表示数制。

(2) 采用"逢二进一"的进位原则和"借一当二"的借位规则。

任意一个数 N 的二进制数都可以写成：

$$(N)_B = \sum_{i=-m}^{n} b_i \cdot 2^i \tag{2.2}$$

其中，下标 B(Binary)表示二进制，也可以用 2 作为下标表示，b_i 表示对应 i 权位上的数值，n 表示小数点之前的整数部分数位，m 表示小数点之后小数部分的数位。

1. 二进制到十进制转换

根据公式(2.2)进行加权求和就可以。

例 2.2 求 $(1110\ 0110.101)_B$ 的对应十进制数值。

$$\begin{aligned}(1110\ 0110.101)_B &= 1\times 2^7 + 1\times 2^6 + 1\times 2^5 + 0\times 2^4 + 0\times 2^3 + 1\times 2^2 \\ &\quad + 1\times 2^1 + 0\times 2^0 + 1\times 2^{-1} + 0\times 2^{-2} + 1\times 2^{-3} \\ &= 230.625\end{aligned}$$

2. 十进制到二进制转换

十进制数转换为二进制数时，由于整数和小数的转换方法不同，所以先将十进制数的整数部分和小数部分分别转换后，再加以合并。

(1) 十进制整数部分的转换原则。十进制整数转换为二进制整数采用"除 2 取余，逆序排列"法。具体做法是：用 2 整除十进制整数，可以得到一个商和余数；再用 2 去除商，又会得到一个商和余数，如此进行，直到商为 0 时为止，然后把先得到的余数作为二进制数的低位有效位，后得到的余数作为二进制数的高位有效位，依次排列起来。

例 2.3 求 230 的二进制表示。

解：具体过程如下：

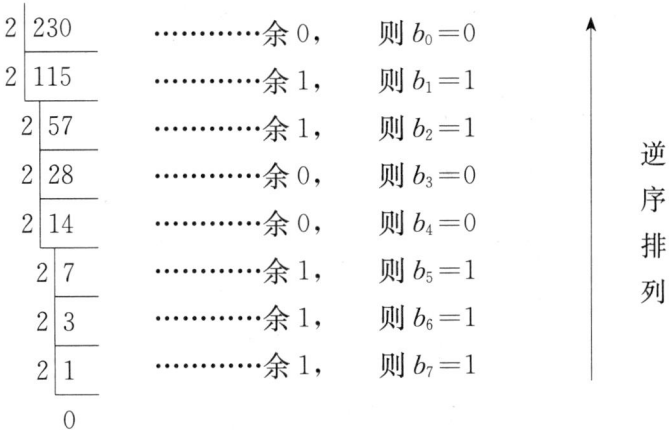

由此得到：

$$230 = (1110\ 0110)_B$$

(2) 十进制小数部分的转换原则。十进制小数转换成二进制小数采用"乘2取整,顺序排列"法。具体做法是：用2乘十进制小数,可以得到积,将积的整数部分取出,再用2乘余下的小数部分,又得到一个积,再将积的整数部分取出,如此进行,直到积中的小数部分为零或者达到所要求的精度为止,此时0或1为二进制的最后一位。

例 2.4 求 0.625 的二进制表示。

解：具体过程如下：

$$0.625 \times 2 = 1.25 \quad \cdots\cdots \text{取}1, \quad \text{则 } b_{-1} = 1$$
$$0.25 \times 2 = 0.5 \quad \cdots\cdots \text{取}0, \quad \text{则 } b_{-2} = 0$$
$$0.5 \times 2 = 1.0 \quad \cdots\cdots \text{取}1, \quad \text{则 } b_{-3} = 1$$

由此得到

$$0.625 = (0.101)_B$$

例 2.5 求 230.625 的二进制表示。

解：综合例 2.4 和例 2.3 的结果,可以得到

$$230.625 = (1110\ 0110.101)_B$$

2.1.3 八进制与十六进制

二进制便于机器识别和运算,但二进制数的位数多,读起来困难,写起来太长。为了弥补二进制书写太长的缺点,常采用八进制和十六进制。

在八进制中,基数为8。使用0~7这8个数码。相邻高位的权是低位权的8倍,采用"逢八进一"的规律。

在十六进制中,基数为16。使用0~9这十个数字外,还用 A,B,C,D,E,F 六个字母作为数码。相邻高位的权是低位权的 16 倍,采用"逢十六进一"的规律。表 2-1 显示了八进制和十六进制的等值二进制数和十进制数之间的转换关系。

表 2-1 二进制-八进制-十六进制-十进制对应表

十六进制数码	八进制数码	等值二进制	等值十进制
0	0	0000	0
1	1	0001	1
2	2	0010	2
3	3	0011	3
4	4	0100	4
5	5	0101	5
6	6	0110	6
7	7	0111	7
8	10	1000	8
9	11	1001	9
A	12	1010	10
B	13	1011	11
C	14	1100	12
D	15	1101	13
E	16	1110	14
F	17	1111	15

2.1.4 码制

不同的数码不仅可以表示数量的大小,还可以表示不同的事物。用来表示不同事物之间的数码称为代码。编制代码遵循的规则叫做"码制"。例如,1 位十进制数 0~9 十个数码,用 4 位二进制表示时,其代码称为二-十进制代码,简称 BCD 代码。BCD 代码有多种不同的码制:8421BCD 码、2421BCD 码、余 3 码、5211BCD 码等等。具体如表 2-2 所示。

表 2-2 不同 BCD 码对应关系

十进制	8421 码	余 3 码	2421 码 (A)	2421 码 (B)	5211 码	余 3 循环码	步进码
0	0000	0011	0000	0000	0000	0010	00000
1	0001	0100	0001	0001	0001	0110	10000

续 表

十进制	8421码	余3码	2421码(A)	2421码(B)	5211码	余3循环码	步进码
2	0010	0101	0010	0010	0100	0111	11000
3	0011	0110	0011	0011	0101	0101	11100
4	0100	0111	0100	0100	0111	0100	11110
5	0101	1000	0101	1011	1000	1100	11111
6	0110	0110	0110	1100	1001	1101	01111
7	0111	0111	0111	1101	1100	1111	00111
8	1000	1110	1110	1110	1101	1110	00011
9	1001	1111	1111	1111	1111	1010	00001
权	8421		2421	2421	5211		

8421、2421和5211BCD码是恒权码。对于恒权码,将代码为1的数权值相加即可得代码所代表的十进制数。

例2.5

$$(1001)_{8421BCD} = 8+1 = (9)_D$$
$$(1111)_{2421BCD} = 2+4+2+1 = (9)_D$$

余3码、余3循环码和步进码是无权码。余3码的编码规律:在依次罗列的四位二进制的十六种状态中去掉8421BCD码中的前三种和后三种。所以称为"余3码"。余3循环码的主要特点是:相邻两个代码之间仅有一位的状态不同。因此将余3循环码计数器的输出状态译码时,不会产生竞争-冒险现象。

2.2 逻辑代数基础

上节已经介绍了数字电路的基本知识,本节将从应用的角度出发,使读者掌握如何使用数字逻辑的思维方式和基本方法来解决所遇到的逻辑问题。本节主要叙述逻辑代数的基本定律和常用恒等式。

2.2.1 逻辑运算

逻辑变量的取值只有0和1,逻辑变量的运算也只有与、或、非三种。据此可得出逻辑运算的基本公式和定理。

1. 常量之间的关系

因为在二值逻辑中只有 0 和 1 两个常量,逻辑变量的取值不是 0 就是 1,而最基本的逻辑运算又只有与、或、非三种,所以常量之间的关系也只有与、或、非三种:

(1) 与运算:

$$0 \cdot 0 = 0, 0 \cdot 1 = 0, 1 \cdot 0 = 0, 1 \cdot 1 = 1$$

(2) 或运算:

$$0 + 0 = 0, 0 + 1 = 1, 1 + 0 = 1, 1 + 1 = 1$$

(3) 非运算:

$$1 = \overline{0}, 0 = \overline{1}$$

2. 基本公式

(1) 0-1 律:

$$A + 0 = A, A \cdot 1 = A, A + 1 = 1, A \cdot 0 = 0$$

(2) 互补律:

$$A + \overline{A} = 1, A \cdot \overline{A} = 0$$

(3) 等幂律:

$$A + A = A, A \cdot A = A$$

(4) 双重否定律:

$$A = \overline{\overline{A}}$$

3. 基本定理

(1) 交换律:

$$A \cdot B = B \cdot A$$
$$A + B = B + A$$

(2) 结合律:

$$(A \cdot B) \cdot C = A \cdot (B \cdot C)$$
$$(A + B) + C = A + (B + C)$$

(3) 分配律:

$$A \cdot (B + C) = A \cdot B + A \cdot C$$
$$A + B \cdot C = (A + B) \cdot (A + C)$$

证明:

$$(A+B) \cdot (A+C) = A \cdot A + A \cdot B + A \cdot C + B \cdot C$$
$$= A + A \cdot B + A \cdot C + B \cdot C$$
$$= A \cdot (1 + B + C) + B \cdot C$$
$$= A + B \cdot C$$

4. 反演律(又称摩根定律)

$$\overline{A \cdot B \cdot \cdots} = \overline{A} + \overline{B} + \cdots$$
$$\overline{A + B + \cdots} = \overline{A} \cdot \overline{B} \cdot \cdots$$

为叙述书写方便,定理与公式中的"·",常常可以忽略。

5. 常用公式

(1) 还原律:

$$AB + A\overline{B} = A$$
$$(A+B)(A+\overline{B}) = A$$

(2) 吸收律:

$$A + AB = A$$
$$A(A+B) = A$$
$$A(\overline{A}+B) = AB$$
$$A + \overline{A}B = A + B$$

(3) 冗余律:

$$AB + \overline{A}C + BC = AB + \overline{A}C$$

2.2.2 基本规则

1. 代入规则

任何一个含有某变量的等式,如果等式中所有出现此变量的位置均以一个逻辑函数式代替,则此等式依然成立。这个规则称为代入规则。

2. 反演规则

对于任意一个逻辑函数式 F,作如下处理:

(1) 把式中的运算符"·"换成"+","+"换成"·";
(2) 常量"0"换成"1","1"换成"0";
(3) 原变量换成反变量,反变量换成原变量。

那么得到的新函数式称为原函数式 F 的反函数式,用 F^* 表示。这个规则称为反演规则。

3. 对偶规则

对任意一个逻辑函数式 L，作如下处理：

（1）把式中的运算符"·"换成"+"，"+"换成"·"；

（2）常量"0"换成"1"，"1"换成"0"；

那么，得到的新的函数式称为原函数 L 的对偶式，用 L' 来表示。这个规则称为对偶规则。

结论：当某个逻辑等式成立时，其对偶式的等式也成立。

2.3 逻辑函数

前面已经介绍了数字电路的基本知识和数字电路的逻辑代数的基本逻辑运算和规则。本节主要介绍逻辑函数的建立及其表示方法、逻辑函数的代数化简方法和卡诺图化简法，应重点掌握两种化简方法。

2.3.1 逻辑函数及其表示方法

逻辑函数的最简形式。同一个逻辑函数可以写成不同形式的逻辑表达式。在逻辑电路设计中，逻辑函数最终要用逻辑电路来实现。因此，化简和变换逻辑函数可以简化电路、节省器材、降低成本、提高系统的可靠性。逻辑函数有五种基本表达式：与或式、或与式、与非-与非式、或非-或非式、与-或-非式。

例 2.6

$$F = AB + \overline{A}C = \overline{\overline{AB + \overline{A}C}} = \overline{\overline{AB} \cdot \overline{\overline{A}C}} \quad \text{（与或式转为与非-与非式）}$$
$$= \overline{(\overline{A}+\overline{B})(A+\overline{C})} = \overline{\overline{A} \cdot \overline{C} + A \cdot \overline{B}} \quad \text{（转为或与非式和与或非式）}$$
$$= (A+C) \cdot (\overline{A}+B) = \overline{\overline{(A+C) \cdot (\overline{A}+B)}} \quad \text{（转为或与式）}$$
$$= \overline{\overline{A+C} + \overline{\overline{A}+B}} \quad \text{（转为或非式）}$$

与或式和或与式是最常用的逻辑表达式。最简与或式的标准是：① 包含的与项最少；② 各与项中包含的变量数最少。最简或与式的标准是：① 包含的或项最少；② 各或项中包含的变量数最少。

与或式可以变换成与非-与非式：

$$F = AB + \overline{A}\,\overline{B} = \overline{\overline{AB + \overline{A} \cdot \overline{B}}} = \overline{\overline{AB} \cdot \overline{\overline{A} \cdot \overline{B}}}$$

或与式可以变换成或非-或非式：

$$F = (A+\overline{B}) \cdot (\overline{A}+B) = \overline{\overline{(A+\overline{B}) \cdot (\overline{A}+B)}} = \overline{\overline{A+\overline{B}} + \overline{\overline{A}+B}}$$

一种形式的函数表达式对应于一种逻辑电路。尽管一个逻辑函数表达式的各种表示形式不同,但逻辑功能是相同的。

2.3.2 逻辑函数的标准形式

一个逻辑函数具有唯一的真值表,但它的逻辑表达式不是唯一的。逻辑函数存在一个唯一的表达式形式即标准形式。

1. 最小项

逻辑函数的最小项是构成逻辑函数的最小因子。在 n 变量逻辑函数中,每一变量都作为一个因子,相乘而得到的 n 因子乘积项称为该函数的最小项。在一个最小项中,每个变量不是以原变量就是以反变量形式出现并仅出现一次。

在 n 变量逻辑函数中,n 个变量可以构成 2^n 个最小项。如三变量 A、B、C 构成的任何逻辑函数,都有 $2^3=8$ 个最小项,具体见表 2-3;同理四变量 A、B、C、D 构成的任何逻辑函数,都有 $2^4=16$ 个最小项。

表 2-3 三变量最小项、编号及符号

A	B	C	最	小	项	编号	符号
0	0	0	$\overline{A}$	$\overline{B}$	$\overline{C}$	0	m_0
0	0	1	$\overline{A}$	$\overline{B}$	C	1	m_1
0	1	0	$\overline{A}$	B	$\overline{C}$	2	m_2
0	1	1	$\overline{A}$	B	C	3	m_3
1	0	0	A	$\overline{B}$	$\overline{C}$	4	m_4
1	0	1	A	$\overline{B}$	C	5	m_5
1	1	0	A	B	$\overline{C}$	6	m_6
1	1	1	A	B	C	7	m_7

2. 最大项

如果或项中包含了全部的输入逻辑变量,每个输入逻辑变量在或项中都以原变量或反变量的形式出现,且只出现一次。这种包含所有输入逻辑变量的或项称为最大项。

对于有 n 个输入变量(自变量)的逻辑函数,变量有 2^n 个,因此有 2^n 个最大项。全部由最大项构成的或-与表达式称为函数的最大项表达式,又称为标准或-与表达式或标准和之积式。

2.3.3 逻辑函数的代数化简

代数法化简是利用逻辑代数的公式和有关定理、规则,对逻辑表达式进行化简。

1. 并项法

利用并项公式 $AB+A\overline{B}=A$,并两项为一项,并消去一个互补因子。

例 2.7
$$F = ABC + \overline{A}BC = BC$$

例 2.8
$$F = ABC + \overline{A}B + AB\overline{C} = (ABC + AB\overline{C}) + \overline{A}B = AB + \overline{A}B = B$$

2. 吸收法

利用公式 $A + AB = A$，吸收多余与项。

例 2.9
$$F = A\overline{C} + AB\overline{C}D(E+G)$$
$$= A\overline{C} + A\overline{C}BD(E+G)$$
$$= A\overline{C}[1 + BD(E+G)]$$
$$= A\overline{C}$$

3. 消去法

利用吸收律 $A + \overline{A}B = A + B$，消去与项 $\overline{A}B$ 中的多余因子 $\overline{A}$。

例 2.10
$$F = AB + \overline{A}C + \overline{B}C = AB + (\overline{A} + \overline{B})C$$
$$= AB + \overline{AB}C = AB + C$$

4. 配项法

利用公式 $A + A = A$，$A + \overline{A} = 1$，$AA = A$ 等给某逻辑函数式增加适当的项，进而可消去原来函数中的某些项。

归纳简化任意逻辑函数的方法：

(1) $A + AB = A$(吸收法)，
　　$AB + \overline{A}C + BC = AB + \overline{A}C$；

(2) $A + \overline{A}B = A + B$(消去法)；

(3) $AB + A\overline{B} = A$(并项法)；

(4) $A + A = A$(配项法)。

2.3.4 卡诺图化简法

用代数法化简逻辑函数，需要依赖经验和技巧，有些复杂函数还不容易求得最简形式。下面介绍一种更加系统并有统一规则可循的逻辑函数化简法——卡诺图化简法。

1. 卡诺图的构成

1) 基本原理

卡诺图用方格阵列的形式列出所有的变量组合和每个组合值所对应的输出。卡诺图的格数与输入变量可能的组合数相等，也就是最小项总数 2^n（n 为变量数），每一个方格表示一个最小项。

变量取值不按二进制数的顺序排列，而是按循环码排列，使相邻两个方格只有一个变量不同（一个变量变化），而其余变量是相同的。

卡诺图的特点：在几何位置上相邻的最小项小方格在逻辑上也必定是相邻的，即相邻两项中有一个变量是互补的。

2）构图

（1）二变量卡诺图，如图 2－1 所示。

A \ B	$\overline{B}$	B
$\overline{A}$	$\overline{A}\,\overline{B}$	$\overline{A}B$
A	$A\overline{B}$	AB

(a) 变量图

A \ B	0	1
0	m_0 00	m_1 01
1	m_2 10	m_3 11

(b) 数值图

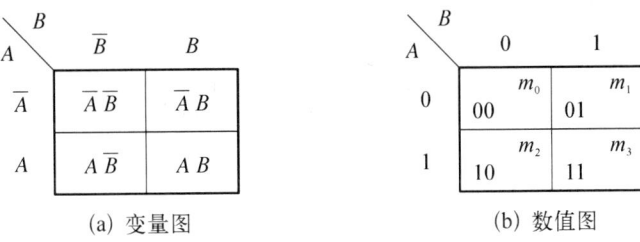

图 2－1　二变量卡诺图

如果将上面左图中的反变量用 0 表示，原变量用 1 表示，它们所代表的十进制数就是上面右图中的 m 的下标 i 的值。

（2）三变量卡诺图，如图 2－2 所示。

A \ BC	$\overline{B}\,\overline{C}$	$\overline{B}C$	BC	$B\overline{C}$
$\overline{A}$	$\overline{A}\,\overline{B}\,\overline{C}$	$\overline{A}\,\overline{B}C$	$\overline{A}BC$	$\overline{A}B\overline{C}$
A	$A\overline{B}\,\overline{C}$	$A\overline{B}C$	ABC	$AB\overline{C}$

(a) 变量图

A \ BC	00	01	11	10
0	m_0 000	m_1 001	m_3 011	m_2 010
1	m_4 100	m_5 101	m_7 111	m_6 110

(b) 数值图

图 2－2　三变量卡诺图

（3）四变量卡诺图，如图 2－3 所示。

AB \ CD	00	01	11	10
00	m_0 0000	m_1 0001	m_3 0011	m_2 0010
01	m_4 0100	m_5 0101	m_7 0111	m_6 0110
11	m_{12} 1100	m_{13} 1101	m_{15} 1111	m_{14} 1110
10	m_8 1000	m_9 1001	m_{11} 1011	m_{10} 1010

图 2－3　四变量卡诺图

2. 逻辑函数在卡诺图上的表示

(1) 将逻辑函数变换成标准“与或”式(最小项表达式);

(2) 在表达式中含有最小项所对应的小方格填入“1”,其余位置则填入“0”,便得到该函数的卡诺图。

例 2.11

$$F=(A,B,C,D)=\sum m(1,7,12)$$

分析: 即在四变量卡诺图中对应 m_1,m_7,m_{12} 的小方格中填入 1,其余位置为 0。卡诺图如图 2-4 所示。

AB \ CD	00	01	11	10
00	0	1	0	0
01	0	0	1	0
11	1	0	0	0
10	0	0	0	0

图 2-4 例 2.11 四变量卡诺图

3. 卡诺图化简逻辑函数的原理

卡诺图化简逻辑函数的基本原理,是依据关系式 $AB+A\overline{B}=A$,即两个“与”项中,如果只有一个变量相反,其余变量均相同,则这两个“与”项可以合并成一项,消去其中互反的变量。

相邻最小项用倒角矩形圈(或椭圆形圈)圈起来,称为卡诺圈。在合并项(卡诺圈)所处位置上,若某变量的代码有 0 也有 1,则该变量被消去,否则该变量被保留,并按 0 为反变量,1 为原变量的原则写成乘积项形式的合并项中。

(a) $F=\overline{A}\,\overline{B}\,\overline{C}+\overline{A}\,\overline{B}\,C=\overline{A}\,\overline{B}$　　(b) $F=A\overline{B}\,\overline{C}+A\overline{B}C+ABC+AB\overline{C}=A$

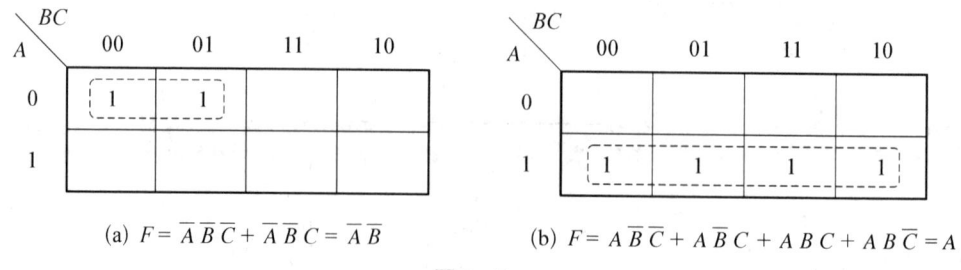

图 2-5

画卡诺圈所遵循的规则:

(1) 必须包含所有的最小项;

(2) 按照“从小到大”顺序,先圈孤立的“1”,再圈只能两个组合的,再圈四个组合的……

(3) 圈的圈数要尽可能少(乘积项总数要少)；

(4) 圈要尽可能大(乘积项中含的因子最少)。

无论是否与其他圈相重,也要尽可能画大,相重是指在同一块区域可以重复圈多次,但每个圈至少要包含一个尚未被圈过的"1"。

例 2.12 用卡诺图化简函数 F,其中 $F(A,B,C,D) = \sum m(1,5,6,7,11,12,13,15)$

分析：先画出卡诺图(如图 2-6 所示),标出上面的"1"的位置,用圈圈定后,再化简成函数表达式的形式：

$$F = \overline{A}\,\overline{C}D + AB\overline{C} + ACD + \overline{A}BC$$

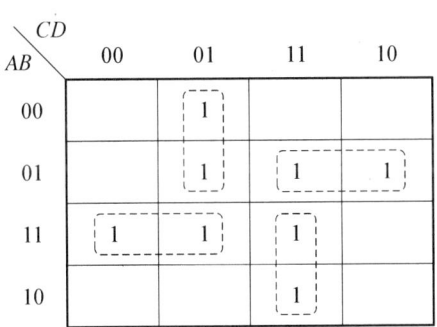

图 2-6 例 2.12 的卡诺图

习　题

1. 将下列数制转换为十进制：

　　(1) $(100)_2$　　　　　　　　　　(2) $(10101.101)_2$

　　(3) $(100)_8$　　　　　　　　　　(4) $(165.05)_8$

　　(5) $(100)_{16}$　　　　　　　　　(6) $(12.56)_{16}$

2. 将下列十进制数制转换为等效的二进制、八进制、十六进制：

　　(1) 312　　　　(2) 1024　　　　(3) 2048

　　(4) 20.56　　　(5) 16.25　　　　(6) 0.85

3. 完成下列数制的运算：

　　(1) $(101010)_2 + (1111)_2$　　　(2) $(1001)_2 - (110)_2$

　　(3) $(1101)_2 \times (11)_2$　　　　(4) $(11001)_2 \div (101)_2$

4. 用代数法化简下列各式：

　　(1) $F = \overline{A}B\,\overline{C} + A\,\overline{C} + B\,\overline{C}$

　　(2) $F = ABC + \overline{A} + \overline{B} + \overline{C}$

(3) $F = A(\overline{A}+B)+B(B+C)+B$

(4) $F = \overline{A}\,\overline{B}\,\overline{C}\,\overline{D}+A+B+C$

5. 用卡诺图化简下列逻辑函数：

(1) $F(A,B,C) = \overline{A}\,\overline{B}C+\overline{A}\,\overline{B}+C+ABC$

(2) $F(A,B,C) = \overline{B}+ABC+\overline{A}\cdot\overline{C}+\overline{AB}$

(3) $F(A,B,C) = \sum m(0,2,4,6)$

6. 利用公式和定理证明等式

$$A\overline{B}+\overline{A}B = (\overline{A}+\overline{B})(A+B)$$

第 3 章

逻辑电路

* 学习要点

门电路是构成复杂数字电路的基本单元,所以必须充分了解它们的逻辑功能和电气特性,才能达到正确使用它们的目的。

基本集成电路是本章学习的重点,TTL 和 CMOS 两大类集成电路各有其特点。前者以工作速度高,带负载能力强而得以广泛应用;后者以功耗低,抗干扰能力强而著称。学习集成电路,重点是掌握其电气特性。电气特性包括静态特性和动态特性。

3.1 门电路

3.1.1 基本门电路

1. 与门电路

当决定一个事物的所有条件都成立,事件才发生,这种因果关系称为与逻辑关系。如图 3-1 所示的开关串联电路中只有开关 A、B 全接通,灯泡 F 才会亮,那么 F 与 A 和 B 之间的逻辑关系就是与逻辑。

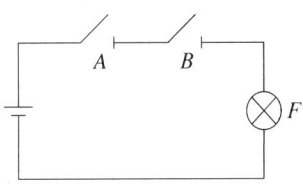

图 3-1 开关串联电路

与逻辑关系简称为与逻辑,又称为逻辑乘,逻辑关系可用逻辑表达式表示,与逻辑的表达式为

$$F = A \cdot B \tag{3.1}$$

式中"·"为与逻辑的运算符号,与逻辑运算符号"·"在运算中可以省略,式(3.1)可以写为

$$F = AB \tag{3.1}'$$

A、B、F 都是逻辑变量,A 和 B 是输入逻辑变量或逻辑自变量,F 是输出逻辑变量或 A 和 B 的逻辑函数。逻辑变量只有两种状态,或状态为真,或状态为假,通常用 1 表示真,用 0 表示假,因此,逻辑变量称为二值逻辑变量。

与逻辑的运算规则：

$$\left.\begin{array}{l} 0 \cdot 0 = 0 \\ 0 \cdot 1 = 0 \\ 1 \cdot 0 = 0 \\ 1 \cdot 1 = 1 \end{array}\right\} \tag{3.2}$$

将输入逻辑变量 A 和 B 取值的所有组合和对应输出逻辑变量 F 的取值列成一表格，如表 3-1 所示，这种表格称为真值表，是逻辑关系的一种表示形式。真值表能直观地反映输入变量与输出变量之间的逻辑关系，由表 3-1 可知，与逻辑关系为：输入全为 1，输出为 1；输入有 0，输出为 0。

表 3-1 与逻辑的真值表

A	B	$F = AB$
0	0	0
0	1	0
1	0	0
1	1	1

与门电路的逻辑符号如图 3-2 所示。

2. 或门电路

或逻辑的因果关系可以这样的描述：在决定一个事件的各个条件中，只要其中一个或者一个以上的条件成立，事件就会发生。如图 3-3 所示的开关并联电路，只要开关 A 或开关 B 有一个接通，灯 F 就会亮。那么 F 与 A 和 B 之间的逻辑关系就是或逻辑，或逻辑运算简称或运算，又称为逻辑加。

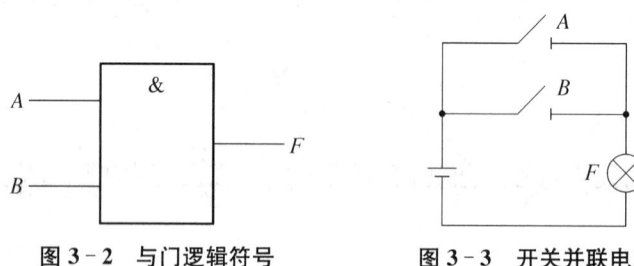

图 3-2 与门逻辑符号　　图 3-3 开关并联电路

或逻辑的表达式为

$$F = A + B \tag{3.3}$$

式中"+"为或逻辑运算符号，或逻辑的真值表如表 3-2 所示，其逻辑关系为：输入全 0，

输出为 0；输入有 1，输出为 1。其运算规则为

$$\left.\begin{array}{l}0+0=0\\0+1=1\\1+0=1\\1+1=1\end{array}\right\} \quad (3.4)$$

表 3-2 逻辑或的真值表

A	B	$F=A+B$
0	0	0
0	1	1
1	0	1
1	1	1

或门电路的逻辑符号如图 3-4 所示。

3. 非门电路

在图 3-5 所示的电路中，开关 A 断开，灯 F 就会亮；反之，开关 A 接通，灯 F 就不亮，这样的因果关系称为非逻辑。

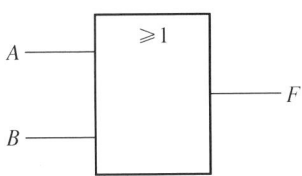

图 3-4 或门电路及逻辑符号

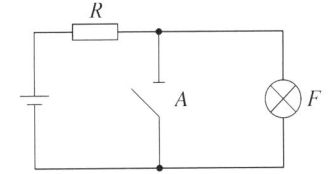

图 3-5 逻辑非电路

非逻辑运算简称为非运算，又称为反相运算。非运算的逻辑表达式为

$$F = \overline{A} \quad (3.5)$$

式中变量字母上方的横杠"—"为非逻辑的运算符号。其运算规则为

$$\left.\begin{array}{l}\overline{0}=1\\\overline{1}=0\end{array}\right\} \quad (3.6)$$

非逻辑的真值表如表 3-3 所示，其逻辑关系为：输入与输出反相。

表 3-3 逻辑非的真值表

A	$F=\overline{A}$
0	1
1	0

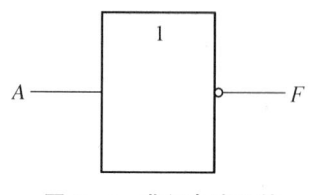

图 3-6 非门电路及其逻辑符号

非门电路的逻辑符号如图 3-6 所示。

4. 复合门电路

在逻辑代数中,由基本的与、或、非逻辑运算可以实现多种复合逻辑运算关系,实现复合逻辑运算的逻辑门称为复合逻辑门。常用的复合逻辑门有与非门、或非门、异或门。表 3-4 列出了常用复合逻辑门的逻辑表达式、逻辑符号、真值表及逻辑关系。表 3-5 列出了门电路的常用符号与国际符号的对照表。

表 3-4 常用复合逻辑门

逻辑门名称	逻辑门符号	表达式	真值表	逻辑关系
与非门		$F = \overline{AB}$	A B F 0 0 1 0 1 1 1 0 1 1 1 0	输入全1, 输出为0; 输入有0, 输出为1。
或非门		$F = \overline{A+B}$	A B F 0 0 1 0 1 0 1 0 0 1 1 0	输入全0, 输出为1; 输入有1, 输出为0。
异或门		$F = A\overline{B} + \overline{A}B$ $= A \oplus B$	A B F 0 0 0 0 1 1 1 0 1 1 1 0	输入相同, 输出为0; 输入相异, 输出为1。

注:表中"⊕"为异或门的逻辑运算符号。

表 3-5 常用逻辑门符号与现有国标符号的对照表

	非 门	与 门	或 门	异 或 门
常用符号				
国际符号				
逻辑表达式	$\overline{A} = \text{NOT } A$	$F = A \cdot B$	$F = A + B$	$F = A \oplus B$

3.1.2 常用集成门电路

1. TTL 电路

在双极型数字集成电路中应用最广泛的是 TTL 电路。目前国产的 TTL 电路有 CT1000 系列、CT2000 系列、CT3000 系列和 CT4000 系列。CT1000 系列为通用型或标准型器件；CT2000 系列为高速系列，相当于国际上的 SN54H/74H 系列；CT3000 和 CT4000 系列为低功耗肖特基元器件，相当于国际上的 SN54LS/74LS 系列。

TTL 型集成电路是一种单片集成电路。这种电路的输入端和输出端电路的结构形式都采用了半导体三极管，所以称为晶体管-晶体管逻辑电路，简称 TTL 电路。TTL 集成电路具有结构简单、稳定可靠、工作速度快等优点，但它的功耗比 CMOS 集成电路大。

TTL"与非"门电路举例分析如下：

图 3-7 是国产 T1000 系列"与非"门的典型电路，其中相关参数如下：

$$R_1 = 4\ \text{k}\Omega,\ R_2 = 1.6\ \text{k}\Omega,\ R_3 = 1\ \text{k}\Omega,\ R_4 = 130\ \Omega$$

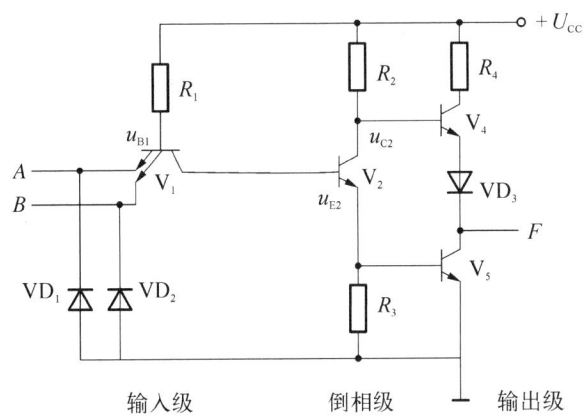

图 3-7 TTL"与非"门电路

该电路由三部分组成：V_1 和 R_1 组成输入级，V_2 和 R_2、R_3 组成倒相级，V_4、V_5、VD_3 和 R_4 组成输出级。V_1 是一个多发射极的三极管，它可等效如图 3-8 所示的"与非"。

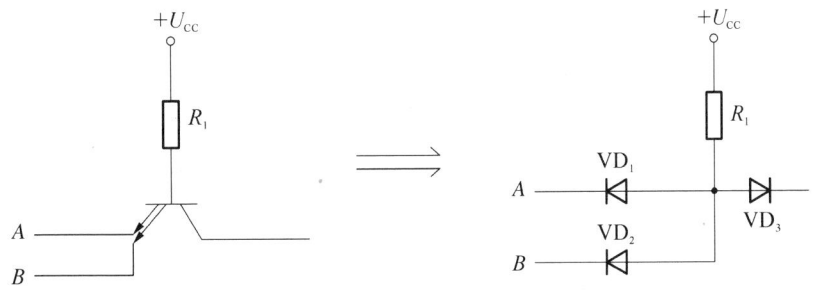

图 3-8 V_1 的等效电路

下面我们来分析其工作原理:

设输入信号 A、B 的高、低电平分别为 $u_{IH}=5\,V$,$u_{IL}=0.3\,V$,这时 A、B 中只要有一个是低电平,则 V_1 必有一个发射结导通,并将 V_1 有基极点位钳位在 $u_{IL}+U_{BE}=0.3\,V+0.7\,V=1\,V$。显然 V_2 的发射结不会导通。由于 V_1 的集电极回路电阻为 R_2 和 V_2 的 b-c 结反向电阻之和,阻值非常大,因而 V_1 工作在深度饱和状态,使 $U_{CES1}\approx 0$。而且此时 V_1 的集电极电流也极小,可忽略不计,V_2 截止后 u_{C2} 为高电平,而 u_{E2} 为低电平,从而 V_4 导通,V_5 截止,输出为高电平 U_{OH}。

当 A、B 同时为高电平时,则 V_1 截止,进而 V_2 和 V_5 的发射结必然同时导通,同时 V_4 截止,这样输出变成了低电平 U_{OL}。

可见,F 和 A、B 之间的与非关系,即 $F=\overline{A\cdot B}$。

由于 V_2 从集电极输出的电压信号和从发射极输出的电压信号变化方向相反,所以把这一级又叫做倒相级。输入 VD_1、VD_2 为钳位二极管,它们能限制输入端出现的负极性干扰脉冲,以保护输入端的多发射极三极管。这两个二极管允许通过的最大电流约为 20 mA。

常用 TTL"与非"门和"或非"门的型号如表 3-6 所示。

表 3-6 常用集成 TTL 门电路

型 号	功 能	型 号	功 能
74LS00	四 2 输入与非门	74LS04	六非门
74LS08	四 2 输入与门	74LS32	四 2 输入或门
74LS10	三 3 输入与非门	74LS02	四 2 输入或非门
74LS30	8 输入与非门	74LS86	四 2 输入异或门

2. CMOS 集成电路

所谓 CMOS 集成电路是互补对称 MOS 集成电路的简称,其电路结构均采用增强型 PMOS 管和增强型 NMOS 管互补对称连接而成。

CMOS 集成电路具有功耗低、工作电源电压范围宽、抗干扰能力强、输入阻抗高、扇出系数大、集成度高、成本低等一系列优点,其应用领域十分广泛。尤其是在大规模集成电路中更显示其优越性。

1) CMOS 基本门电路

CMOS"与非"门电路和"或非"门电路举例分析如下:

图 3-9(a)为 CMOS"与非"门的电路原理图。

VP_1 和 VP_2 并联作为负载管,VN_1 和 VN_2 串联作为驱动管。

当两个输入端 A、B 中有一个为低电平 0 时,与该端相连的 NMOS 管截止、PMOS 管导通,输出高电平,$F=1$,只有 A、B 均为高电平时,两个 NMOS 导通,输出低电平,$F=0$,因此,该电路具有"与非"功能。其逻辑表达式为 $F=\overline{A\cdot B}$。

图 3-9(b)给出了"或非"门电路。由图不难分析,输出端 F 和输入 A、B 之间满足的是"或非"关系。其逻辑表达式为 $F = \overline{A+B}$。

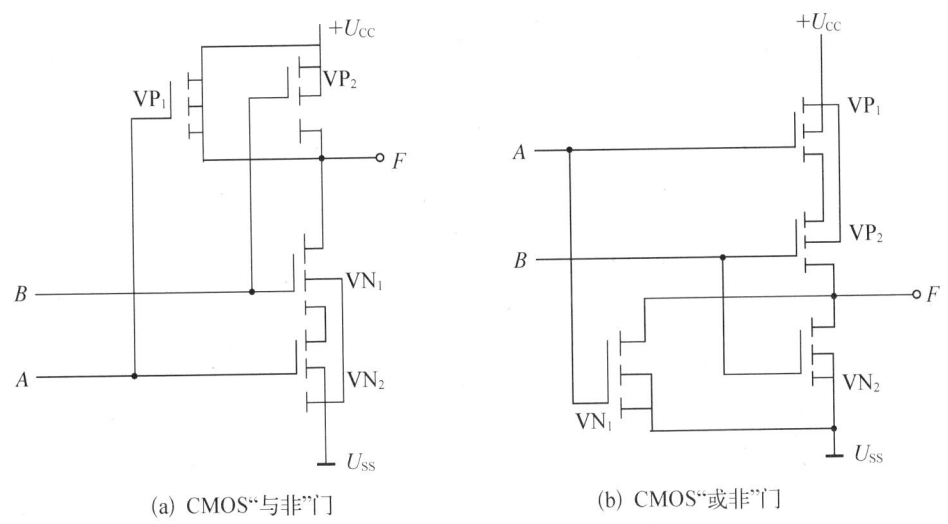

(a) CMOS"与非"门　　　　　(b) CMOS"或非"门

图 3-9　CMOS 门电路

2) 常用"与非"门、"或非"门集成芯片简介

图 3-10 给出了 CC4011 产品的片脚功能图,它是一个 14 片脚的集成芯片,一个芯片上有四个相同的"与非"门,构成了四 2 输入"与非"门。

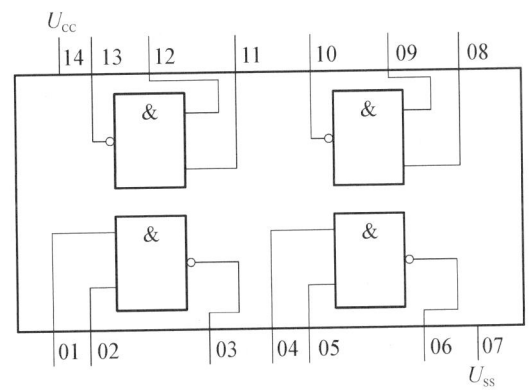

图 3-10　CC4011 片脚图

常用 CMOS"与非"门和"或非"门的型号如表 3-7 所示。

表 3-7　常用 CMOS"与非"门和"或非"门电路

逻辑功能	名　称	型　号	电源电压/V	引出端数
或非门	双 4 输入或非门	CC4002 C037	3~18 7~15	14 14
	三 3 输入或非门	CC4025 C038	7~15 3~18	14

续表

逻辑功能	名称	型号	电源电压/V	引出端数
或非门	四2输入或非门	CC4001 C039	3～18 7～15	14
	8输入或非门/或门	CC4078	3～18	14
与非门	双4输入与非门	CC4012 C034	3～18 7～15	14
	三3输入与非门	CC4023 C035	3～18 7～15	14
	四2输入与非门	CC4011 C036	3～18 7～15	14
	8输入与非门/与门	CC4068	3～18	14

3) CMOS 三态门电路

三态门是指输出有三种状态：高电平、低电平和高阻态。图3-11是三态门的电路图及逻辑符号，它由模拟开关盒反相器组成。输入信号为 A，输出 F，EN 为使能端。

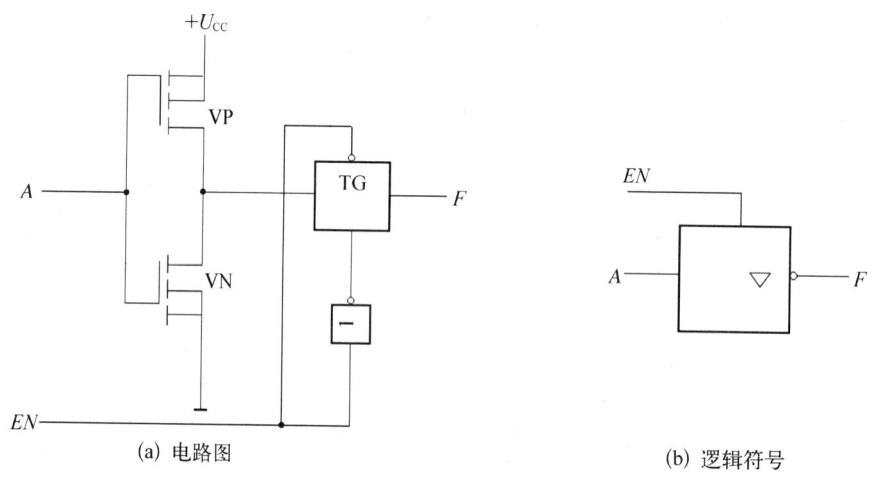

(a) 电路图　　　　　　　　　　(b) 逻辑符号

图 3-11　CMOS 三态门

从电路中可知，当 EN 端为低电平 0 时，模拟开关表接通，输出端 F 和输入端 A 满足"非"的逻辑关系，即 $F = \overline{A}$，当 EN 端为高电平 1 时，模拟开关断开，输出端 F 呈现高阻态，电路的一切逻辑功能均被禁止传送，其逻辑真值表如表3-8所示，其中 $\varnothing$ 代表任意状态。

表 3-8　逻辑真值表

A	EN	F
0	0	1
1	0	0
$\varnothing$	1	高阻

3.2 组合逻辑电路

数字逻辑电路根据逻辑功能的不同特点,可以分成两大类,一类叫组合逻辑电路(简称组合电路),另一类叫做时序逻辑电路(简称时序电路)。

组合逻辑电路在逻辑功能上的特点是任意时刻的输出仅仅取决于该时刻的输入,与电路原来的状态无关。也就是说,组合逻辑电路是无记忆功能的。

所谓逻辑问题的描述,就是将文字描述的设计要求抽象为一个逻辑表达式。

通常的方法是:先建立输入输出逻辑变量的真值表,再由真值表写出逻辑表达式。有些情况下,可由设计要求直接建立逻辑表达式。

3.2.1 组合电路的分析和设计

1. 组合电路分析

组合电路分析是根据给定的逻辑电路图,求出描述电路输出与输入之间逻辑关系的表达式,列出真值表,弄清楚它的逻辑功能。也就是说,电路图是已知的,待求的是电路的逻辑功能。其分析的基本步骤如下:

(1) 由已知的逻辑图写出输出端逻辑表达式。
(2) 变换和化简逻辑表达式。
(3) 列真值表。
(4) 根据真值表和逻辑表达式,确定其逻辑功能。

例 3.1 分析图 3-12 所示电路的逻辑功能。

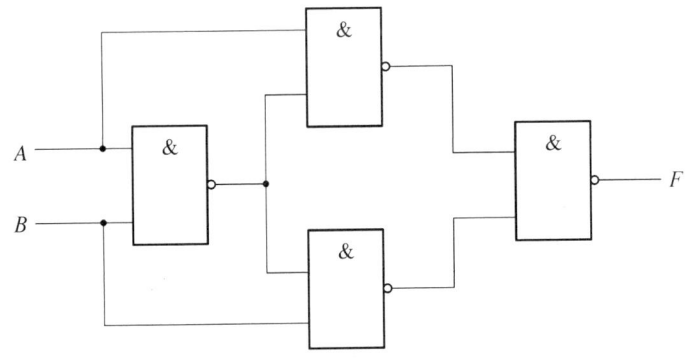

图 3-12 例 3.1 逻辑电路图

解: 按组合逻辑电路分析的步骤进行。

(1) 写出输出端的逻辑表达式:

$$F = \overline{\overline{AB} \cdot A \cdot \overline{AB} \cdot B}$$

(2) 变换和化简表达式:

$$F = \overline{\overline{\overline{AB} \cdot A} + \overline{\overline{AB} \cdot B}} = \overline{AB} \cdot A + \overline{AB} \cdot B$$
$$= (\overline{A} + \overline{B})A + (\overline{A} + \overline{B}) \cdot B = A\overline{B} + \overline{A}B$$

(3) 列真值表,如表 3-9 所示。

表 3-9 例 3.1 真值表

A	B	F
0	0	0
0	1	1
1	0	1
1	1	0

(4) 分析逻辑功能。由真值表可知,该电路的逻辑功能为:当输入 A、B 相同时,F 为 0;当输入 A、B 不同时,输出 F 为 1。可见它是"异或"电路。

2. 组合电路设计

组合电路的设计是组合电路分析的逆运算。就是从给定的逻辑要求出发,求出最简单的逻辑电路图,其设计步骤如下:

(1) 根据给定的逻辑要求,列真值表。
(2) 根据真值表写逻辑表达式。
(3) 化简或变换逻辑表达式。
(4) 根据逻辑表达式画出相应的逻辑图。

例 3.2 设计一个三人投票的表决电路。用 F 表示表决结果,$F=1$ 表示多数赞成,$F=0$ 表示多数不赞成。对于三个人,分别用 A、B、C 三个变量表示,用 1 表示赞成,用 0 表示反对。

解: 根据组合电路设计的步骤进行。

(1) 根据已知的逻辑要求,列真值表,如表 3-10 所示。

表 3-10 例 3.2 真值表

A	B	C	F
0	0	0	0
0	0	1	0
0	1	0	0
0	1	1	1
1	0	0	0
1	0	1	1
1	1	0	1
1	1	1	1

(2) 由真值表写出逻辑表达式:

$$F = \overline{A}BC + A\overline{B}C + AB\overline{C} + ABC$$

(3) 化简该逻辑表达式。化简的方法可任选，可用公式法或卡诺图法。本题采用卡诺图化简法，如图 3-13 所示。

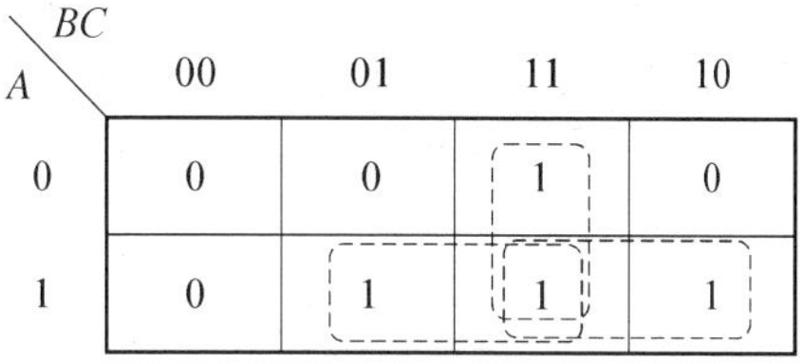

由卡诺图可知：

$$F = AB + BC + AC$$

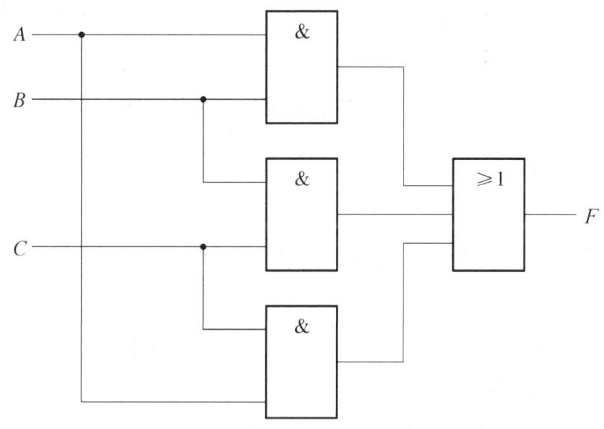

图 3-13 例 3.2 卡诺图

(4) 画逻辑图如图 3-14 所示。

图 3-14 例 3.2 逻辑电路图

在组成逻辑电路时，要考虑以下几个实际问题：

(1) 输入信号既可以以原变量出现，也可以以反变量出现。

(2) 电路的结构应紧凑。由于实际设计中普遍采用 SSI(小规模集成电路)和 MSI(中规模集成电路)设计电路，因此应根据具体情况，尽可能减少所用元器件的数量和种类，以使组装好的电路结构紧凑。

(3) 考虑实际元件。实际应用中，经常用的现成产品大多是"与非"门、"或非"门、"与或"门和"非"门电路。因此在进行组合电路设计时，还应对最简的表达式进行变换。

(4) 实际中还应考虑信号的传输时间及门电路的带负载能力。

3.2.2 组合逻辑电路的竞争与冒险

1. 竞争冒险的概念及产生原因

所谓的竞争冒险，是指在组合电路中，当输入信号改变状态时，输出端可能出现虚假信号——过渡干扰脉冲的现象。这个干扰脉冲虽然持续时间很短，但对电路影响很大，有时甚至会造成负载的误动作，可见找出产生竞争冒险的原因及消除它是很必要的。

产生竞争冒险的原因之一是电路中输入信号通过不同的路径到达输出端所造成的时间上的差异，这主要是由电路中反相器产生的互补信号引起的。图 3-15(a)所示电路，若忽略门传输时间,则输出 F 始终等于逻辑低电平,但当信号 A 由 0 变 1 时,由于 G_1 门传输信号需一定时间,G_1 的输出变为低电平要延迟一个门的传输时间,此时门 G_2 输入端将同时为高电平,则输出 G_2 为高电平,这个窄脉冲式不应该出现的。这就是组合电路的竞争冒险,其波形如图 3-15(b)所示。

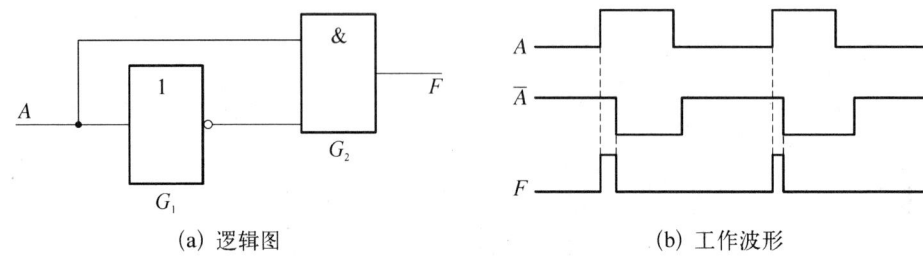

(a) 逻辑图 (b) 工作波形

图 3-15 可能出现竞争冒险的电路

2. 消除竞争冒险的方法

1) 加封锁脉冲

在输入信号发生竞争的时间内,引入一脉冲将可能产生干扰的门封住。

2) 引入选通脉冲

平时将不用的门封锁,只有需要时把有关门打开,允许输出。

3) 修改逻辑设计加冗余项

在确保逻辑函数值不变的情况下,加多余项,以消除竞争冒险。例如,已知逻辑表达式:

$$F = AC + B\overline{C}$$

当 $A=B=1$ 时,若 C 由 1 变 0,电路将出现干扰脉冲。如果在表达式中增加一乘积项 AB,则源逻辑表达式:

$$F = AC + B\overline{C} + AB$$

当 $A=B=1$ 时,由第三项决定,$F=1$ 消除了干扰脉冲。

4) 输出端并电容

在可能产生干扰脉冲的那些门的输出端并接一个不大的滤波电容,可以把干扰脉冲吸掉。

3.2.3 常用的集成组合逻辑电路

由于人们在实践中遇到的问题层出不穷,因而为解决这些逻辑问题而设计的逻辑电路也很多。然而我们发现,其中有些逻辑电路经常、大量地出现在各种数字系统中。这些电路包括加法器、编码器、译码器、数据选择器、数值比较器等。为了使用方便,已经把这些逻辑电路制成了中、小规模集成的标准化集成电路。

1. 加法器

1) 单位元加法器

以单位元的加法器来说,有两种基本的类型:半加器和全加器。

(1) 半加器。半加器的电路图半加器有两个二进制的输入,其将输入的值相加,并输出结果到和(Sum)和进位位(Carry)。半加器虽能产生进位,但半加器本身不处理低位来的进位值。

(2) 全加器。全加器三个二进制的输入,其中一个是进位值的输入,所以全加器可以处理进位值。全加器可以用两个半加器组合而成。

单位元全加器如图 3-16 所示。A、B 表示加法器的加数和被加数,C_{in} 表示低位进位输入,S 表示加法和输出,C_{out} 表示进位输出。

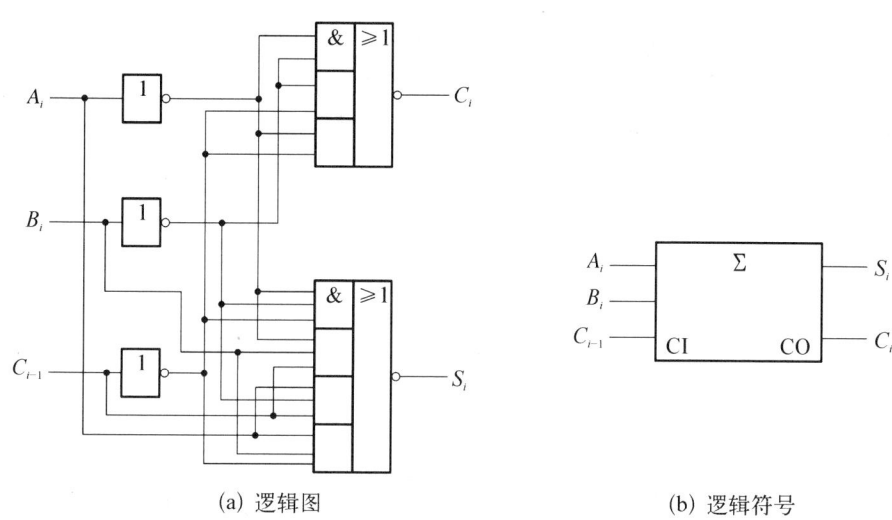

(a) 逻辑图　　　　　　　　　　(b) 逻辑符号

图 3-16　单位元全加器

2) 串行进位加法器

用全加器可以实现多位数相加,只要依次将低位全加器的进位输出 CO 接到高位全加器的进位输入端 CI,就可以构成多位加法器了。

图 3-17 是根据上述原理接成的 4 位加法器电路。显然,每一位的相加结果都必须等待低一位的进位产生以后才能建立起来,因此把这种结构的电路叫做串行进位加法器。

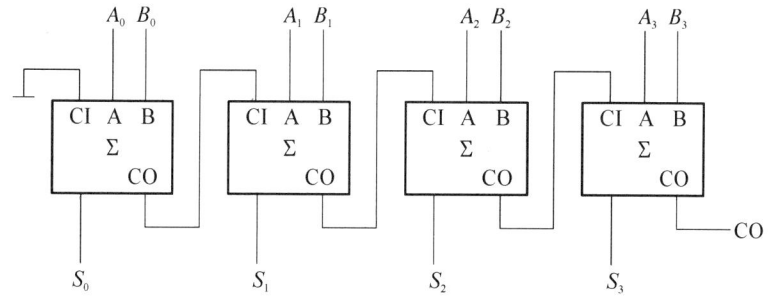

图 3-17　四位串行进位加法器

这种加法器的最大缺点是运算速度慢,在最不利的情况下,做一次加法运算需要经过 4 个全加器的传输延迟时间才能得到稳定可靠的运算结果。但考虑到串行进位加法器的电路结构比较简单,因而在对运算速度要求不高的设备中,这种加法器仍是很可取的电路。

3) 超前进位加法器

为了提高运算速度,必须设法减小或消除由于进位信号逐级传递所消耗的时间,我们采用新的电路结构,使各位的进位输入信号能在相加开始时就知道。

我们知道,两个多位数中第 i 位相加的进位输出 $(CO)i$ 可表达为

$$(CO)_i = A_i B_i + (A_i + B_i)(CI)_i$$

根据前述可知全加器的逻辑式为

$$S_i = A_i \oplus B_i \oplus CI_i = \overline{A_i}\,\overline{B_i}CI_i + \overline{A_i}B_i\,\overline{CI_i} + A_i\,\overline{B_i}\,\overline{CI_i} + A_i B_i CI_i = \sum m(1,2,4,7)$$

根据上式构成 4 位超前进位加法器 74LS283 的内部结构如图 3-18 所示。

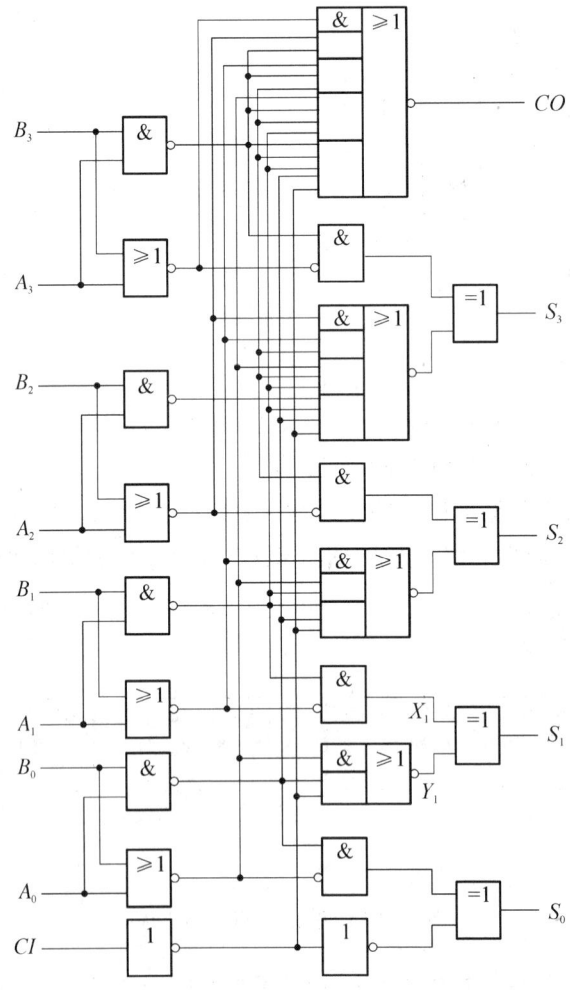

图 3-18 超前进位加法器 74LS283

另外,我们从图 3-18 看出,从两个加数送到输入端到完成加法运算,只需三级门电路的传输延迟时间,而获得进位输出的信号仅需一级反相器和一级与或非门的传输延迟时间。但运算时间的缩短是用电路复杂的代价换来的。

74LS283 为 4 位全加器,逻辑符号见图 3-19。其中 A_4、A_3、A_2、A_1 和 B_4、B_3、B_2、B_1 是两个 4 位二进制码的输入,S_4、S_3、S_2、S_1 是和输出,C_4 是向高位(比 A_4、B_4 更高一位)的进位,C_0 是低位进位(比 A_1、B_1 位还低一位向 A_1、B_1 位的进位)。其他各位的进位,都在内部连接了,没有引线向集成电路外部连出。

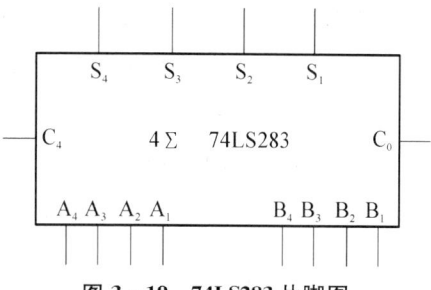

图 3-19 74LS283 片脚图

4 位全加器除了做 4 位二进制数的加法运算之外,还有许多用途,典型的有码制的转换,如 BCD 8421 码转换为余三码,BCD 8421 码转换为 BCD 5421 码等。

2. 数据选择器

1) 数据选择器基本原理

数据选择是指经过选择,把多个通道的数据传送到唯一的公共数据通道上去。实现数据选择功能的逻辑电路称为数据选择器。它的作用相当于多个输入的单刀多掷开关,其示意图如图 3-20 所示。

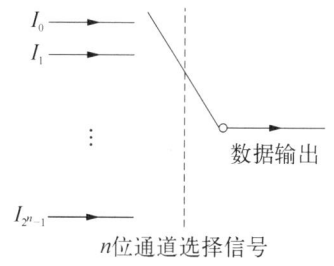

图 3-20 数据选择示意图

下面以四选一数据选择器为例,说明工作原理及基本功能。其逻辑图和功能表如图 3-21 所示。其中,G 为使能信号,当 $G=1$ 时,所有与门都被封锁,无论地址码是什么,Y 总是等于 0;当 $G=1$ 时,封锁解除,输出 Y 由地址码 BA 决定与哪个输入端的数据 D_i 相连。

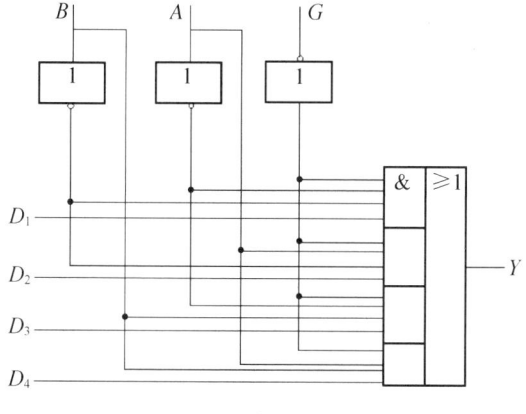

输入			输出
使能	地址		
G	B	A	Y
1	x	x	0
0	0	0	D_0
0	0	1	D_1
0	1	0	D_2
0	1	1	D_3

(a) 逻辑图 　　　　　(b) 功能表

图 3-21 四选一数据选择器

同样原理,可以构成更多输入通道的数据选择器。被选数据源越多,所需地址码的位数也越多,若地址输入端为 N,可选输入通道数为 2^N。

2）集成电路数据选择器 74LS151

74LS151 是一种典型的集成电路数据选择器,它有 3 个地址输入端 CBA,可选择 $D_0 \sim D_7$ 8 个数据源,具有两个互补输出端,同相输出端 Y 和反相输出端 W。其内部逻辑图如图 3-22 所示,其引脚图和功能表如图 3-23 所示。

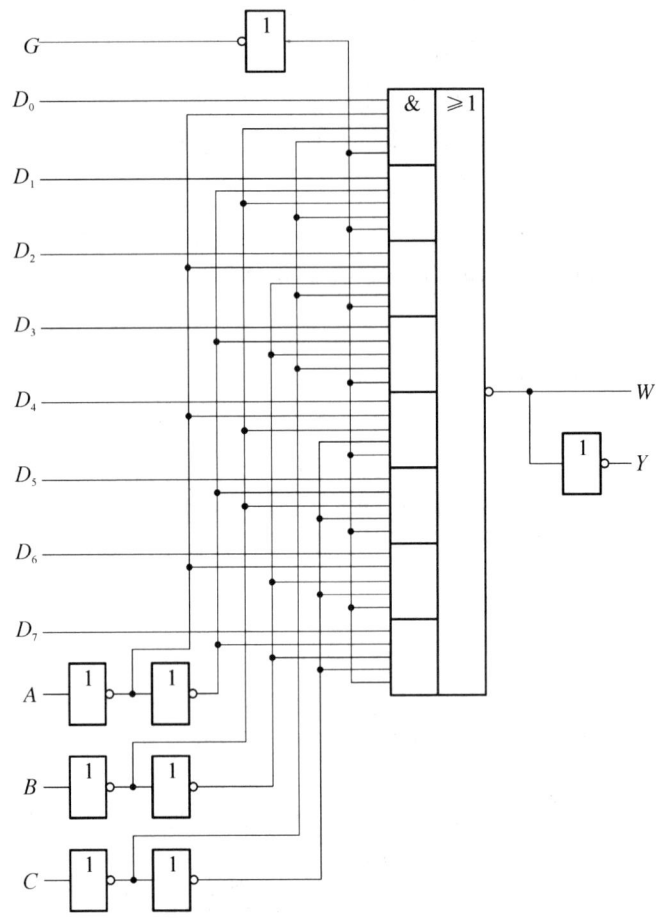

图 3-22 74LS151 内部逻辑

由其内部逻辑图可知,该逻辑电路的基本结构为"与或非"形式。输入使能 G 为低电平有效。输出 Y 的表达式为：$Y = \sum\limits_{i=0}^{7} m_i D_i$。其中,$m_i$ 为 CBA 的最小项。例如,当 $CBA = 010$ 时,根据最小项性质,只有 m_2 为 1,其余各项为 0,故得 $Y = D_2$,即 D_2 传送到输出端。

3. 译码器

译码器是典型的组合数字电路,译码器是将一种编码转换为另一种编码的逻辑电路,学习译码器必须与各种编码打交道。本节将主要介绍二进制码译码器和显示译码器。

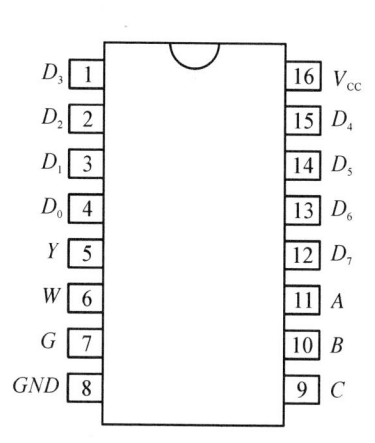

输入				输出	
使能	选	择		Y	W
G	C	B	A		
H	x	x	x	L	H
L	L	L	L	D_0	$\overline{D}_0$
L	L	L	H	D_1	$\overline{D}_1$
L	L	H	L	D_2	$\overline{D}_2$
L	L	H	H	D_3	$\overline{D}_3$
L	H	L	L	D_4	$\overline{D}_4$
L	H	L	H	D_5	$\overline{D}_5$
L	H	H	L	D_6	$\overline{D}_6$
L	H	H	H	D_7	$\overline{D}_7$

(a) 引脚图　　　　　　　　　　(b) 功能表

图 3-23　74LS151 的引脚图和功能表

1) 二进制译码器

二进制码译码器又名最小项译码器，N 中取一译码器。n 为二进制码的位数，就是输入变量的位数为 $N=2^n$，所以，N 也是输出量的数目，或全部最小项的数目。因为最小项取值的性质是对于一种二进制码的输入，只有一个最小项为"1"，其余 $N-1$ 个最小项均为"0"。所以，二进制码译码器也称为 n 线-N 线译码器，例如对于 3 位二进制码译码器，可称为 3 线-8 线译码器，这种称呼往往见于器件手册。

以下以 3 位二进制码译码器为例进行讲解。

3 位二进制译码器的真值表如表 3-11 所示，输入 3 位二进制码 $B_2B_1B_0$，输出是状态译码 $Y_0 \sim Y_7$。则对应的逻辑表达式可得

表 3-11　3 位二进制译码器真值表

输		入	输				出			
B_2	B_1	B_0	$\overline{Y}_0$	$\overline{Y}_1$	$\overline{Y}_2$	$\overline{Y}_3$	$\overline{Y}_4$	$\overline{Y}_5$	$\overline{Y}_6$	$\overline{Y}_7$
0	0	0	0	1	1	1	1	1	1	1
0	0	1	1	0	1	1	1	1	1	1
0	1	0	1	1	0	1	1	1	1	1
0	1	1	1	1	1	0	1	1	1	1
1	0	0	1	1	1	1	0	1	1	1
1	0	1	1	1	1	1	1	0	1	1
1	1	0	1	1	1	1	1	1	0	1
1	1	1	1	1	1	1	1	1	1	0

$$\begin{cases} \overline{Y}_0 = \overline{B}_2\overline{B}_1\overline{B}_0 \\ \overline{Y}_1 = \overline{B}_2\overline{B}_1 B_0 \\ \overline{Y}_2 = \overline{B}_2 B_1 \overline{B}_0 \\ \overline{Y}_3 = \overline{B}_2 B_1 B_0 \\ \overline{Y}_4 = B_2 \overline{B}_1 \overline{B}_0 \\ \overline{Y}_5 = B_2 \overline{B}_1 B_0 \\ \overline{Y}_6 = B_2 B_1 \overline{B}_0 \\ \overline{Y}_7 = B_2 B_1 B_0 \end{cases} \qquad (3.7)$$

对应的逻辑图如图 3-24 所示。

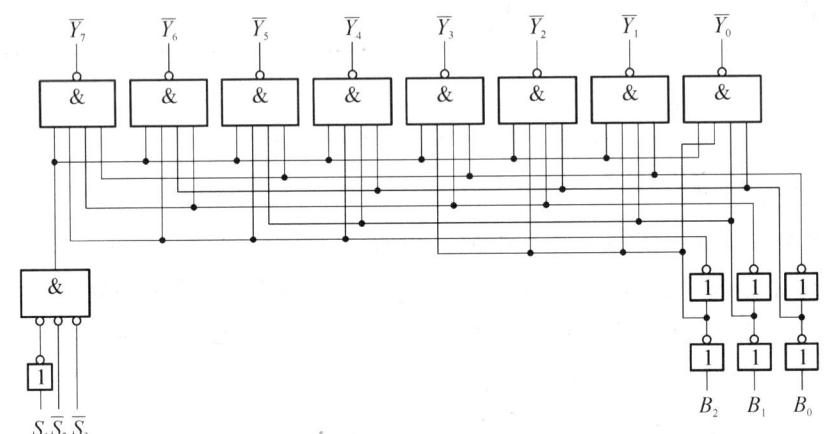

图 3-24　3 位二进制译码器逻辑图

常用的集成 3 位二进制译码器为 74LS138 译码器，其逻辑符号如图 3-25 所示。

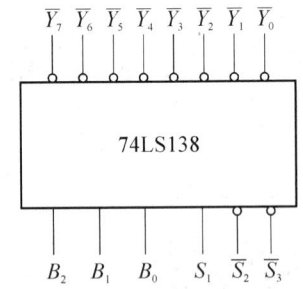

图 3-25　74LS138 逻辑符号图

74LS138 的功能表如表 3-12 所示。

对于三变量最小项译码器 74LS138，它的使能端是一个与逻辑，使能逻辑为 $EN = S_1 \overline{S}_2 \overline{S}_3$。

当 $S_1 \overline{S}_2 \overline{S}_3 = 100$ 时，使能输出为"1"，解除对译码门（与非门）的封锁，允许译码。其余情况下，使能输出为"0"禁止译码，即全部八个译码门的输出全部为"1"。

表 3-12 74LS138 功能表

输入					输出							
S_1	$\overline{S}_2+\overline{S}_3$	B_2	B_1	B_0	$\overline{Y}_0$	$\overline{Y}_1$	$\overline{Y}_2$	$\overline{Y}_3$	$\overline{Y}_4$	$\overline{Y}_5$	$\overline{Y}_6$	$\overline{Y}_7$
x	H	x	x	x	H	H	H	H	H	H	H	H
L	x	x	x	x	H	H	H	H	H	H	H	H
H	L	L	L	L	L	H	H	H	H	H	H	H
H	L	L	L	H	H	L	H	H	H	H	H	H
H	L	L	H	L	H	H	L	H	H	H	H	H
H	L	L	H	H	H	H	H	L	H	H	H	H
H	L	H	L	L	H	H	H	H	L	H	H	H
H	L	H	L	H	H	H	H	H	H	L	H	H
H	L	H	H	L	H	H	H	H	H	H	L	H
H	L	H	H	H	H	H	H	H	H	H	H	L

2) 显示译码器

目前用于电子电路系统中的显示器件主要有发光二极管组成的各种显示器件和液晶显示器件,这二种显示器件都有笔画段和点阵型两大类。笔画段型由一些特定的笔画段组成,以显示一些特定的字形和符号;点阵型由许多成行成列的发光元素点组成,由不同行和列上的发光点组成一定的字形、符号和图形。它们的示意图见图 3-26。

(a) 笔画段型显示器　　　　　　(b) 点阵型显示器

图 3-26 笔画段型和点阵型的示意图

LED 是 Light Emitting Diode 的缩写,直译为光发射二极管,中文名为发光二极管。由于作为单个发光元素 LED 发光器件的尺寸不能做得太小,对于小尺寸的 LED 显示器件,一般是笔画段型的,广泛用于显示仪表之中;大型尺寸的一般是点阵型器件,往往用于大型的和特大型的显示屏中。

LED 显示器件有共阴极和共阳极两类,对于笔画段型的如图 3-27 所示。图(a)是共阳极的示意图,图(b)是共阴极的示意图。

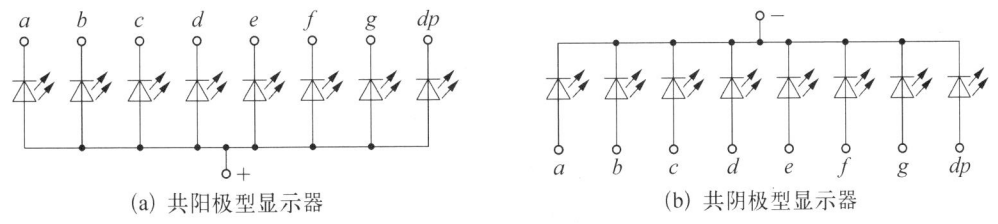

(a) 共阳极型显示器　　　　　　(b) 共阴极型显示器

图 3-27 笔画段型 LED 显示器

现以驱动共阴极七段发光二极管的 BCD 译码器为例,具体说明译码器的设计过程。

表 3-13 是 4 位二进制译码器的真值表,输入是 4 位二进制代码 DCBA,输出是其状态译码 $Y_a \sim Y_g$。

表 3-13 4 位二进制译码器的真值表

十进制数	输入				输出						
	D	C	B	A	a	b	c	d	e	f	g
0	0	0	0	0	1	1	1	1	1	1	0
1	0	0	0	1	0	1	1	0	0	0	0
2	0	0	1	0	1	1	0	1	1	0	1
3	0	0	1	1	1	1	1	1	0	0	1
4	0	1	0	0	0	1	1	0	0	1	1
5	0	1	0	1	1	0	1	1	0	1	1
6	0	1	1	0	0	0	1	1	1	1	1
7	0	1	1	1	1	1	1	0	0	0	0
8	1	0	0	0	1	1	1	1	1	1	1
9	1	0	0	1	1	1	1	0	0	1	1
10	1	0	1	0	0	0	0	1	1	0	1
11	1	0	1	1	0	0	1	1	0	0	1
12	1	1	0	0	0	1	0	0	0	1	1
13	1	1	0	1	1	0	0	1	0	1	1
14	1	1	1	0	0	0	0	1	1	1	1
15	1	1	1	1	0	0	0	0	0	0	0

从得到的真值表画出表示 $Y_a \sim Y_g$ 的卡诺图,如图 3-28 所示。

在卡诺图上采用"合并 0 然后求反"的化简方法将 $Y_a \sim Y_g$ 化简,得到:

$$\begin{cases} Y_a = \overline{\overline{D}\,\overline{C}\,\overline{B}A + DB + C\overline{A}} \\ Y_b = \overline{DB + CB\overline{A} + \overline{C}BA} \\ Y_c = \overline{DC + \overline{C}B\overline{A}} \\ Y_d = \overline{CBA + C\overline{B}\,\overline{A} + \overline{C}\,\overline{B}A} \\ Y_e = \overline{C\overline{B} + A} \\ Y_f = \overline{\overline{D}\,\overline{C}A + \overline{C}B + BA} \\ Y_g = \overline{\overline{D}\,\overline{C}\,\overline{B} + CBA} \end{cases} \quad (3.8)$$

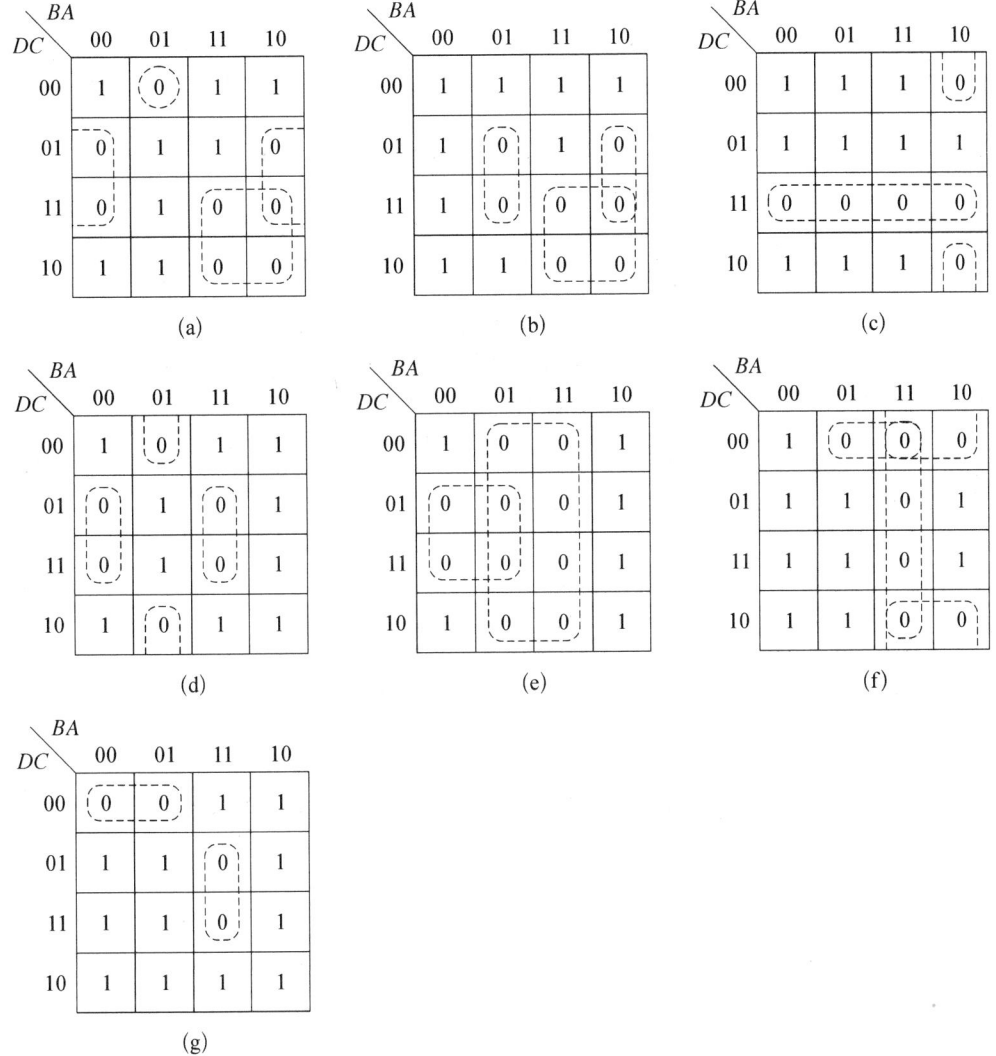

图 3-28 $Y_a \sim Y_g$ 的卡诺图

常用的集成 BCD-七段显示译码器为 74LS48。其内部逻辑图如图 3-29 所示。如图所示，就是在式(3.8)的基础上增加了一些辅助功能控制。

74LS48 的逻辑符号和对应显示字形如图 3-30 所示。

集成 BCD-七段显示译码器 74LS48 的真值表如表 3-14 所示。

集成 BCD-七段显示译码器 74LS48 的控制端功能和用法现分述如下：

试灯输入 $\overline{LT}$(Lamp Test Input)为试灯输入，低电平有效，当 $\overline{LT}$=L 时，$G_4 G_5 G_6$ 和 G_7 的输出同时为高电平，整个数码管点亮，显示为"8"。用于检查数码管和译码器是否有缺欠。优先级次于灭灯输入，平时应置 $\overline{LT}$ 为高电平。

灭零输入 $\overline{RBI}$(Ripile Blanking Input)，低电平有效，当 $\overline{RBI}$=L 时，数码管熄灭。动态灭灯输入用于多个译码器级联时，消隐无用的前零和尾零。

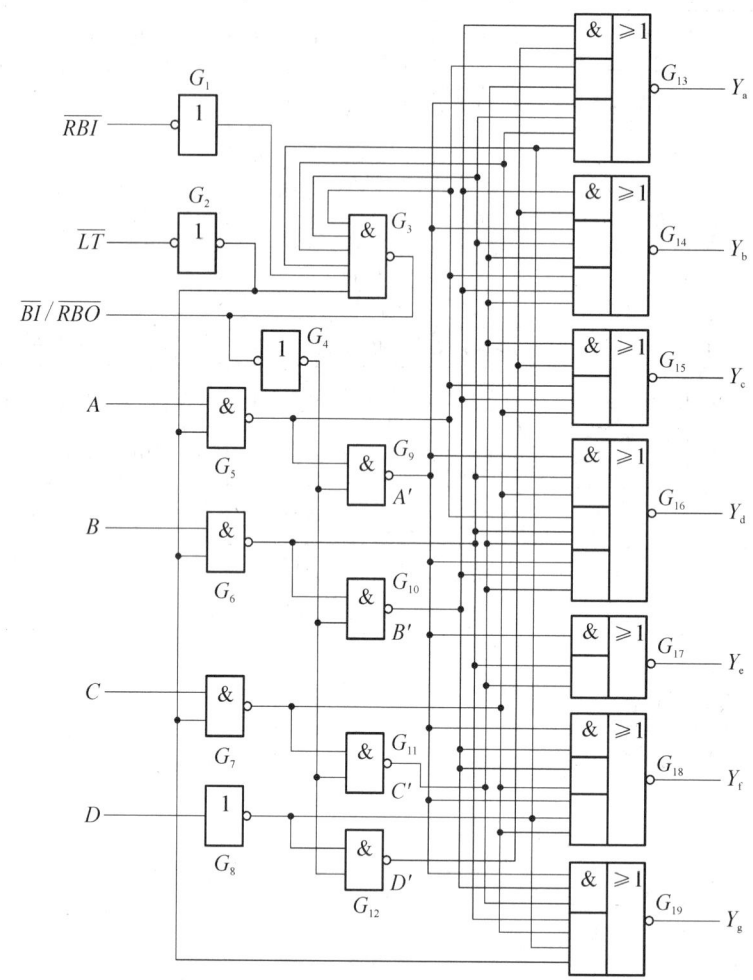

图 3-29 共阴极 BCD 七段发光二极管的译码器

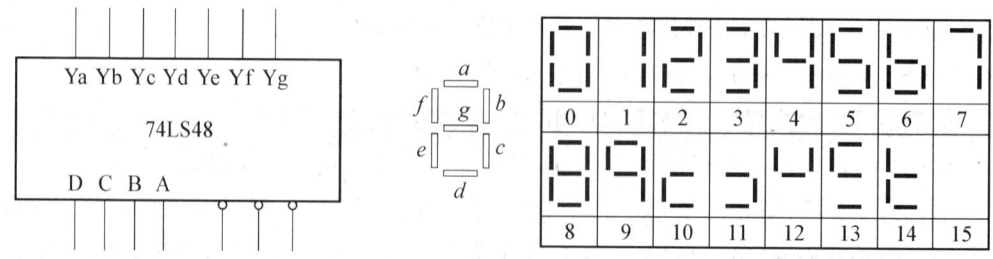

图 3-30 集成 BCD-七段显示译码器 74LS48 逻辑符号和对应显示字形

表 3-14　74LS48 的真值表

$\overline{LT}$	$\overline{RBI}$	D	C	B	A	$\overline{BI}/\overline{RBO}$	a	b	c	d	e	f	g
H	H	L	L	L	L	H	H	H	H	H	H	H	L
H	X	L	L	L	H	H	L	H	H	L	L	L	L
H	X	L	L	H	L	H	H	H	L	H	H	L	H
H	X	L	L	H	H	H	H	H	H	H	L	L	H
H	X	L	H	L	L	H	L	H	H	L	L	H	H
H	X	L	H	L	H	H	H	L	H	H	L	H	H
H	X	L	H	H	L	H	L	L	H	H	H	H	H
H	X	L	H	H	H	H	H	H	H	L	L	L	L
H	X	H	L	L	L	H	H	H	H	H	H	H	H
H	X	H	L	L	H	H	H	H	H	L	L	H	H
H	X	H	L	H	L	H	L	L	L	H	H	L	H
H	X	H	L	H	H	H	L	L	H	H	L	L	H
H	X	H	H	L	L	H	L	H	L	L	L	H	H
H	X	H	H	L	H	H	H	L	L	H	L	H	H
H	X	H	H	H	L	H	L	L	L	H	H	H	H
H	X	H	H	H	H	H	L	L	L	L	L	L	L
X	X	X	X	X	X	L	L	L	L	L	L	L	L
H	L	L	L	L	L	L	L	L	L	L	L	L	L
L	X	X	X	X	X	H	H	H	H	H	H	H	H

灭灯输入/灭灯输出 $\overline{BI}/\overline{RBO}$（Blaking Input）为灭灯输入/灭灯输出端，低电平有效。当 $\overline{BI}/\overline{RBO}$ 作为输入端使用时，称灭灯输入控制端。只要加入灭灯控制信号 $\overline{BI}/\overline{RBO}$ = L，将被驱动数码管的各段同时熄灭。

4. 编码器

编码器的功能恰好与译码器相反，它是对输入信号按一定规律进行编排，使每组输出代码具有其特定的含义。编码器按照被编信号的不同特点和要求，有各种不同的类型，最常见的有二进制编码器和优先编码器。

1) 二进制编码器

图 3-31 是 3 位二进制编码器的框图，它的输入为 $I_0 \sim I_7$，共 8 个信号，输出是 3 位二进制代码 $Y_2 Y_1 Y_0$。它又被称为 8 线-3 线编码器。

3 位二进制编码器的输入/输出的对应真值表如表 3-15 所示。

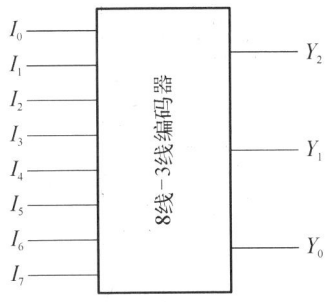

图 3-31　3 位二进制编码器框图

表3-15 3位二进制编码器逻辑真值表

输入								输出		
I_0	I_1	I_2	I_3	I_4	I_5	I_6	I_7	Y_2	Y_1	Y_0
1	0	0	0	0	0	0	0	0	0	0
0	1	0	0	0	0	0	0	0	0	1
0	0	1	0	0	0	0	0	0	1	0
0	0	0	1	0	0	0	0	0	1	1
0	0	0	0	1	0	0	0	1	0	0
0	0	0	0	0	1	0	0	1	0	1
0	0	0	0	0	0	1	0	1	1	0
0	0	0	0	0	0	0	1	1	1	1

将表3-15中的真值表写成对应的逻辑表达式得到

$$\begin{cases} Y_2 = \overline{I}_0\,\overline{I}_1\,\overline{I}_2\,\overline{I}_3 I_4\,\overline{I}_5\,\overline{I}_6\,\overline{I}_7 + \overline{I}_0\,\overline{I}_1\,\overline{I}_2\,\overline{I}_3\,\overline{I}_4 I_5\,\overline{I}_6\,\overline{I}_7 \\ \quad + \overline{I}_0\,\overline{I}_1\,\overline{I}_2\,\overline{I}_3\,\overline{I}_4\,\overline{I}_5 I_6\,\overline{I}_7 + \overline{I}_0\,\overline{I}_1\,\overline{I}_2\,\overline{I}_3\,\overline{I}_4\,\overline{I}_5\,\overline{I}_6 I_7 \\ Y_1 = \overline{I}_0\,\overline{I}_1 I_2\,\overline{I}_3\,\overline{I}_4\,\overline{I}_5\,\overline{I}_6\,\overline{I}_7 + \overline{I}_0\,\overline{I}_1\,\overline{I}_2 I_3\,\overline{I}_4\,\overline{I}_5\,\overline{I}_6\,\overline{I}_7 \\ \quad + \overline{I}_0\,\overline{I}_1\,\overline{I}_2\,\overline{I}_3\,\overline{I}_4\,\overline{I}_5 I_6\,\overline{I}_7 + \overline{I}_0\,\overline{I}_1\,\overline{I}_2\,\overline{I}_3\,\overline{I}_4\,\overline{I}_5\,\overline{I}_6 I_7 \\ Y_2 = \overline{I}_0 I_1\,\overline{I}_2\,\overline{I}_3\,\overline{I}_4\,\overline{I}_5\,\overline{I}_6\,\overline{I}_7 + \overline{I}_0\,\overline{I}_1\,\overline{I}_2 I_3\,\overline{I}_4\,\overline{I}_5\,\overline{I}_6\,\overline{I}_7 \\ \quad + \overline{I}_0\,\overline{I}_1\,\overline{I}_2\,\overline{I}_3\,\overline{I}_4 I_5\,\overline{I}_6\,\overline{I}_7 + \overline{I}_0\,\overline{I}_1\,\overline{I}_2\,\overline{I}_3\,\overline{I}_4\,\overline{I}_5\,\overline{I}_6 I_7 \end{cases}$$

如果任意时刻 $I_0 \sim I_7$ 当中仅有一个取值为1,即输入变量取值的组合仅有表3-15中列出的8种状态,则输入变量为其他取值不等于1的那些最小项均为约束项。利用这些约束项将上式化简,得到

$$\begin{cases} Y_2 = I_4 + I_5 + I_6 + I_7 \\ Y_1 = I_2 + I_3 + I_6 + I_7 \\ Y_2 = I_1 + I_3 + I_5 + I_7 \end{cases} \quad (3.9)$$

图3-32所示是根据式(3.9)得到的编码电路。这个电路是由三个或门组成。

2) 优先编码器

优先编码器是数字系统中实现优先权管理的一个重要逻辑部件。优先编码器的各个输入不是互斥的,它允许多个输入端同时为有效信号。优先编码器的每个输入具有不同的优先级别,当多个输入信号有效时,优先编码器能识别输入信号的优先级别,并对其中优先级别最高的一个进行编码,产生相应的输出代码。

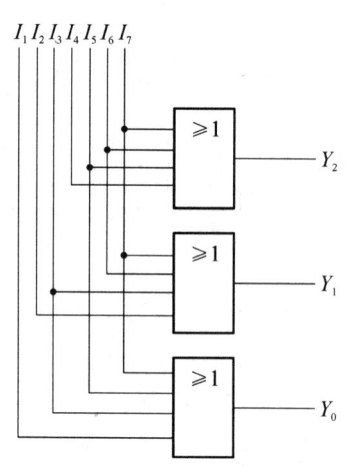

图3-32 3位二进制编码器

比较常用的集成优先编码器一般为74LS148。表3-16给出了优先编码器74LS148的功能表。

表3-16　74LS148优先编码器逻辑真表

$\overline{S}$	$\overline{I}_0$	$\overline{I}_1$	$\overline{I}_2$	$\overline{I}_3$	$\overline{I}_4$	$\overline{I}_5$	$\overline{I}_6$	$\overline{I}_7$	$\overline{Y}_2$	$\overline{Y}_1$	$\overline{Y}_0$	$\overline{Y}_{EX}$	$\overline{Y}_S$
1	1	x	x	x	x	x	x	x	1	1	1	1	1
0	0	1	1	1	1	1	1	1	1	1	1	1	0
0	0	x	x	x	x	x	x	0	0	0	0	0	1
0	0	x	x	x	x	x	0	1	0	0	1	0	1
0	0	x	x	x	x	0	1	1	0	1	0	0	1
0	0	x	x	x	0	1	1	1	0	1	1	0	1
0	0	x	x	0	1	1	1	1	1	0	0	0	1
0	0	x	0	1	1	1	1	1	1	0	1	0	1
0	0	0	1	1	1	1	1	1	1	1	0	0	1
0	0	0	1	1	1	1	1	1	1	1	1	0	1

图3-33给出了优先编码器74LS148的逻辑符号和内部逻辑图。

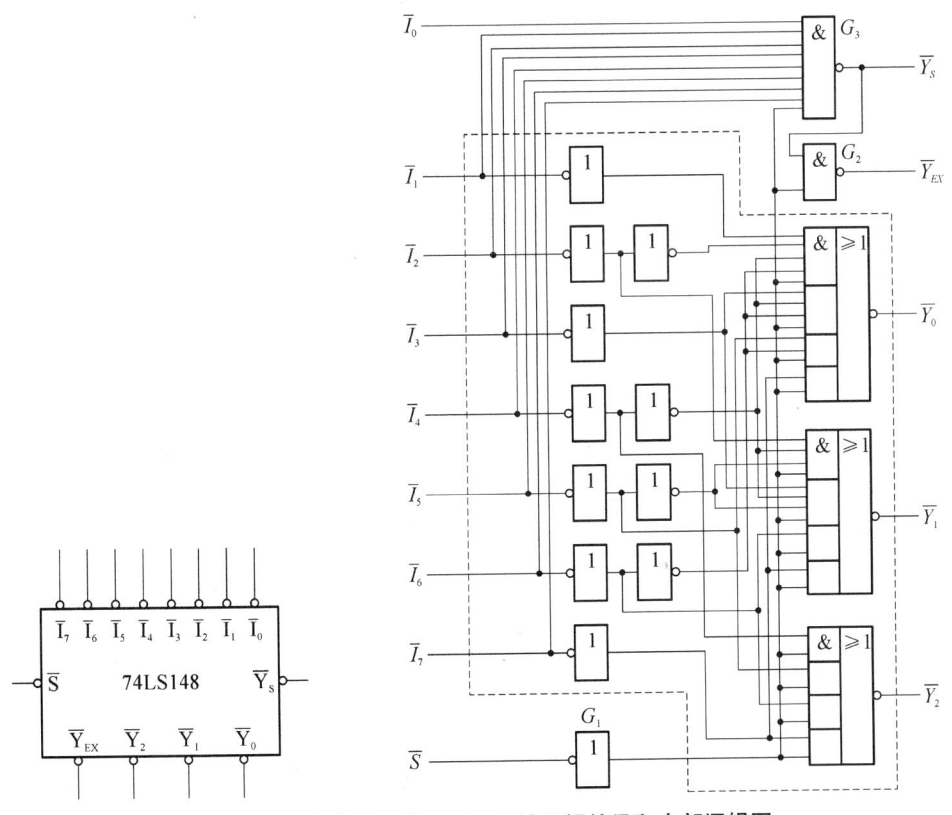

图3-33　优先编码器74LS148的逻辑符号和内部逻辑图

由优先编码器 74LS148 的真值表或内部逻辑图可以写出逻辑表达式：

$$\begin{cases} \overline{Y_2} = \overline{(I_4 + I_5 + I_6 + I_7) \cdot S} \\ \overline{Y_1} = \overline{(I_2\,\overline{I}_4\,\overline{I}_5 + I_3\,\overline{I}_4\,\overline{I}_5 + I_6 + I_7) \cdot S} \\ \overline{Y_0} = \overline{(I_1\,\overline{I}_2\,\overline{I}_4\,\overline{I}_6 + I_3\,\overline{I}_4\,\overline{I}_6 + I_5\,\overline{I}_6 + I_7) \cdot S} \end{cases} \quad (3.10)$$

为了扩展电路的功能和增加使用的灵活性，在 74LS148 的逻辑图中增加了逻辑门 $G_1 G_2$ 和 G_3 组成的的控制电路。其中 $\overline{S}$ 为选通输入端，只有在 $\overline{S}=0$ 的条件下，编码器才能正常工作。而在 $\overline{S}=1$ 时，所有的输出端均被封锁在高电平。

选通输出端 $\overline{Y}_s$ 和扩展端 $\overline{Y}_{EX}$ 用于扩展编码功能。由图 3-33 可知：

$$\overline{Y_s} = \overline{\overline{I}_0\,\overline{I}_1\,\overline{I}_2\,\overline{I}_3\,\overline{I}_4\,\overline{I}_5\,\overline{I}_6\,\overline{I}_7 S} \quad (3.11)$$

上式表明，只有当所有的编码输入端都是高电平，$S=1$ 时，$\overline{Y}_S$ 才是低电平。因此，$\overline{Y}_S$ 的低电平信号表示"电路工作，但无编码输入"。

同样由图 3-33 可得到：

$$\overline{Y_{EX}} = \overline{\overline{\overline{I}_0\,\overline{I}_1\,\overline{I}_2\,\overline{I}_3\,\overline{I}_4\,\overline{I}_5\,\overline{I}_6\,\overline{I}_7 S}S} \quad (3.12)$$

这说明只要任何一个编码输入端有低电平信号输入，且 $S=1$，$\overline{Y}_{EX}$ 即为低电平。因此，$\overline{Y}_{EX}$ 的低电平输出信号表示"电路工作，而且有编码输入"。

由此可知，在 $\overline{S}=0$ 电路正常工作状态下，允许输入 $\overline{I}_0 \sim \overline{I}_7$ 同时有几个端有输入，在 $\overline{I}_0 \sim \overline{I}_7$ 输入端中，下角标号码越大的优先级越高。

3.3 时序逻辑电路

前面讲过，数字电路的分为两大类，一类是组合逻辑电路，另一类是时序逻辑电路 (Sequential Logic Circuit)，简称时序电路。组合逻辑电路在任意时刻的输出信号仅与当前的输入信号有关，而时序逻辑电路在任意时刻的输出信号不仅与当时的输入信号有关，还与电路原来的状态有关。组合逻辑电路只由若干逻辑门组成，没有记忆能力，而时序逻辑电路由组合电路和存储电路构成，有记忆能力，记忆功能是用触发器实现的。

3.3.1 触发器

在各种复杂的数字电路中不仅需要对信号进行逻辑运算，还需要把逻辑运算的结果进行保存，这就需要使用具有记忆功能的基本逻辑单元。

触发器 (Flip-Flop) 就是数字电路中的能够存储 1 位二值信号的基本单元电路。

触发器具有以下的特点：① 具有两个能自行保持互补的稳定状态，用来表示逻辑状态的 0 和 1；② 根据不同的输入信号可以把输出置成 1 或 0 状态；③ 当输入信号消失后，能保持其状态不变（具有记忆功能）。

目前，触发器的种类繁多，具体有三种分类方法：

(1) 按照电路结构和工作特点，可以分为：基本触发器、同步触发器、主从触发器和边沿触发器。其触发方式可以简单概括为电平触发、边沿触发和脉冲触发。

(2) 按照逻辑功能不同，可以分为：RS 触发器、D 触发器、JK 触发器、T 触发器和 T′ 触发器。

(3) 根据存储数据原理不同，可以分为：静态触发器和动态触发器。静态触发器采用自锁逻辑功能实现数据存储。

3.3.2 典型触发器

1. 基本 RS 触发器

基本 RS 触发器的电路如图 3-34(a)所示。它是由两个与非门按正反馈方式闭合而成，也可以用两个或非门按正反馈方式闭合而成。图 3-34(b)是基本 RS 触发器逻辑符号。基本 RS 触发器也称为闩锁(Latch)触发器。

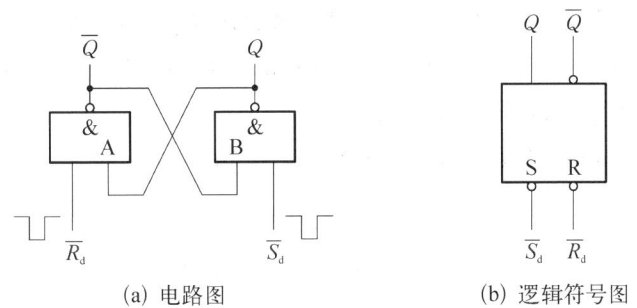

(a) 电路图　　　　　(b) 逻辑符号图

图 3-34　基本 RS 触发器电路图和逻辑符号

具体功能分析如下：

(1) 当 $\overline{R}_d = 0, \overline{S}_d = 1$ 时，则输出 $Q = 0, \overline{Q} = 1$，称为"复位状态"。R_d 端称为"复位端"或称直接置 0 端。

(2) 当 $\overline{R}_d = 1, \overline{S}_d = 0$ 时，则 $Q = 1, \overline{Q} = 0$，称为"置位状态"，S_d 端称为"置位端"或称直接置 1 端。

(3) 当 $\overline{R}_d = 1, \overline{S}_d = 1$ 时，触发器状态保持不变。

(4) 当 $\overline{R}_d = 0, \overline{S}_d = 0$ 时，触发器状态不确定。

表 3-17 是基本 RS 触发器的真值表。表中的 Q^n 和 $\overline{Q^n}$ 表示触发器的现在状态，简称现态；Q^{n+1} 和 $\overline{Q^{n+1}}$ 表示触发器在触发脉冲作用后输出端的新状态，简称次态。对于新状态 Q^{n+1} 而言，Q^n 也称为原状态。

表 3-17 基本 RS 触发器真值表

R	S	Q^n	Q^{n+1}	注 释
1	1	0	0	保持(记忆)
1	1	1	1	
0	1	0	1	置 1
0	1	1	1	
1	0	0	0	置 0
1	0	1	0	
0	0	0	x	不定(失效)
0	0	1	x	

表 3-17 中 $Q^n = Q^{n+1}$ 表示新状态等于原状态，即触发器没有翻转，触发器的状态保持不变。

必须注意的是，一般书上列出的基本 RS 触发器的真值表中，当 $\overline{R}_d = 0$，$\overline{S}_d = 0$ 时，Q 的状态为任意态。这是指当 $\overline{R}_d$、$\overline{S}_d$ 同时撤销时，Q 端状态不定。若当 $\overline{R}_d = 0$，$\overline{S}_d = 0$ 时，$Q_n = Q_{n+1} = 1$，状态都为"1"，是确定的。但这一状态违背了触发器 Q 和 $\overline{Q}$ 状态必须相反的规定，是不正常的工作状态。若 $\overline{R}_d$、$\overline{S}_d$ 不同时撤销时，Q 端状态是确定的，但若 $\overline{R}_d$、$\overline{S}_d$ 同时撤销时，Q 端状态是不确定的。由于与非门响应有延迟，且两个门延迟时间不同，这时哪个门先动作了，触发器就保持对应状态，这一点一定不要误解。

把表 3-17 所列逻辑关系写成逻辑函数式，则得到

$$\begin{cases} Q^{n+1} = S_d + \overline{R}_d Q^n \\ \overline{R}_d + \overline{S}_d = 1 \quad （约束条件） \end{cases}$$

利用约束条件将上式化简，于是得到 RS 触发器的特征方程：

$$\begin{cases} Q^{n+1} = S_d + \overline{R}_d Q^n \\ R_d S_d = 0 \quad （约束条件） \end{cases}$$

对触发器这样一种时序逻辑电路，除了用真值表描述它的逻辑功能外，还可以用状态转换图来表示。实际上，状态转换图是真值表的图形化表达形式，两者在本质上是一致的，只是表现形式不同而已。

基本 RS 触发器的状态转换图如图 3-35 所示。图中两个圆圈，其中写有 0 和 1 代表了基本 RS 触发器的两个稳态，状态的转换方向用箭头表示，状态转换的条件标明在箭头的旁边。从"1"状态

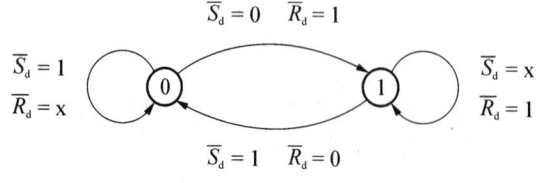

图 3-35 基本 RS 触发器的状态转换图

转换到"0"状态,为置"0",对应真值表中的第一行;从"0"状态转换到"1"状态,为置"1",对应真值表中的第二行;从"0"状态有一个箭头自己闭合,即源于"0"又终止于"0",对应真值表的第一行置"0"和第三行的保持;从"1"状态有一个箭头自己闭合,即源于"1"又终止于"1",对应真值表的第二行置"1"和第三行的保持。

常用的 CMOS 集成基本 RS 触发器有:

CC4044——4 个 RS 基本触发器,与非门构成、16 脚、三态输出、输入低电平有效、违约 Q 和 $\overline{Q}$ 端均输出 0;

CC4043——4 个 RS 基本触发器,或非门组成、16 脚、三态输出、输入高电平有效、违约 Q 和 $\overline{Q}$ 端均输出 1。

常用的 TTL 集成基本触发器有:

74279、74LS279——4 个基本 RS 触发器。

2. 同步 RS 触发器

为了便于控制触发器,引入时钟控制信号 CP,实现了一种具有时钟脉冲控制的 RS 触发器,我们称之为同步 RS 触发器。其内部逻辑电路和逻辑符号如图 3-36 所示。

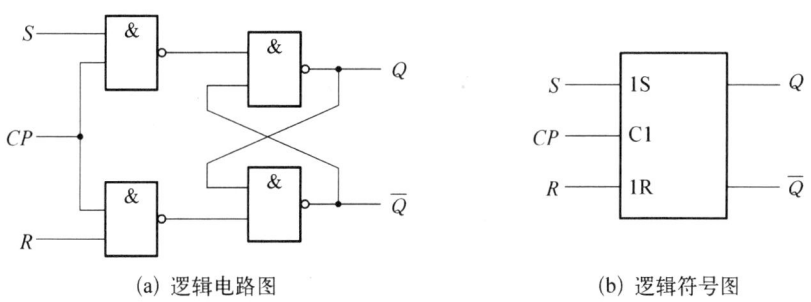

(a) 逻辑电路图　　　　　　　　(b) 逻辑符号图

图 3-36　同步 RS 触发器内部逻辑电路和逻辑符号

具体功能分析如下:

在 $CP=0$ 期间,触发器不接收 R、S 信号,保持原状态;

在 $CP=1$ 期间,R、S 信号经过引导门 G_3、G_4 取反后送到基本 RS 触发器中,完成基本 RS 触发器逻辑。

同步 RS 触发器对应的真值表如表 3-18 所示。

表 3-18　同步 RS 触发器的简化真值表

CP	R	S	Q^{n+1}
0	x	x	Q^n
1	0	0	Q^n
1	0	1	1
1	1	0	0
1	1	1	x

对应的特性方程为

$$\begin{cases} Q^{n+1} = S + \overline{R}Q^n, CP = 1 \text{ 有效} \\ RS = 0 (\text{约束条件}) \end{cases}$$

对应的状态转换图与基本 RS 触发器相同,如图 3-35 所示。

3. 同步 D 触发器

同步 D 触发器的内部逻辑电路与逻辑符号如图 3-37 所示。

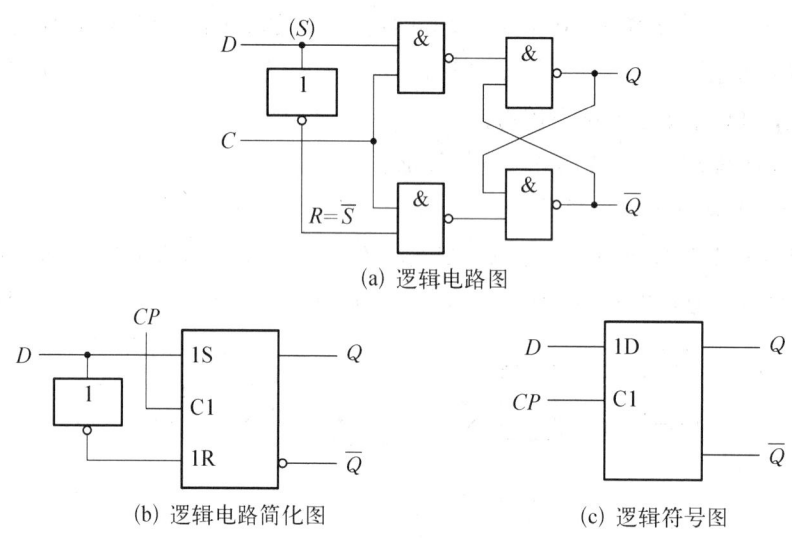

(a) 逻辑电路图

(b) 逻辑电路简化图　　　　(c) 逻辑符号图

图 3-37　同步 D 触发器的内部逻辑图和逻辑符号

为了避免同步 RS 触发器的输入信号同时为 1 的情况,在 S 和 R 之间接一个"非门",信号只从 S 端输入,并将 S 端改称为数据输入端 D,如图 3-37 的(a)和(b)所示。这种单输入的触发器称为同步 D 触发器,也称 D 锁存器。由图可知,$S = D$,$R = \overline{D}$ 当 $CP = 0$ 时,触发器的状态 Q 维持不变。当 $CP = 1$ 时,若 $D = 1$,则 $S = 1$,$R = \overline{S} = 0$,故 $Q_{n+1} = 1$;若 $D = 0$,则 $S = 0$,$R = S = 1$,故 $Q_{n+1} = 0$。

同步 D 触发器逻辑功能表明:只要向同步触发器送入一个 CP,即可将输入数据 D 存入触发器。CP 过后,触发器将存储该数据,直到下一个 CP 到来时为止,故可锁存数据。这种触发器同样要求 $CP = 1$ 时,D 保持不变。对应的真值表如表 3-19 所示。

表 3-19　同步 D 触发器的真值表

D	Q^n	Q^{n+1}	说　明
0	0	0	输出状态与 D 端状态相同
0	1	0	
1	0	1	
1	1	1	

特征方程：
$$Q^{n+1} = D$$

对应的状态转换图如图 3-38 所示。

4. 边沿 D 触发器

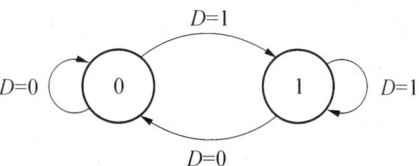

图 3-38　D 触发器状态转换图

边沿 D 触发器也称为维持-阻塞边沿 D 触发器。

如果在 CP 高电平期间输入端出现干扰信号，那么就有可能使触发器的状态出错。而边沿触发器允许在 CP 触发沿来到前一瞬间加入输入信号。这样，输入端受干扰的时间大大缩短，受干扰的可能性就降低了。边沿 D 触发器也称为维持-阻塞边沿 D 触发器。

该触发器由 6 个与非门组成，其中 G_1 和 G_2 构成基本 RS 触发器。

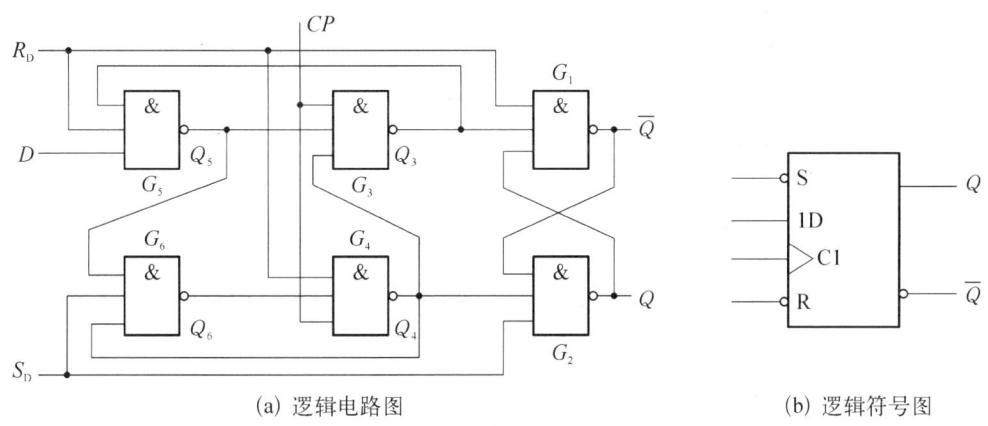

(a) 逻辑电路图　　　　(b) 逻辑符号图

图 3-39　边沿 D 触发器的逻辑图和逻辑符号

S_D 和 R_D 接至基本 RS 触发器的输入端，它们分别是预置和清零端，低电平有效。当 $S_D = 0$ 且 $R_D = 1$ 时，不论输入端 D 为何种状态，都会使 $Q = 1, \overline{Q} = 0$，即触发器置 1；当 $S_D = 1$ 且 $R_D = 0$ 时，触发器的状态为 0，S_D 和 R_D 通常又称为直接置 1 和置 0 端。我们设它们均已加入了高电平，不影响电路的工作。工作过程如下：

(1) $CP = 0$ 时，与非门 G_3 和 G_4 封锁，其输出 $Q_3 = Q_4 = 1$，触发器的状态不变。同时，由于 $Q_3 \sim Q_5$ 和 $Q_4 \sim Q_6$ 的反馈信号将这两个门打开，因此可接收输入信号 $D, Q_5 = \overline{D}$，$Q_6 = \overline{Q_5} = D$。

(2) 当 CP 由 0 变 1 时触发器翻转。这时 G_3 和 G_4 打开，它们的输入 Q_3 和 Q_4 的状态由 G_5 和 G_6 的输出状态决定。$Q_3 = \overline{Q_5} = D, Q_4 = \overline{Q_6} = \overline{D}$。由基本 RS 触发器的逻辑功能可知，$Q = D$。

(3) 触发器翻转后，在 $CP = 1$ 时输入信号被封锁。这是因为 G_3 和 G_4 打开后，它们的输出 Q_3 和 Q_4 的状态是互补的，即必定有一个是 0，若 Q_3 为 0，则经 G_3 输出至 G_5 输入的反馈线将 G_5 封锁，即封锁了 D 通往基本 RS 触发器的路径；该反馈线起到了使触发器维持在 0 状态和阻止触发器变为 1 状态的作用，故该反馈线称为置 0 维持线，置 1 阻塞线。Q_4 为 0

时,将 G_3 和 G_6 封锁,D 端通往基本 RS 触发器的路径也被封锁。Q_4 输出端至 G_6 反馈线起到使触发器维持在1状态的作用,称作置1维持线;Q_4 输出至 G_3 输入的反馈线起到阻止触发器置0的作用,称为置0阻塞线。因此,该触发器常称为维持-阻塞触发器。

总之,该触发器是在 CP 正跳沿前接受输入信号,正跳沿时触发翻转,正跳沿后输入即被封锁,三步都是在正跳沿后完成,所以有边沿触发器之称。与主从触发器相比,同工艺的边沿触发器有更强的抗干扰能力和更高的工作速度。

5. 边沿 JK 触发器

边沿 JK 触发器的内部逻辑电路和逻辑符号如图 3-40 所示。

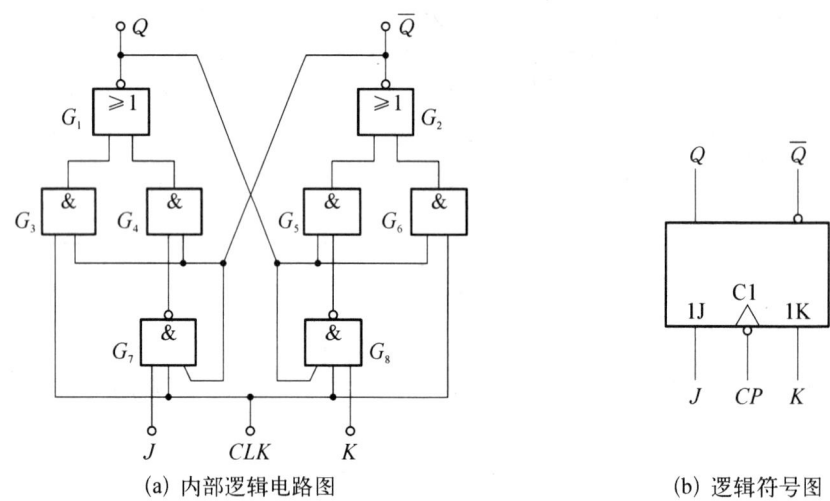

(a) 内部逻辑电路图　　　　　　　　(b) 逻辑符号图

图 3-40　边沿 JK 触发器的内部逻辑电路和逻辑符号

其对应的真值表如表 3-20 所示。

表 3-20　边沿 JK 触发器的真值表

CP	$J\ K$	Q^n	Q^{n+1}	功　能　说　明
0	x　x	0	0	保持(记忆)
0	x　x	1	1	
↓	0　0	0	0	
↓	0　0	1	1	
↓	0　1	0	0	置0
↓	0　1	1	0	
↓	1　0	0	1	置1
↓	1　0	1	1	
↓	1　1	0	1	翻转(计数)
↓	1　1	1	0	

其特征方程为

$$Q^{n+1} = J\overline{Q^n} + \overline{K}Q^n$$

其状态转换图如图 3-41 所示。

6. T 触发器

T 触发器是一种使用较多的触发器,将 JK 触发器的 J、K 输入端相连,接成一个输入端 T,即 $J = K = T$,组成的触发器就称为 T 触发器。

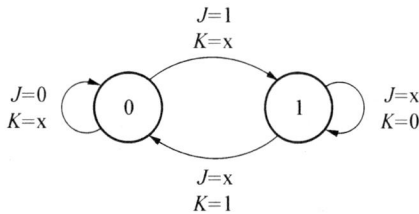

图 3-41　JK 触发器状态图

$$Q^{n+1} = J\overline{Q^n} + \overline{K}Q^n = T\overline{Q^n} + \overline{T}Q^n$$

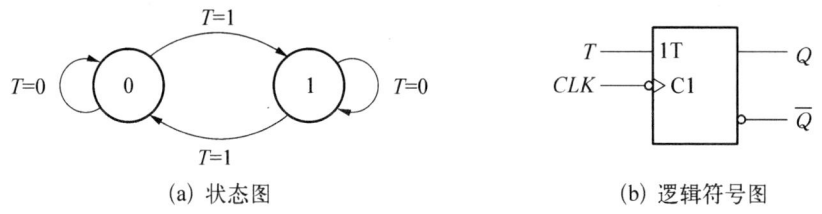

(a) 状态图　　　　　　　　　(b) 逻辑符号图

图 3-42　T 触发器的状态图与逻辑符号

其对应的真值表如表 3-21 所示。

表 3-21　T 触发器真值表

T	Q^{n+1}
0	Q^n(保持)
1	$\overline{Q^n}$(翻转)

7. 触发器之间的转换

各种时钟触发器的汇总如表 3-22 所示。

各种触发器之间功能转换实现主要通过已知触发器和目标触发器特征方程对比,获得驱动方程。

例 3.3　用 JK 触发器实现 D 触发器功能。

解: JK 触发器特征方程:

$$Q^{n+1} = J\overline{Q^n} + \overline{K}Q^n$$

D 触发器特征方程:

$$Q^{n+1} = D = D(Q^n + \overline{Q^n}) = DQ^n + D\overline{Q^n}$$

比较得到:

$$J = D, \overline{K} = D$$

表 3-22 各种时钟触发器汇总表

名称	逻辑符号	真值表	驱动表	状态转换图	特性方程式
JK 触发器	R F Q 1J ▷C1 1K Q̄ S	J^n K^n Q^{n+1} 0 0 Q^n 0 1 0 1 0 1 1 1 $\overline{Q^n}$	Q^n Q^{n+1} J^n K^n 0 0 0 x 0 1 1 x 1 0 x 1 1 1 x 0		$Q^{n+1} = J^n \overline{Q^n} + \overline{K^n} Q^n$
RS 触发器	R F Q 1S ▷C1 1R Q̄ S	R^n S^n Q^{n+1} 0 0 Q^n 0 1 1 1 0 0 1 1 不定	Q^n Q^{n+1} S^n R^n 0 0 0 x 0 1 1 0 1 0 0 1 1 1 x 0		$Q^{n+1} = S^n + \overline{R^n}Q^n$ $S^n R^n = 0$
D 触发器	R F Q ▷C1 1D Q̄	D^n Q^{n+1} 0 0 1 1	Q^n Q^{n+1} D^n 0 0 0 0 1 1 1 0 0 1 1 1		$Q^{n+1} = D^n$
T 触发器	R F Q ▷C1 1T Q̄ S	T^n Q^{n+1} 0 Q^n 1 $\overline{Q^n}$	Q^n Q^{n+1} T^n 0 0 0 0 1 1 1 0 1 1 1 0		$Q^{n+1} = T^n \overline{Q^n} + \overline{T^n} Q^n$
T′ 触发器	F Q ▷C1 Q̄				$Q^{n+1} = \overline{Q^n}$

得到转换图如图 3-43 所示。

例 3.4 用 D 触发器实现 JK 触发器功能。

解：JK 触发器特征方程：

$$Q^{n+1} = J\overline{Q^n} + \overline{K}Q^n$$

D 触发器特征方程：

$$Q^{n+1} = D$$

比较得到：

$$D = J\overline{Q^n} + \overline{K}Q^n = \overline{\overline{J\overline{Q^n}} \cdot \overline{\overline{K}Q^n}}$$

得到转换图，如图 3-44 所示。

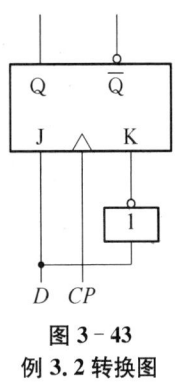

图 3-43
例 3.2 转换图

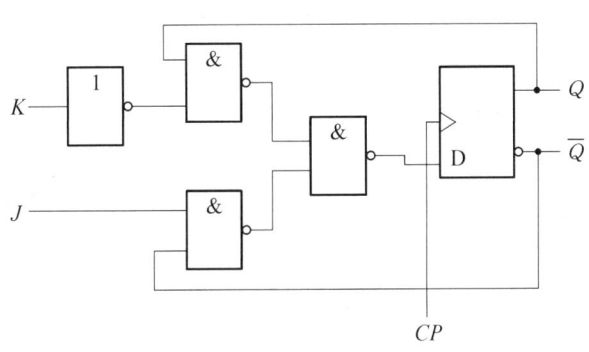

图 3-44 例 3.4 转换图

3.3.3 典型集成触发器

常用的集成触发器集成电路见表 3-23。

表 3-23 常用的集成触发器集成电路汇总表

型号	功能名称	型号	功能名称
74LS/ALS74	双 D 触发器，上升沿触发	74LS/ALS174	六 D 触发器，共用清零
74LS75	四 D 锁存器	74LS/ALS175	四 D 触发器，共用时钟和清零
74LS/ALS109	双 JK 触发器，上升沿触发	74LS/ALS273	八 D 触发器，带异步清零
74LS/ALS112	双 JK 触发器，下降沿触发	74LS/ALS373	八 D 锁存器，三态输出
74LS/ALS113	双 JK 触发器，下降沿触发	74LS/ALS374	八 D 触发器，含输出使能，三态

3.3.4 时序逻辑电路的分类

时序逻辑电路的框图如图 3-45 所示。图中,$X_1 \cdots X_i$ 表示输入信号,$Y_1 \cdots Y_j$ 表示输出信号,$Z_1 \cdots Z_k$ 表示存储电路的输入信号,$Q_1 \cdots Q_r$ 表示存储电路的输出信号,CP 表示系统时钟信号。

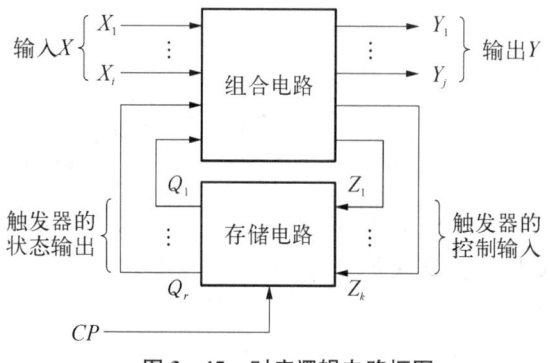

图 3-45 时序逻辑电路框图

通过时序逻辑电路的框图可知,时序逻辑电路的下一次输出状态是由当前输入信号和反馈回来的当前输出状态一起确定的,因此时序逻辑电路具有记忆功能。

时序逻辑电路根据其中存储电路的数据更新模式不同分为同步时序电路和异步时序电路两大类。

同步时序电路(synchronous sequential circuit),电路中的存储器件为时钟控制触发器,各触发器共用同一时钟信号,即电路中各触发器状态的转移时刻在统一时钟信号控制下同步发生。同步逻辑电路通常工作速度较快,电路相对复杂。如图 3-46 所示。

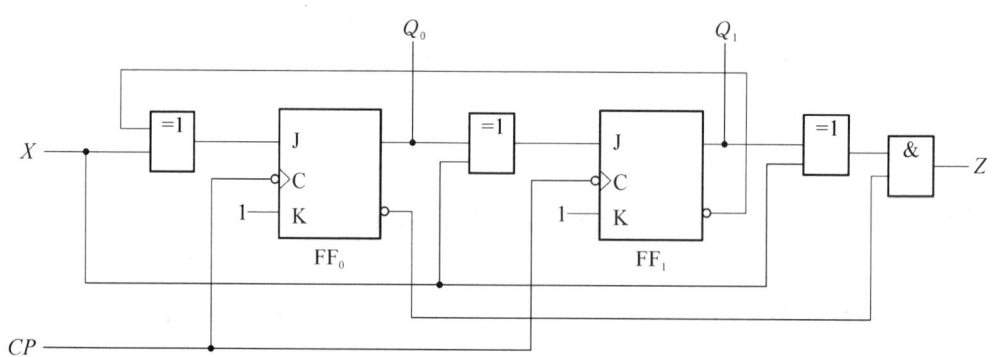

图 3-46 同步时序逻辑电路实例

异步时序电路(asynchronous sequential circuit),电路中的存储器件可以是时钟控制触发器、非时钟控制触发器或延时元件。电路没有统一的时钟信号对状态变化进行同步控制,输入信号的变化将直接引起电路状态的变化。异步逻辑电路通常工作速度较慢,电路结构简单。实例如图 3-47 所示。

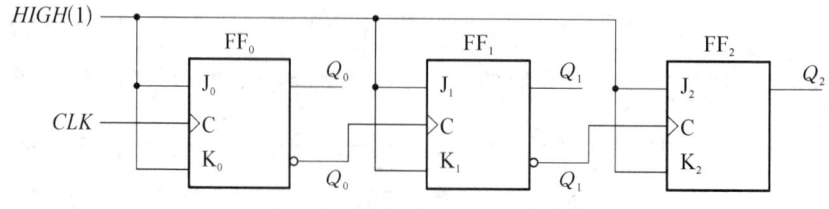

图 3-47 异步时序逻辑电路实例

3.3.5 同步时序逻辑电路分析与设计

1. 同步电路分析

同步时序电路的分析方法：

（1）根据给定的时序电路图写出：各触发器的时钟信号 CP 的逻辑表达式；时序电路的输出方程；各触发器的驱动方程。

（2）将驱动方程代入相应触发器的特征方程，求次态方程（状态方程）。

（3）根据状态方程和输出方程，列出状态表，画出状态图或时序图。

（4）用文字描述时序逻辑电路的逻辑功能。

例 3.5 分析如图 3-48 所示电路的逻辑功能。

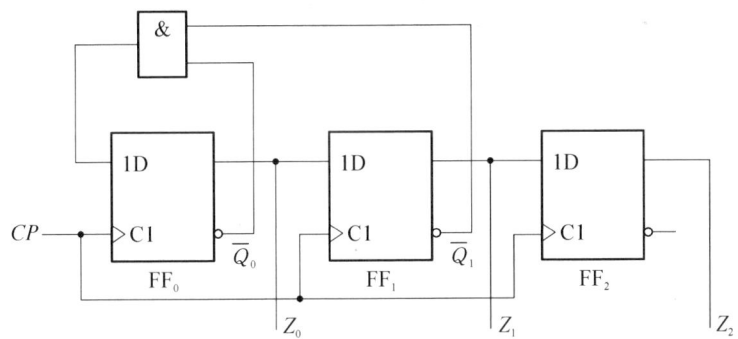

图 3-48 例 3.5 电路图

写出输出方程：

$$Z_0 = Q_0^n, Z_1 = Q_1^n, Z_2 = Q_2^n$$

写出驱动方程：

$$D_0 = \overline{Q_0^n\, Q_1^n}, D_1 = Q_0^n, D_2 = Q_1^n$$

写出次态方程：

$$Q_0^{n+1} = D_0 = \overline{Q_0^n\, Q_1^n},\ Q_1^{n+1} = D_1 = Q_0^n,\ Q_2^{n+1} = D_2 = Q_1^n$$

写出状态表（见表 3-24）。

表 3-24 例 3.5 状态表

Q_2^n	Q_1^n	Q_0^n	Q_2^{n+1}	Q_1^{n+1}	Q_0^{n+1}
0	0	0	0	0	1
0	0	1	0	1	0
0	1	0	1	0	0

续 表

Q_2^n	Q_1^n	Q_0^n	Q_2^{n+1}	Q_1^{n+1}	Q_0^{n+1}
0	1	1	1	1	0
1	0	0	0	0	1
1	0	1	0	1	0
1	1	0	1	0	0
1	1	1	1	1	0

画出状态图,如图 3-49 所示。

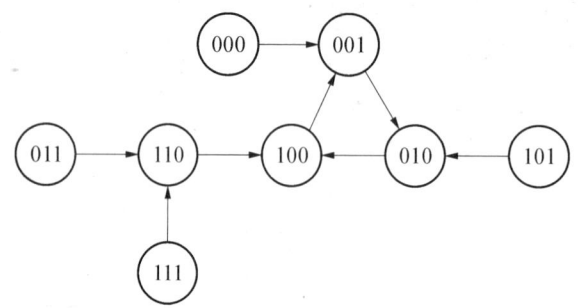

图 3-49 例 3.5 状态图

画出时序图,如图 3-50 所示。

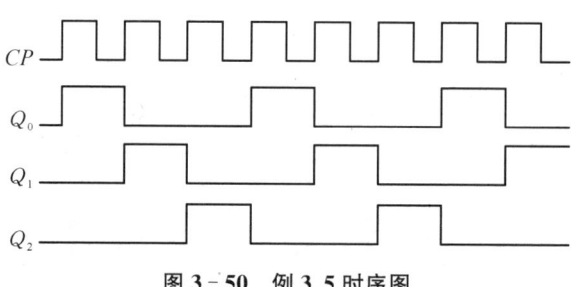

图 3-50 例 3.5 时序图

电路功能分析:从时序图可以看见,电路在正常工作中,各触发器 Q 端轮流出现一个脉冲信号,宽度为一个时钟周期,循环周期为 3 个时钟周期,可以看作是在 CP 脉冲作用下,电路把宽度为 1 时钟周期的脉冲一次分配给 Q_0、Q_1、Q_2 各端,因此称为脉冲分配器或节拍脉冲产生器。

2. 同步时序电路的设计

同步时序数字电路的设计过程基本上与时序数字电路的分析过程相反。具体步骤如下:

(1) 根据要设计的同步时序逻辑电路的逻辑功能文字描述建立原始状态图,状态表;

(2) 简化状态表,去掉多余项,保留有效项,从而简化设计的电路;

(3) 状态分配,对简化后的状态表中的各状态进行二进制编码;

(4) 触发器选型,确定激励函数和输出函数;

(5) 画逻辑电路图并检验电路是否能自启动。

状态化简,是指采用某种化简技术从原始状态表中消去多余状态,得到一个既能正确地描述给定的逻辑功能,又能使所包含的状态数目达到最少的状态表,通常称这种状态表为最小化状态表。状态化简可以简化电路结构。状态数目的多少直接决定电路中所需触发器数目的多少。设状态数目为 n,所需触发器数目为 m,则应满足如下关系:

$$2^m \geqslant n > 2^{m-1}$$

状态分配是指给最小化状态表中用字母或数字表示的状态,指定一个二进制代码,形成二进制状态表。状态分配也称状态编码,或者状态赋值。

状态编码的任务是:① 确定状态编码的长度(即二进制代码的位数,或者说所需触发器个数);② 寻找一种最佳的或接近最佳的状态分配方案。以便使所设计的时序电路最简单。

例 3.6 用 D 触发器设计一个 8421 码十进制同步加计数器。

设计考虑:① 计数器的状态个数、转换关系和状态编码明确,设计过程比较简单。② 8421 码十进制计数器需要 4 个触发器,可以表示 16 个二进制数,有六个无效状态需要处理。

写出状态表和驱动表如表 3-25 所示。

表 3-25 例 3.6 状态表和驱动表

计算脉冲 CP 的顺序	现态				次态				驱动信号			
	Q_3^n	Q_2^n	Q_1^n	Q_0^n	Q_3^{n+1}	Q_2^{n+1}	Q_1^{n+1}	Q_0^{n+1}	D_3	D_2	D_1	D_0
0	0	0	0	0	0	0	0	1	0	0	0	1
1	0	0	0	1	0	0	1	0	0	0	1	0
2	0	0	1	0	0	0	1	1	0	0	1	1
3	0	0	1	1	0	1	0	0	0	1	0	0
4	0	1	0	0	0	1	0	1	0	1	0	1
5	0	1	0	1	0	1	1	0	0	1	1	0
6	0	1	1	0	0	1	1	1	0	1	1	1
7	0	1	1	1	1	0	0	0	1	0	0	0
8	1	0	0	0	1	0	0	1	1	0	0	1
9	1	0	0	1	0	0	0	0	0	0	0	0
	1	0	1	0	x	x	x	x	x	x	x	x
	1	0	1	1	x	x	x	x	x	x	x	x
	1	1	0	0	x	x	x	x	x	x	x	x
	1	1	0	1	x	x	x	x	x	x	x	x
	1	1	1	0	x	x	x	x	x	x	x	x
	1	1	1	1	x	x	x	x	x	x	x	x

画出状态表并化简,如图 3-51 所示。

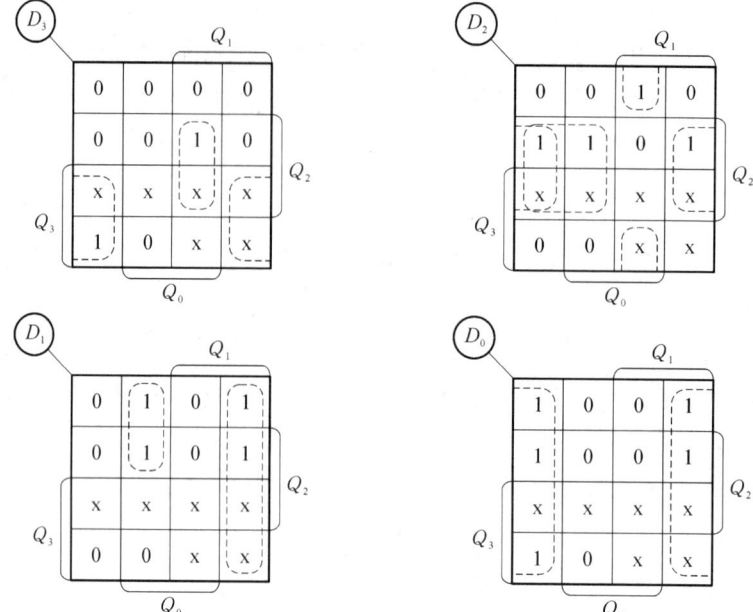

图 3-51 例 3.6 状态表卡诺化简图

获得逻辑表达式:

$$D_3 = Q_3 \overline{Q}_0 + Q_2 Q_1 Q_0$$
$$D_2 = Q_2 \overline{Q}_1 + Q_2 \overline{Q}_0 + \overline{Q}_2 Q_1 Q_0$$
$$D_1 = Q_1 \overline{Q}_0 + \overline{Q}_3 \overline{Q}_1 Q_0$$
$$D_0 = \overline{Q}_0$$

画出逻辑图,如图 3-52 所示。

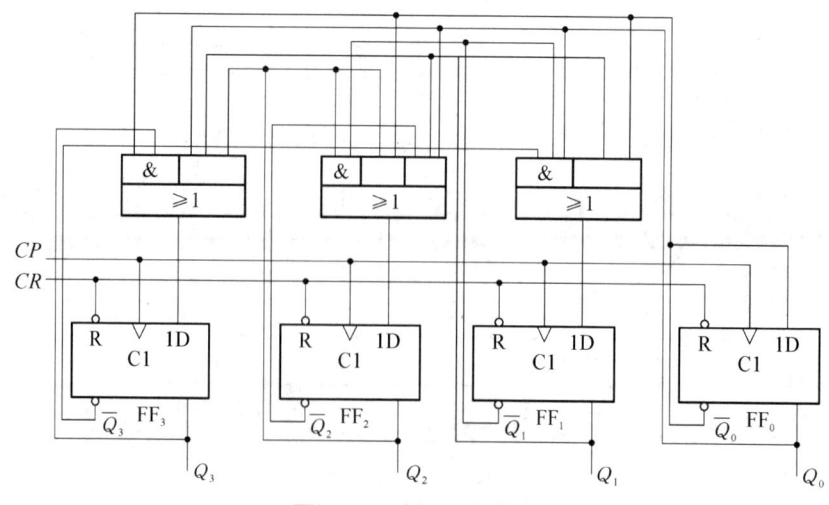

图 3-52 例 3.6 逻辑图

当电路中有无效状态存在时,需要检查电路的自启动能力,也就是说,如果电路上电时如果处于无效状态,在经过若干个脉冲后,是否能够进入主循环。检查电路自启动能力的步骤如下:

(1) 画出状态转换图(图3-53)。

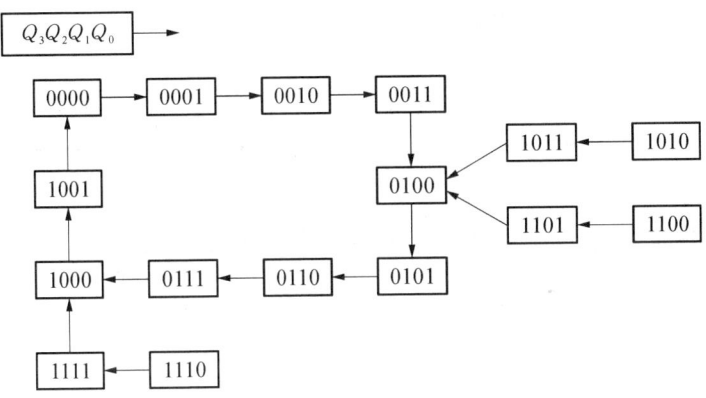

图3-53 例3.6状态转换图

(2) 电路有六个无效状态:1010,1011,1100,1101,1110,1111。

(3) 根据次态方程,分别计算出电路在处于这六个无效状态时的次态为:1011,0100,1101,0100,1111,1000。

(4) 根据状态转换图,可知六个无效状态的次态都能进入主功能循环,电路具有自启动能力。

3.3.6 异步时序逻辑电路的分析与设计

异步时序电路没有统一的时钟信号,电路的翻转由输入信号直接推动,反应快、灵活性好。按照输入信号的类型,异步时序电路可分为:脉冲异步时序逻辑电路,其输入信号为脉冲信号;电平异步时序逻辑电路,其输入信号为电平信号。这两种异步时序电路的工作方式及描述、分析、设计方法有较大的差别。

1. 异步时序逻辑电路的分析

异步时序逻辑电路的分析步骤与同步时序逻辑电路的分析步骤基本相同,特别需要注意的是,异步时序逻辑电路中的时钟脉冲不统一,触发器只有在加到其时钟信号有效时(需要明确脉冲有效还是电平有效),才可能改变状态,否则将维持原态不变。因此,在考虑各触发器状态转换时,除考虑驱动信号的情况外,还必须考虑其时钟的情况,即根据各触发器的时钟信号CP的逻辑表达式及触发方式,确定各CP端是否有触发信号作用。具体分析步骤如下:

(1) 写出电路的输出函数、激励函数、时钟信号表达式;

(2) 列出电路次态真值表或次态方程组;

(3) 作出状态表和状态图；

(4) 用文字描述电路的逻辑功能(必要时画出时间图)。

例 3.7 分析图 3-54 的逻辑功能。

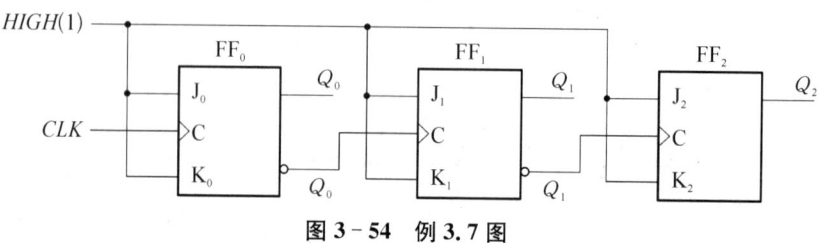

图 3-54 例 3.7 图

解：(1) 明确时钟信号，采用的是上升沿触发的边沿 JK 触发器。

$$C_0 = CLK, \quad C_1 = \overline{Q_0^n}, \quad C_2 = \overline{Q_1^n}$$

(2) 写出驱动方程：$J_0 = K_0 = 1 \quad J_1 = K_1 = 1 \quad J_2 = K_2 = 1$

(3) 代入 JK 触发器特征方程，获得状态方程：

$$Q_0^{n+1} = \overline{Q_0^n}, \quad Q_1^{n+1} = \overline{Q_1^n}, \quad Q_0^{n+1} = \overline{Q_2^n}$$

(4) 根据状态方程，获得状态表(表 3-26)。

表 3-26 例 3.7 状态表

Q_2^n	Q_1^n	Q_0^n	CP_2	CP_1	CP_0	Q_2^{n+1}	Q_1^{n+1}	Q_0^{n+1}
0	0	0	0	0		0	0	1
0	0	1	0	1 ↑		0	1	0
0	1	0	0	0		0	1	1
0	1	1	1 ↑	1 ↑		1	0	0
1	0	0	1	0		1	0	1
1	0	1	0	1 ↑		1	1	0
1	1	0	0	0		1	1	1
1	1	1	1 ↑	1 ↑		0	0	0

(5) 获得状态图(图 3-55)。

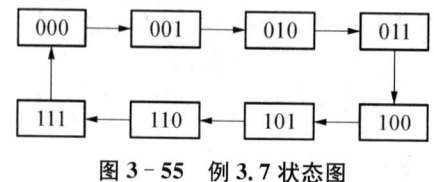

图 3-55 例 3.7 状态图

(6) 获得波形图(图 3-56)。

(7) 功能分析：计数器。

2. 异步时序逻辑电路的设计

异步时序逻辑电路的设计步骤与同步时序逻辑电路基本相同，但须注意各触发器的 CP 端是否有触发脉冲作用。具体如下：

(1) 形成原始状态图和状态表；

(2) 状态化简；

(3) 状态编码；

(4) 确定激励函数和输出函数；

(5) 画逻辑电路图。

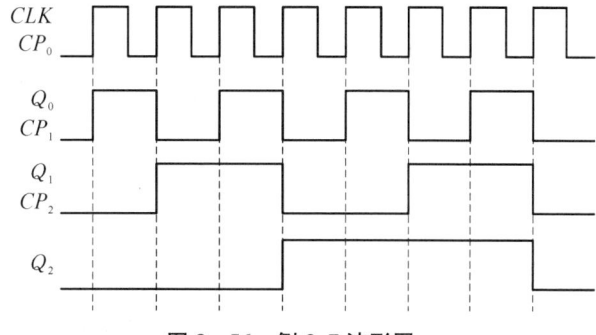

图 3-56 例 3.7 波形图

为保证异步时序逻辑可靠地工作，通常要求：

(1) 不允许两个或多个输入端同时输入脉冲信号，一个时刻只允许一个输入端输入脉冲信号；

(2) 两个连续的输入脉冲之间应具有足够的时间间隔以确保第一个脉冲引起的电路翻转结束之后才输入第二个脉冲。

例 3.8 设计序列检测器，有 X_1，X_2，X_3 三个输入端，三个输入端不会有两个或两个以上同时为 1，当 X_1，X_2，X_3 分别、依次来正脉冲时，电路输出为 1，否则为 0。

解：明确输入输出状态：S_0(初始状态)、S_1(收到 X_1 后的状态)、S_2(收到 X_1，X_2 后的状态)和 S_3(收到 X_1，X_2，X_3 序列后的状态)。

(1) 画出状态转换图(图 3-57)。

(2) 状态图化简(等价状态)，如图 3-58 所示。

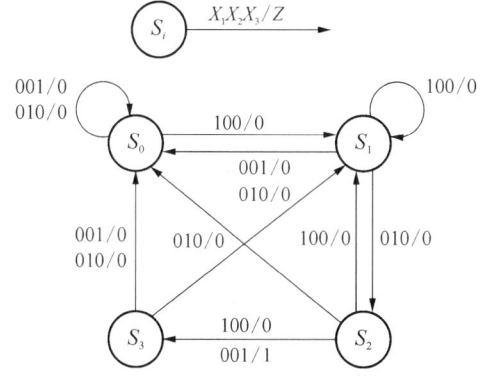

图 3-57 例 3.8 状态转换图

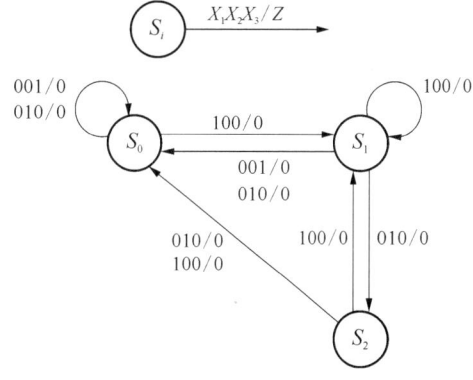

图 3-58 例 3.8 状态图化简

(3) 状态编码(令 $S_0 = 00$，$S_1 = 01$，$S_2 = 10$)，如图 3-59 所示。

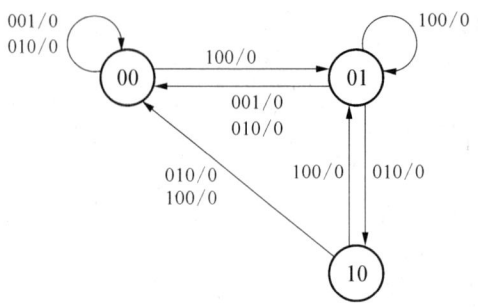

图 3-59 例 3.8 状态编码

(4) 获得状态表(表 3-27)。

表 3-27 例 3.8 状态表

$Q_2^n Q_1^n$ \ $X_1^n X_2^n X_3^n$	$Q_2^{n+1} Q_1^{n+1}/Z$			
	000	100	010	001
00	00/0	01/0	00/0	00/0
01	01/0	01/0	10/0	00/0
10	10/0	01/0	00/0	00/1
11	xx/x	xx/x	xx/x	xx/x

(5) 初步选择用 D 触发器进行电路设计,可得状态转换真值表及激励信号,如表 3-28 所示。其中 CP_1 为 1 时,表示 Q_1 触发器接收到有效的边沿触发信号,并使触发器发生状态转换。观察时钟脉冲 CP_2,当 Q_2 发生状态变化时,Q_1 并没有对应的时钟脉冲产生,因此不能把 Q_1 触发器的输出作为 Q_2 触发器的时钟。而选择 Q_2 为 D 锁存器,把 CP_2 当作触发电平,这样设计的异步时序电路会更加简单。确定激励函数和输出函数表达式:

$$D_2 = \overline{Q_2^n} \cdot \overline{X_1} \cdot \overline{X_3}$$
$$D_1 = X_1 \cdot \overline{X_2} \cdot \overline{X_3} + Q_1^n \cdot \overline{X_2} \cdot \overline{X_3} = (X_1 + Q_1^n) \cdot \overline{X_2} \cdot \overline{X_3}$$
$$CP_2 = \overline{Q_2^n} \cdot Q_1^n \cdot \overline{X_1} \cdot X_2 \cdot \overline{X_3} + Q_2^n \cdot \overline{Q_1^n} \cdot X_1 \cdot \overline{X_2} \cdot \overline{X_3}$$
$$\qquad + Q_2^n \cdot \overline{Q_1^n} \cdot \overline{X_1} \cdot X_2 \cdot \overline{X_3} + Q_2^n \cdot \overline{Q_1^n} \cdot \overline{X_1} \cdot \overline{X_2} \cdot X_3$$
$$Z = Q_2^n \cdot \overline{Q_1^n} \cdot \overline{X_1} \cdot \overline{X_2} \cdot X_3$$

表 3-28 例 3.8 状态转换真值表和激励信号

Q_2^n	Q_1^n	$X_1 X_2 X_3$	Q_2^{n+1}	Q_1^{n+1}	Z	激励信号		时钟脉冲	
						D_2	D_1	CP_2	CP_1
0	0	000	0	0	0	x	0	0	1
		100	0	1	0	x	1	0	1
		010	0	0	0	x	0	0	1

续 表

Q_2^n	Q_1^n	$X_1X_2X_3$	Q_2^{n+1}	Q_1^{n+1}	Z	激励信号		时钟脉冲	
						D_2	D_1	CP_2	CP_1
0	0	001	0	0	0	x	0	0	1
0	1	000	0	1	0	x	1	0	1
		100	0	1	0	x	1	0	1
		010	1	0	0	1	0	1	1
		001	0	0	0	x	0	0	1
1	0	000	1	0	0	x	0	0	1
		100	0	1	0	0	1	1	1
		010	0	0	0	0	0	1	1
		001	0	0	1	0	0	1	1

(6) 根据函数式画逻辑电路图(图 3 - 60)。

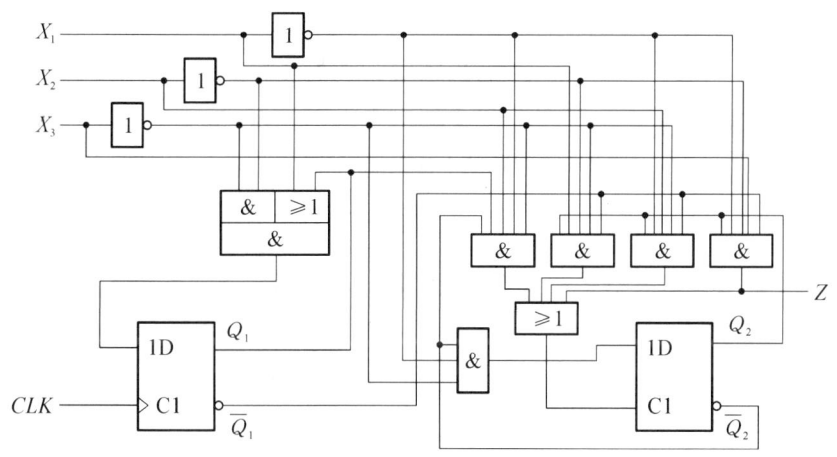

图 3 - 60　例 3.8 逻辑电路图

3.3.7　计数器

计数器是一种对输入脉冲进行计数的时序逻辑电路。计数器不仅可以计数,还可以实现分频、定时和产生脉冲等功能,是数字系统中用途最广泛的基本部件之一。

计数器的种类很多,可以按照多种方式进行分类:

按计数器中进位模数分类,可以分为二进制计数器、十进制计数器和任意进制计数器。

按计数器中的触发器的时钟同步情况分类,可以分为同步计数器和异步计数器。

按计数增减趋势分类,可以分为加计数器、减计数器和可逆计数器。

第 3.3.5 节中的例 3.6 是一个用 D 触发器设计的 8421 码十进制同步加计数器，第 3.3.6 节中的例 3.7 是用 JK 触发器设计的一个 3 位异步加计数器。

1. 异步集成计数器 74LS90

74LS90 为中规模 TTL 集成计数器，可实现二分频、五分频和十分频等功能，它由一个二进制计数器和一个五进制计数器构成。其引脚排列图和功能表如图 3-61 所示。

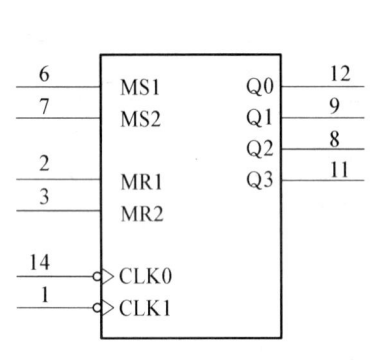

复位/设置				输　出			
MR_1	MR_2	MS_1	MS_2	Q_0	Q_1	Q_2	Q_3
H	H	L	X	L	L	L	L
H	H	X	L	L	L	L	L
X	X	H	H	H	L	L	H
L	X	L	X	Count			
X	L	X	L	Count			
L	X	X	L	Count			
X	L	L	X	Count			

(a) 引脚排列图　　　　　　　　　　(b) 功能表

图 3-61　74LS90 的引脚排列图与功能表

2. 中规模十进制计数器 74LS192(或 CC40192)

74LS192 是同步十进制可逆计数器，它具有双时钟输入，并具有清除和置数等功能，其引脚排列及逻辑符号如图 3-62 所示。图中，$\overline{PL}$ 为置数端，CP_U 为加计数端，CP_D 为减计数端，$\overline{TC_U}$ 为非同步进位输出端，$\overline{TC_D}$ 为非同步借位输出端，P_0、P_1、P_2、P_3 为计数器输入端，MR 为清除端，Q_0、Q_1、Q_2、Q_3 为数据输出端。其功能表如表 3-29 所示。

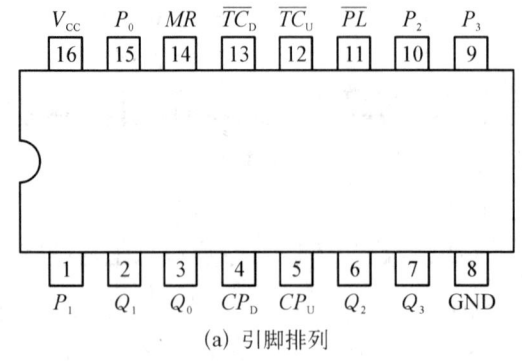 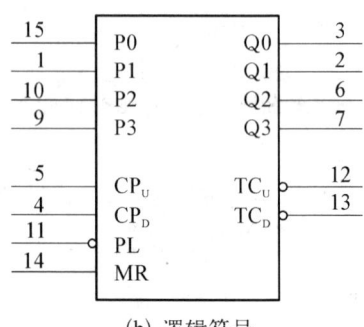

(a) 引脚排列　　　　　　　　　　(b) 逻辑符号

图 3-62　74LS192 的引脚排列及逻辑符号

表 3‑29 74LS192 的功能表

		输			入				输	出	
MR	$\overline{PL}$	CP_U	CP_D	P_3	P_2	P_1	P_0	Q_3	Q_2	Q_1	Q_0
1	X	X	X	X	X	X	X	0	0	0	0
0	0	X	X	d	c	b	a	d	c	b	a
0	1	↑	1	X	X	X	X	加计数			
0	1	1	↑	X	X	X	X	减计数			

3. 4 位二进制同步计数器 74LS161

该计数器能同步并行预置数据,具有清零置数,计数和保持功能,具有进位输出端,可以串接计数器使用。其管脚排列如图 3‑63 所示。它的管脚功能表如下:

$\overline{PE}$ 为并行使能输入(低电平有效);$P_0 \sim P_3$ 为平行输入;CEP 为计数启用平行输入;CET 为计数启用触发输入;CP 为时钟输入;$\overline{MR}$ 为主复位(低电平);$Q_0 \sim Q_3$ 为并行输出;TC 为终端计数输出。其功能表如表 3‑30 所示。

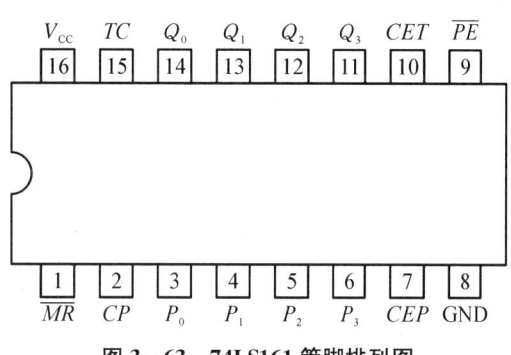

图 3‑63 74LS161 管脚排列图

表 3‑30 74LS161 功能表

		输		入					输	出	
$\overline{MR}$	CP	$\overline{PE}$	CEP	CET	D_3	D_2	D_1	D_0	Q_3	Q_2	Q_1	Q_0
0	X	X	X	X	X	X	X	X	0	0	0	0
1	↑	0	X	X	d	c	b	a	d	c	b	a
1	↑	1	0	X	X	X	X	X	Q_3	Q_2	Q_1	Q_0
1	↑	1	X	0	X	X	X	X	Q_3	Q_2	Q_1	Q_0
1	↑	1	1	1	X	X	X	X	状态码加 1			

从逻辑图和功能表可知,该计数器具有清零信号 $\overline{MR}$,使能信号 CEP、CET,置数信号 $\overline{PE}$,时钟信号 CP 和四个数据输入端 $P_0 \sim P_3$,四个数据输出端 $Q_0 \sim Q_3$,以及进位输出 TC,且 $TC = Q_0 \cdot Q_1 \cdot Q_2 \cdot Q_3 \cdot CET$。

其功能具体如下:

(1) $\overline{MR} = 0$ 时异步清零。

$$TC = 0$$

(2) $\overline{MR} = 1, \overline{PE} = 0$ 时同步并行置数。

$$TC = CET \cdot Q_3 Q_2 Q_1 Q_0$$

(3) $\overline{MR} = \overline{PE} = 1$ 且 $CET = CEP = 1$ 时，按照4位自然二进制码进行同步二进制计数。

$$TC = Q_3 Q_2 Q_1 Q_0$$

(4) $\overline{MR} = \overline{PE} = 1$ 且 $CET \cdot CEP = 0$ 时，计数器状态保持不变。

4．计数器的级连使用

一个十进制计数器只能显示 0～9 十个数，为了扩大计数器范围，常用多个十进制计数器级连使用。

同步计数器往往设有进位（或借位）输出端，故可选用其进位（或借位）输出信号来驱动下一级计数器。

图 3-64 是由 74LS192 利用进位输出控制高一位的加计数端构成的加数级连示意图。

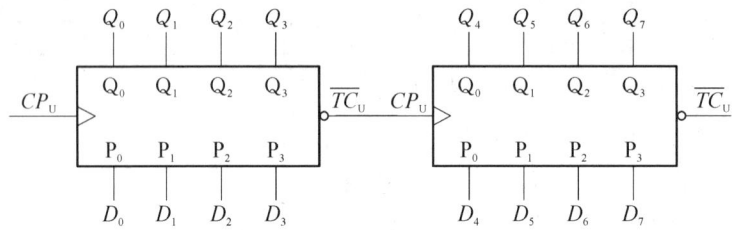

图 3-64 74LS192 级连示意图

5．实现任意进制计数

1）异步清零法

异步清零法就是采用复位法获得任意进制计数器。假定已有一个 N 进制计数器，而需要得到一个 M 进制计数器时，只要 $M<N$，用复位法使计数器计数到 M 时置零，即获得 M 进制计数器。

采用异步清零法，应用 74161 构成十二进制的计数器，如图 3-65 所示。

2）同步置数法

同步置数法采用数据置位控制信号来完成数据进制的设定。

采用同步置数法，应用 74161 构成十二进制的计数器，如图 3-66 所示。

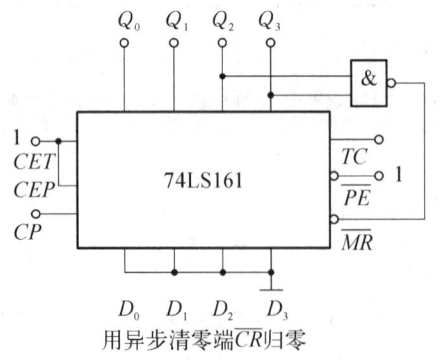

图 3-65 异步清零法实现十二进制

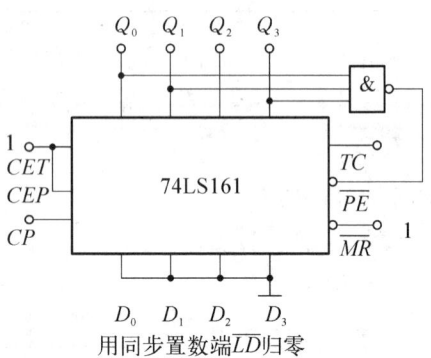

图 3-66 同步置数法实现十二进制

3.3.8 寄存器

寄存器用于存储数据,是由一组具有存储功能的触发器构成的。一个触发器可以存储 1 位二进制数,要存储 n 位二进制数需要 n 个触发器。无论是电平触发的触发器还是边沿触发的触发器都可以组成寄存器。按照功能的不同,寄存器分为基本寄存器和移位寄存器两类。

1. 基本寄存器

基本寄存器中的触发器只具有置 1 和置 0 功能,因此,用基本触发器、同步触发器、主从触发器和边沿触发器实现均可。

74LS175 就是用边沿 D 触发器组成的 4 位寄存器,其管脚功能图如图 3 - 67 所示。$D_0 \sim D_3$ 是并行数据输入端,$Q_0 \sim Q_3$ 是并行数据输出端,CLEAR 是清零端,CLOCK 是时钟控制端。

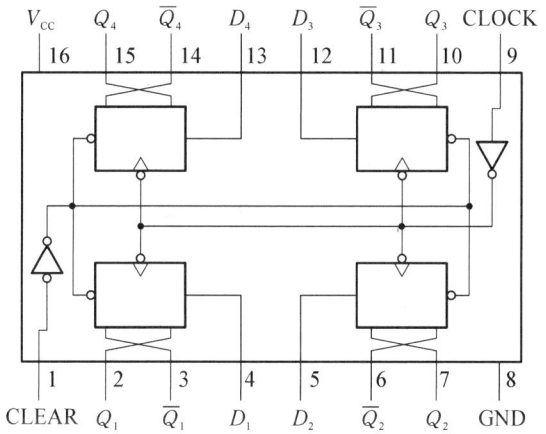

图 3 - 67 74LS175 的功能与真值表

2. 移位寄存器

移位寄存器是一个具有移位功能的寄存器,是指寄存器中所存的代码能够在移位脉冲的作用下依次左移或右移。按代码的移位方向可分为左移、右移和可逆移位寄存器,只需要改变左、右移的控制信号便可实现双向移位要求。根据移位寄存器存取信息的方式不同又可分为:串入串出、串入并出、并入串出、并入并出四种形式。

74LS194 就是 4 位双向通用移位寄存器,其功能与逻辑真值表如图 3 - 68 所示。其中 D_0、D_1、D_2、D_3 为并行输入端;Q_0、Q_1、Q_2、Q_3 为并行输出端;D_{SR} 为右移串行输入端,D_{SL} 为左移串行输入端;S_1、S_0 为操作模式控制端;MR 为直接无条件清零端;CP 为时钟脉冲输入端。CC40194 有五种不同操作模式,即并行送数寄存、右移(方向由 $Q_0 \to Q_3$)、左移(方向由 $Q_3 \to Q_0$)、保持及清零。

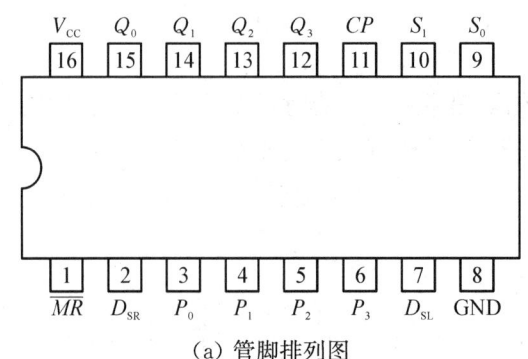

(a) 管脚排列图

操作模式	输入						输出			
	$\overline{MR}$	S_1	S_0	D_{SR}	D_{SL}	P_n	Q_0	Q_1	Q_2	Q_3
重置	L	X	X	X	X	X	L	L	L	L
保持	H	L	L	X	X	X	q_0	q_1	q_2	q_3
左移	H	H	L	X	L	X	q_1	q_2	q_3	L
	H	H	L	X	H	X	q_1	q_2	q_3	H
右移	H	L	H	L	X	X	L	q_0	q_1	q_2
	H	L	H	H	X	X	H	q_0	q_1	q_2
并行输入	H	H	H	X	X	P_n	P_0	P_1	P_2	P_3

(b) 真值表

图 3-68　74LS194 的管脚与真值表

习　题

1. 写出图 3-S-1 所示各门电路的输出结果。

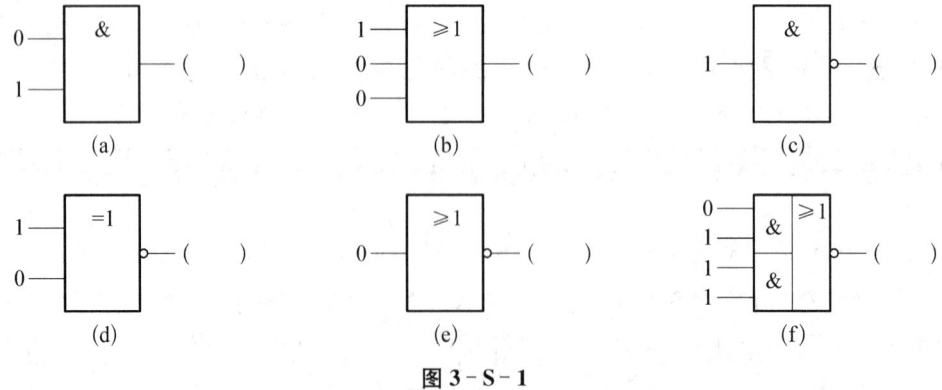

图 3-S-1

2. 根据图 3-S-2 所示写出相应的逻辑函数式。

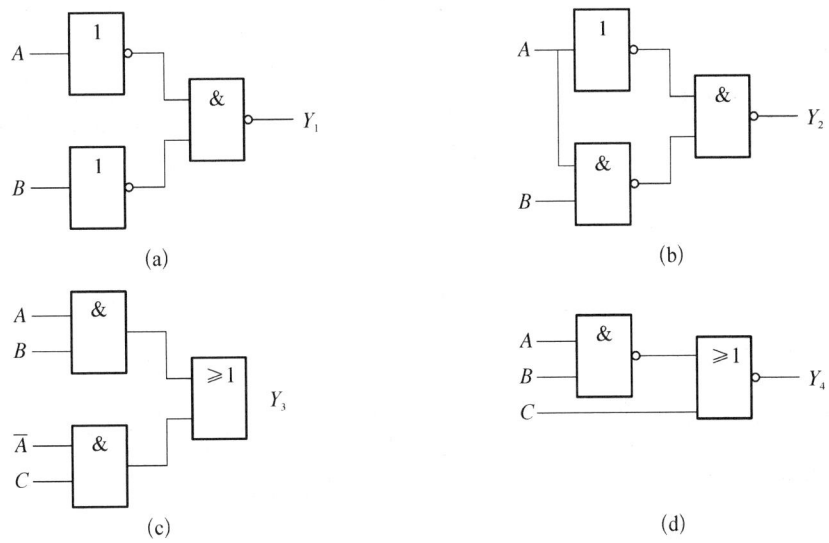

图 3-S-2

3. 根据图 3-S-3 所示逻辑图和波形,画出相应的输出波形。

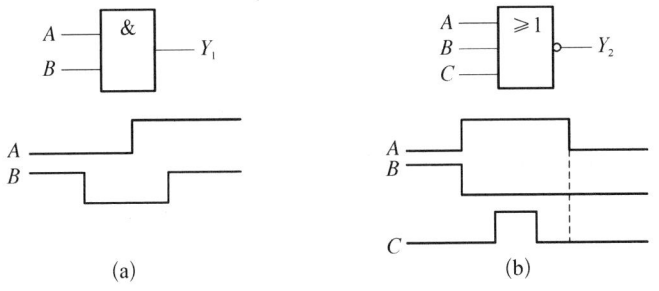

图 3-S-3

4. 把一个与或非门的输出端接入一个非门的输入端,就构成一个"与或非"门。"与或非"门电路符号如图 3-S-4 所示。完成真值表(表 3-S-1)。

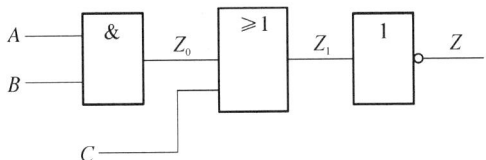

图 3-S-4

表 3-S-1

输	入		一级输出	二级输出	最终输出
A	B	C	Z_0	Z_1	Z
0	0	0	0	0	
0	0	1	0	1	

续　表

输　　入			一级输出	二级输出	最终输出
A	B	C	Z_0	Z_1	Z
0	1	0	0	0	
0	1	1	0		0
1	0	0	0		1
1	0	1	0		0
1	1	0		1	0
1	1	1		1	0

5. 试分析图 3－S－5(a)所示时序电路,画出其状态表和状态图。设电路的初始状态为 0,试画出图 3－S－5(b)所示波形作用下,Q、Z 的波形图。

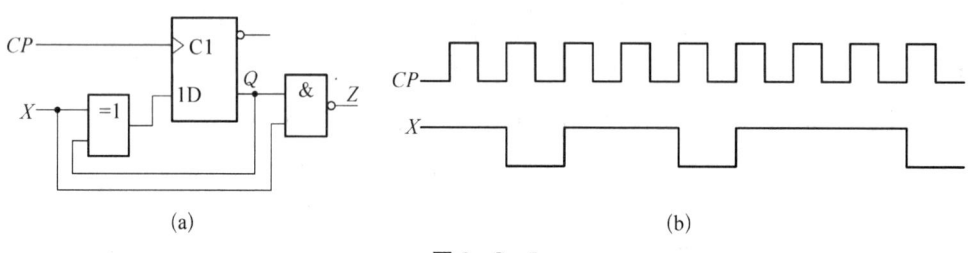

图 3－S－5

6. 试分析图 3－S－6 所示时序电路的逻辑功能。

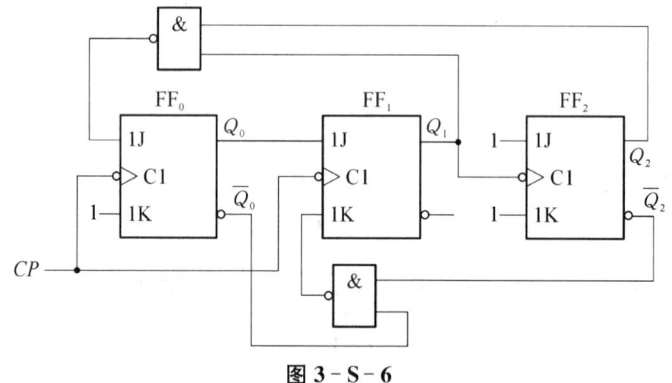

图 3－S－6

7. 某同步时序电路的编码状态图如图 3－S－7 所示,试写出 D 触发器设计此电路时的最简驱动方程。

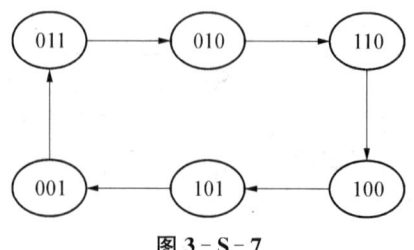

图 3－S－7

8. 分析图 3-S-8 所示的时序电路。
   (1) 分析电路,写驱动方程;
   (2) 求状态方程;
   (3) 写输出方程;
   (4) 画出状态表;
   (5) 由状态表作出状态图;
   (6) 描述电路功能。

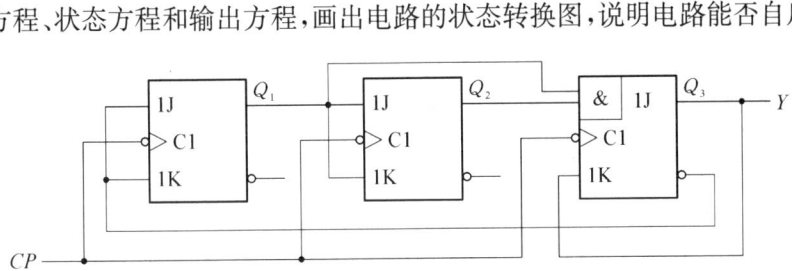

图 3-S-8

9. 分析图 3-S-9 所示的时序电路的逻辑功能,写出电路的驱动方程、状态方程和输出方程,画出电路的状态转换图,说明电路能否自启动。

图 3-S-9

10. 试用 74LS192 构成 28 进制计数器(要求用 8421BCD 码)。

11. 用 D 触发器设计一个同步五进制计数器

12. 设计一个灯光控制逻辑电路。要求红、绿、黄三种颜色的灯在时钟信号作用下按表 3-S-2 规定的顺序转换状态。表中的 1 表示"亮",0 表示"灭"。要求电路能自启动,并尽可能采用中规模集成电路芯片。

表 3-S-2

CP 顺序	红 黄 绿	CP 顺序	红 黄 绿
0	0　0　0	4	1　1　1
1	1　0　0	5	0　0　1
2	0　1　0	6	0　1　0
3	0　0　1	7	1　0　0

第 4 章
大规模数字集成电路

* **学习要点**

本章将重点介绍存储器及可编程逻辑器件。

数字电路从逻辑功能的特点分类,可以分为通用型和专用型两类。本书前面章节所讲述的如 74 系列逻辑器件都属于通用型数字集成电路,它们的集成度较低,逻辑功能固定,难于改变,通用型数字集成电路在组成复杂数字系统时经常要用到。从理论上讲,用这些通用型的中、小规模集成电路可以组成任何复杂的数字电路系统,但如果能把所设计的数字系统做成一片大规模集成电路,则不仅能减小电路的体积、重量、功耗,而且大规模数字集成电路在功能效率及实际应用中都优于普通的数字集成电路,会使电路的可靠性大为提高。

4.1 半导体存储器

存储器是存储信息的器件,用来存放二进制数据、程序等信息,是数字系统中不可缺少的部件。半导体存储器按功能分为两大类:只读存储器 ROM(Read-Only Memory)和随机存储器 RAM(Random Access Memory)。只读存储器 ROM 的特点是信息存入以后,在电路的工作过程中只能读取,不能随意改写信息,断电后信息不会丢失。而随机存储器的信息,在电路工作过程中可以根据需要随时存储或读出,但断电后信息就会丢失。按器件类型分,有双极型和场效应型的两大类。双极型的速度快,但功耗大,使用较少;场效应型的速度较低,但功耗很小,集成度高,在大规模集成电路中广泛采用。

可编程只读存储器(PROM)、可擦除可编程只读存储器(EPROM)是最基本的可编程逻辑器件(Programmable Logic Device,PLD)。在半导体存储器基础上发展起来还有通用阵列逻辑 GAL(Generic Array Logic)、现场可编程门阵列 FPGA(Field Programmable Gate Array)和在系统可编程逻辑器件 ispPLD(in sytem programmable Logic Device)等。

半导体存储器由多个存储单元组成,每个单元都能存放一位二进制数"1"或"0",通常称半导体存储器中存储单元的数目为存储容量。

半导体存储器的分类如图 4-1 所示。

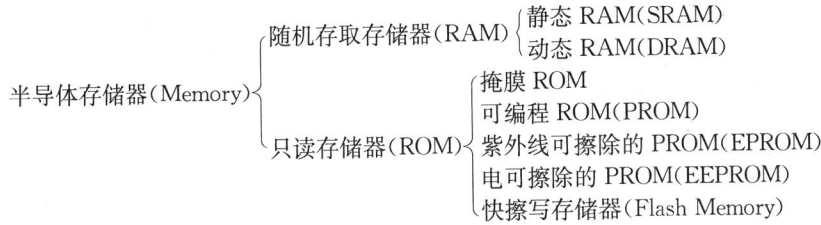

图 4-1　半导体存储器的分类

4.1.1　只读存储器

1. 只读存储器(ROM)的结构和工作原理

ROM 的电路结构主要包括三部分：输入缓冲器、地址译码器、存储矩阵和输出缓冲器(如图 4-2 所示)。

地址译码器是一个最小项译码器，有 n 个输入，它的输出 W_0，W_1，…，W_{N-1}，共有 $N = 2^n$ 个，称为字线。字线是 ROM 矩阵的输入，ROM 矩阵有 M 条输出线，称为位线。字线与位线的交点，即是 ROM 矩阵的存储单元，存储单元个数代表了 ROM 矩阵的容量，所以 ROM 矩阵的容量等于 $M \times N$。

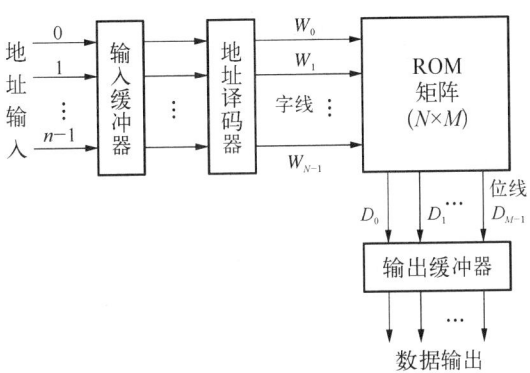

图 4-2　ROM 的结构图

输出缓冲器的作用有三个：能提高存储器的带负载能力；通过使能端实现对输出的三态控制，以便与系统的总线连接；规范逻辑电平，将输出的高、低电平变换为标准的逻辑电平。图 4-3 是一个说明 ROM 存储单元和工作原理的电路图，ROM 矩阵的存储单元是由 N 沟道增强型 MOS 管构成的，MOS 管采用了简化画法。它具有 2 位地址输入，共 4 条字线 W_0、W_1、W_2、W_3，有 4 位数据线输出，即 4 条位线 D_0、D_1、D_2、D_3，共 16 个存储单元。地址译码器的输入 A_1、A_0 称为地址线。2 位地址代码可决定 4 个不同的地址，每输入一个地址，地址译码器的字线 $W_0 \sim W_3$ 中将有一根为高电平，其余为低电平。其逻辑关系如下：

$$W_0 = \overline{A_1}\,\overline{A_0}$$

$$W_1 = \overline{A_1}\,\overline{A_0}$$

$$W_2 = \overline{A_1}\,\overline{A_0}$$

$$W_3 = \overline{A_1}\,\overline{A_0}$$

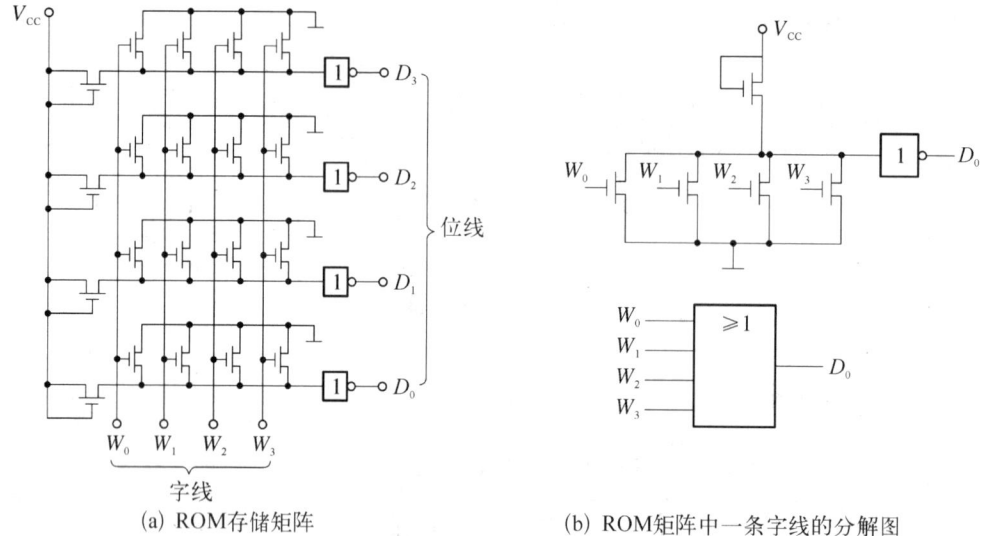

(a) ROM存储矩阵　　　　(b) ROM矩阵中一条字线的分解图

图 4-3　ROM 矩阵字线和位线的关系

当字线 $W_0 \sim W_3$ 中某一根线上给出高电平信号时,就会在位线上输出一个 4 位二进制码。图 4-3 中有 $4 \times 4 = 16$ 个跨接在字线和位线上的存储单元,MOS 管的栅极接字线,源极接地。MOS 管是否存储信息用栅极是否与字线相连接来表示,如果 MOS 管存储信息,该 MOS 管的栅极与字线连接,该单元是存"1";如果该 MOS 管不存储信息,则栅极与字线断开,该单元存"0"。根据图 4-3(a)在输出端加反相器,如输入一个地址码 $[A_1 A_0] = 00$ 时,仅字线 W_0 等于高电平。接在字线 W_0 上的 MOS 管导通,并使与这些 MOS 管漏极相连的位线为低电平,经输出缓冲器反相后,在输出端输出高电平。

2. ROM 的分类

ROM 按其内容写入方式,一般分为三种:固定内容 ROM;可一次编程 ROM (PROM);可擦除 ROM,又分为电写入紫外线擦除 PROM(Erasable Programmable Read-Only Memory,EPROM)和电写入电擦除 PROM(Electrically Erasable Programmable Read-only Memory,E^2PROM)等类型。

1) 固定内容 ROM

这种 ROM 是采用掩模工艺制作的,其内容在出厂时已按要求固定,用户无法修改,图 4-3 为固定内容 ROM 存储矩阵的例子。由于固定 ROM 所存信息不能修改,断电后信息不消失,所以常用来存储固定的程序和数据。如在计算机中,用来存放监控、管理等专用程序。

2) 一次性可编程 PROM

PROM(Programmable ROM)是一次性编程 ROM。这种存储器在出厂时未存入数据信息。单元可视为全"0"或全"1",用户可按设计要求将所需存入的数码"一次性地写入",一旦写入后就不能再改变了。这种 PROM 在每一个存储单元中都接有快速熔断丝,在用户写入数据前,各存储单元相当于存入"1"。写入数据时,将应该存"0"的单元,通以足够大的电流脉冲将熔丝烧断即可。哪些熔丝烧断,哪些保留,可用熔丝图表示。在其他没有熔丝结构的存储器中,也沿用熔丝图这一名词。

3) EPROM

为了克服 PROM 只能写入一次的缺点,又出现了可多次擦除和编程的存储器。

EPROM 内容的改写不像 RAM 那么容易,在使用过程中,EPROM 的内容是不能擦除重写的,所以仍属于只读存储器。要想改写 EPROM 中的内容,必须将芯片从电路板上拔下,将存储器上面的一块石英玻璃窗口对准紫外灯光照数分钟,使存储的数据消失。数据的写入可用软件编程,生成电脉冲来实现。在写好数据以后应使用不透明的纸将石英盖板遮蔽,以防止数据丢失。

4) E^2PROM

EPROM 要改写其中的存储内容,需要放到紫外线擦除器中进行照射,使用起来不太方便。E^2PROM 是一种电写入电擦除的只读存储器,擦除时不需要紫外线,只要用加入 10 ms 左右的电脉冲即可完成擦除操作。擦除操作实际上是对 E^2PROM 进行写"1"操作,全部存储单元均写为"1"状态,编程时只要对相关部分写为"0"即可。所以 E^2PROM 使用起来比 EPROM 方便得多,改写、重新编程也节省时间。

5) Flash Memory

快闪存储器 Flash Memory 是新一代 E^2PROM,它具有 E^2PROM 擦除的快速性,结构又有所简化,进一步提高了集成度和可靠性,从而降低了成本,是一种具有长寿命的非易失性存储器。目前除了各种快闪存储器的产品面世外,快闪存储器还向其他应用领域拓展。快闪存储器磁盘的容量大的已经做到 128 G,它采用 USB 通信接口,可以带电插拔,工作速度快,使用十分方便。可以预见 Flash Memory 的进一步完善,有可能取代计算机的硬盘,更新和诞生许多电子产品。

4.1.2 随机存储器

1. RAM 的结构和原理

RAM 是 Random Access Memory 的缩写,通常称为随机存储器,它的特点是在工作过程中,数据可以随时写入和读出,使用灵活方便,但所存数据在断电后消失。

RAM 电路由地址译码器、存储矩阵和读-写控制电路组成。如图 4-4 所示,RAM 中

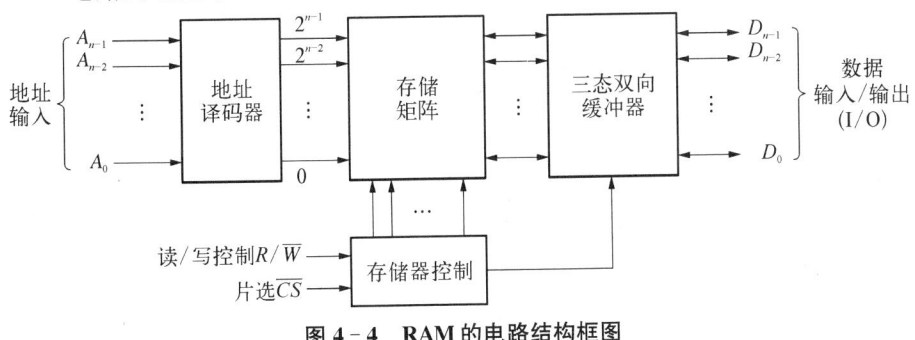

图 4-4 RAM 的电路结构框图

的核心是存储单元,其结构有双极型和 MOS 型两种。

2. RAM 的存储单元

RAM 按工作原理分为静态随机存储器 SRAM(Static Random Access Memory)和动态随机存储器 DRAM(Dynamic Random Access Memory)两种。

1) 静态存储单元

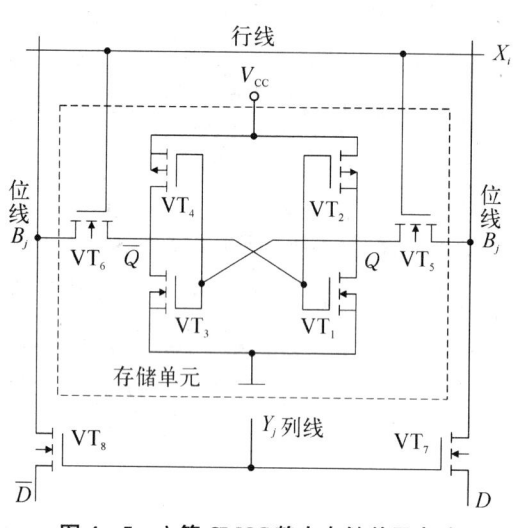

图 4-5 六管 CMOS 静态存储单元电路

图 4-5 为六 CMOS 管组成的静态 RAM 存储单元。图中 $VT_1 \sim VT_4$ 构成基本 RS 触发器,用以存储二进制信息。VT_5、VT_6 为门控管,其状态由行选择线 X_i 决定。$X_i = 1$ 时,VT_5、VT_6 导通,Q 和 $\overline{Q}$ 的状态分别送至位线 B_j 和 $\overline{B_j}$。VT_7、VT_8 是每列存储单元的门控管,其状态取决于列选择线 Y_j。$Y_j = 1$ 时,VT_7、VT_8 导通,数据端 D、$\overline{D}$ 和位线接通进行读(输出)、写(输入)等操作。当 X_i、Y_j 都为"1"时,存储单元进行读或写,这种状态称为选中。只要 X_i 或 Y_j 有一条线为"0"时,存储单元就处于维持状态。

2) 动态存储单元

动态存储单元是利用 MOS 管的栅极电阻十分大,栅极电容上存储的电荷短时间内不易消失,从而对信号起到存储作用。但是由于电容会放电,因此过一段时间存储的信息就会丢失,所以动态存储器需要隔一段时间就对栅极电容补充电荷,通常把这种操作称为刷新。由于 DRAM 的外围要配备刷新电路和相应的控制电路,整个电路要复杂一些。

图 4-6 是一个三 MOS 管动态存储单元,信息存储在 VT_2 管的栅极电容 C_g 上,用 C_g 上的电压控制 VT_2 的状态。读字线和写字线是分开的,读位线和写位线也是分开的。读字线控制 VT_3 管,写字线控制 VT_1 管。VT_4 管是同列若干存储单元写入时的预充管。

在进行读操作时,首先使位线上的电容 C_D 预充到 V_{CC},然后选通读字线为高电平,则 VT_3 管导通。如果 C_g 上充有电荷,且 C_g 上的电压超过了 VT_2 管的开启电压,则 VT_2 导通。那么 C_D 将通过 VT_3 和 VT_2 放电到低电平。如果 C_g 上没有电荷,VT_2 管截止,则 C_D 没有放电通路,仍保持预充后

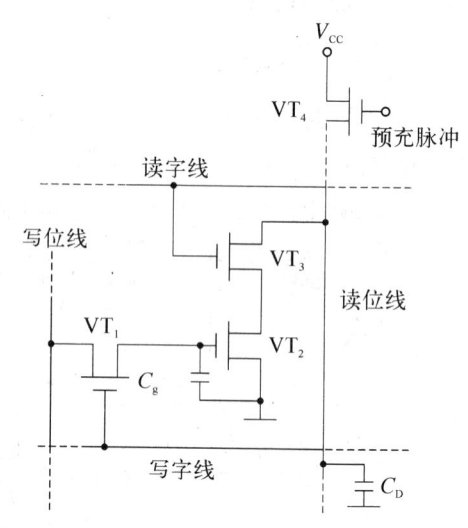

图 4-6 三管动态存储单元

的高电平。可见,在读字线上获得的电平和栅极电容 C_g 上的电平是相反的。通过读出放大器可将读字线上的电平数据送至存储器的输出端。

在进行写操作时,控制写字线为高电平,使 VT_1 管导通。由存储器输入端送来的信号传输至写位线上,通过 VT_1 管控制 C_g 上的电位,将信息存储到 C_g 上。

因为 C_g 存在漏电,需要对 C_g 上的信息定时刷新。可周期性的读出 C_g 上信息到读字线上,经过反相器,再对存储单元进行写操作,即可完成刷新。

就存储单元本身而言,DRAM 的结构比 SRAM 简单,因此 DRAM 的集成度可以制作得更高。但是,加上外围电路后,如读写电路、预充电路,DRAM 的结构也比较复杂。

4.2 可编程逻辑器件

4.2.1 简单可编程逻辑器件

1. PLD 的发展

可编程逻辑器件(Programmable Logic Device,PLD)出现于 20 世纪 70 年代,是一种半定制逻辑器件,它为用户最终把自己所设计的逻辑电路直接写入到芯片上提供了基础。

这类器件可及时方便地研制出各种所需的逻辑电路,并可重复擦写多次,因而它的应用越来越受到重视,上节存储器中介绍的 PROM、EPROM、E^2PROM 皆属于可编程逻辑器件。

可编程逻辑器件大致经历了从 PROM、PLA、PAL、GAL、EPLD、FPGA、CPLD 的发展过程,在结构、工艺、集成度、功能、速度和灵活性方面都有很大的改进和提高。

可编程逻辑器件大致的演变过程如下:

(1) 20 世纪 70 年代,熔丝编程的 PROM 和可编程逻辑阵列 PLA(Programmable Logic Array)器件是最早的可编程逻辑器件。

(2) 70 年代末,AMD 公司开始推出可编程阵列逻辑 PAL(Programmable Array Logic)器件。

(3) 80 年代初,Lattice 公司发明可电擦写的,比 PAL 使用更灵活的通用阵列逻辑 GAL(Generic Array Logic)器件。

(4) 80 年代中期,Xilinx 公司提出现场可编程概念,同时生产了世界上第一片现场可编程门阵列 FPGA(Field Programmable Gare Array)器件,同一时期,Altera 公司推出 EPLD(Erasable Programmble Logic Device)器件,较 GAL 器件有更高的集成度,可以用紫外线或电擦除。

(5) 80 年代末,Lattice 公司又提出了在系统可编程技术 ISP(In Sytem Programmable),并且推出了一系列具备在系统可编程能力的器件 CPLD(复杂可编程逻辑器件)。

(6) 进入 90 年代,可编程逻辑集成电路技术进入飞速发展时期。器件和软件几乎每两三年更新一次。这些 PLD 器件按集成度分为低密度可编程逻辑器件(LDPLD)和高密度可编程逻辑器件(HDPLD)。

2. PLD 简易表示方法

PLD 所用的单元器件数目很多,按常规绘制电路原理图非常不便,制造厂商推出了一套简化的表示方法。PLD 器件中的连接方式如图 4-7 所示。

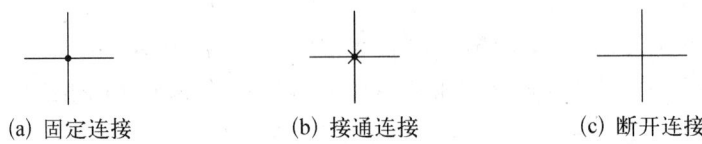

(a) 固定连接　　　(b) 接通连接　　　(c) 断开连接

图 4-7　PLD 器件中的连接方式简易表示方法

那么,如何表示一个 PLD 器件的输出逻辑呢？看下面的例 4.1。

例 4.1　写出如图 4-8(a)~(c)所示的 PLD 器件输出信号的逻辑。

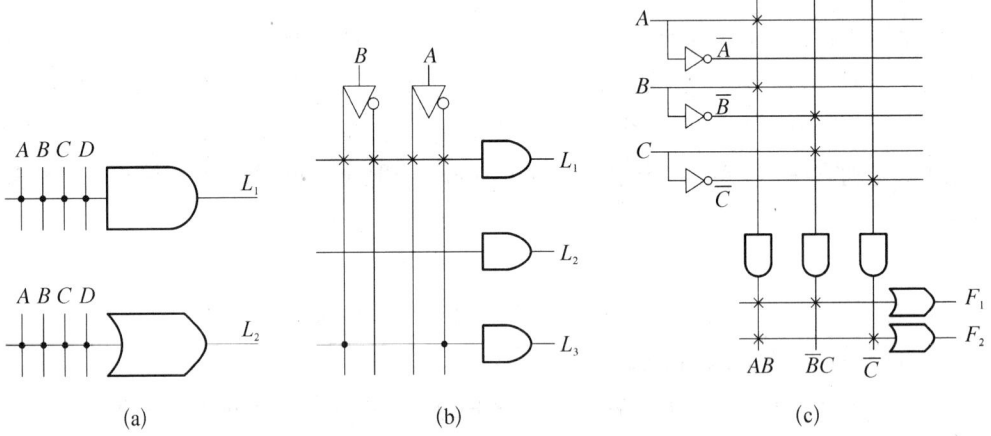

图 4-8　PLD 输出信号的逻辑图

解：(1) 如图 4-8(a)所示,

$$L_1 = ABCD$$
$$L_2 = A + B + C + D$$

(2) 如图 4-8(b)所示,

$$L_1 = A \cdot \overline{A} \cdot B \cdot \overline{B} = 0$$
$$L_2 = 1$$
$$L_3 = AB$$

(3) 如图 4-8(c)所示,

$$F_1 = AB + \overline{B}C$$
$$F_2 = AB + \overline{C}$$

3. PLD 的分类和特点

通常按集成度将 PROM、PLA、PAL 和 GAL 称为低密度可编程逻辑器件(LDPLD)，而将 EPLD、CPLD、FPGA 称为高密度可编程逻辑器件(HDPLD)。首先我们对其中四种 LDPLD 器件进行比较，如表 4-1 所示。

表 4-1 四种 LDPLD 器件比较

PLD 类型	阵列		输 出
	与	或	
PROM	固定	可编程，一次性	三态，集电极开路
PLA	可编程一次性	可编程一次性	三态，集电极开路寄存器
PAL	可编程一次性	固定	三态 I/O 寄存器互补带反馈
GAL	可编程多次性	固定或可编程	输出逻辑宏单元，组态由用户定义

PLD 器件内部电路虽然十分复杂，但 PLD 器件实现可编程的基本方法不外乎通过与矩阵、或矩阵的编程，PLA 与和或阵列都可编程；PAL 和 GAL 与阵列可编程；通过改变内部连接线的编程；通过数据传输方向的编程来构成功能复杂的逻辑电路。

1) PLA

PROM 能够实现逻辑函数的最小项表达式，而最小项表达式是一种非常繁琐的与-或表达式，当变量较多时，PROM 实现逻辑函数的效率较低。但按最简与-或表达式实现逻辑函数的成本最低，为此人们针对 PROM 的缺点设计了专门用来实现逻辑电路的可编程器件 PLA(Programmable Logic Array，可编程逻辑阵列)。PLA 的基本结构类似于 PROM，但它提供了对逻辑功能处理更有效的方法，它的与阵列和或阵列都可编程。其与阵列可按需要产生任意的与项，因此用 PLA 可以实现逻辑函数的最简与-或表达式。

2) 通用阵列逻辑 GAL

通用可编程器件(GAL)的结构和 ROM 基本一样，但 GAL 在输出端增加了通用性很强的输出逻辑宏单元(OLMC)既可以实现组合数字电路又可以实现时序数字电路。若想改变输出方式，通过软件对其编程即可实现，这给设计者带来很大方便。GAL 存储单元采用 EEPROM 技术，是用电可重复擦除改写的器件。写入的数据可保存 20 年，另外器件还有加密功能、电子标签等特点。支持的软件也简单容易学，所以 GAL 器件的应用范围是比较广泛的。

如图 4-9 所示为 GAL16V8 的内部电路图，图中可见 GAL16V8 具有可编程与阵列、8 个输入端口、8 个输入输出端口、1 个时钟输入信号和 1 个输出允许控制信号，其中 8 个输入输出端各对应 1 个输出逻辑宏单元 OLMC(Output Logic Macro Cell)。

数字电路应用

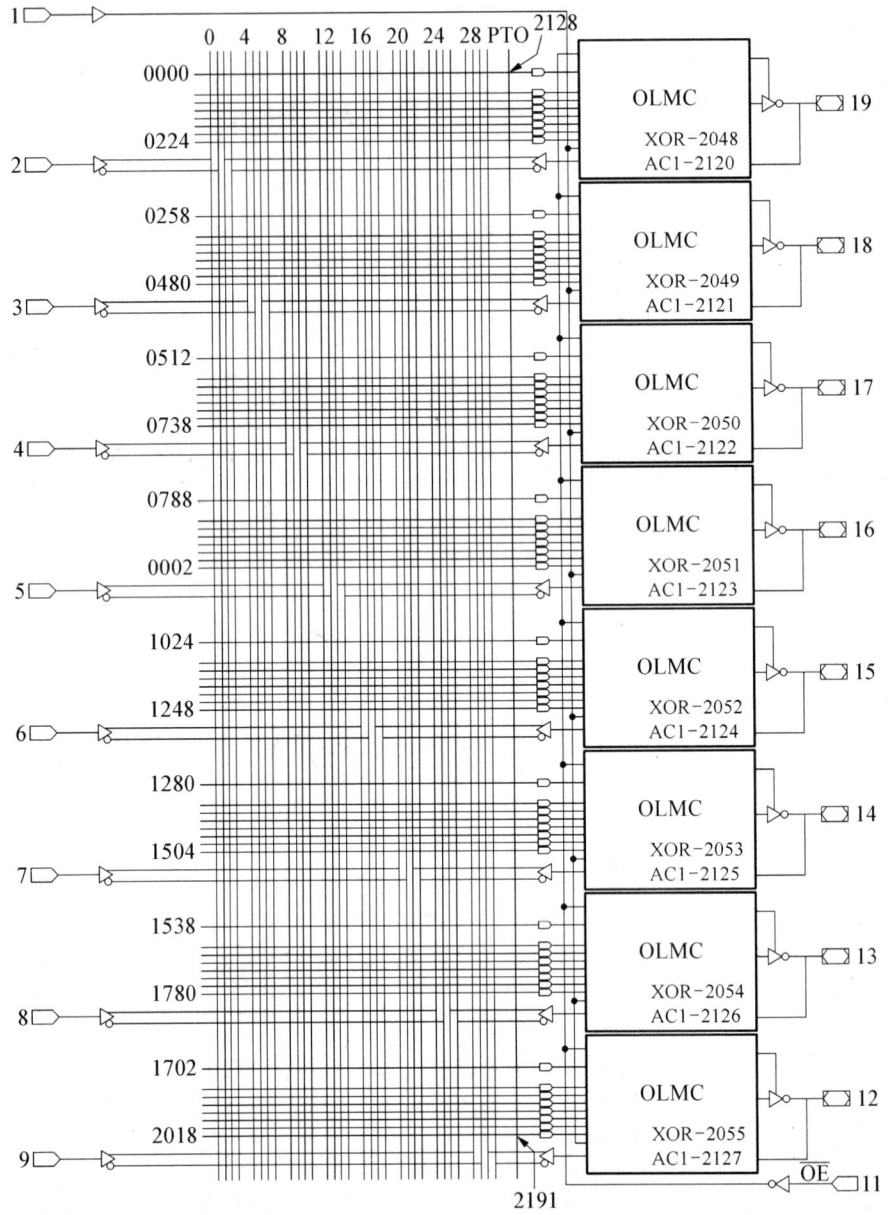

图 4-9 GAL16V8 内部电路图

输出逻辑宏单元 OLMC 的内部逻辑如图 4-10 所示，图中各部分的功能分别介绍如下：

(1) G_1 是具有八个输入端的或门，其中有一个输入端接到乘积项数据选择器 PTMUX。输入端来自与阵列。

(2) PTMUX 是乘积项选择器，为二选一数据选择器，它根据结构控制 AC_0 和 $AC_1(n)$ 的状态决定来自与矩阵的第一乘积项是否作为或门 G_1 的一个输入。由 AC_0 和 $AC_1(n)$ 的与非控制，选与阵列的第一乘积项或"地"作为 8 输入或门的一个输入信号。

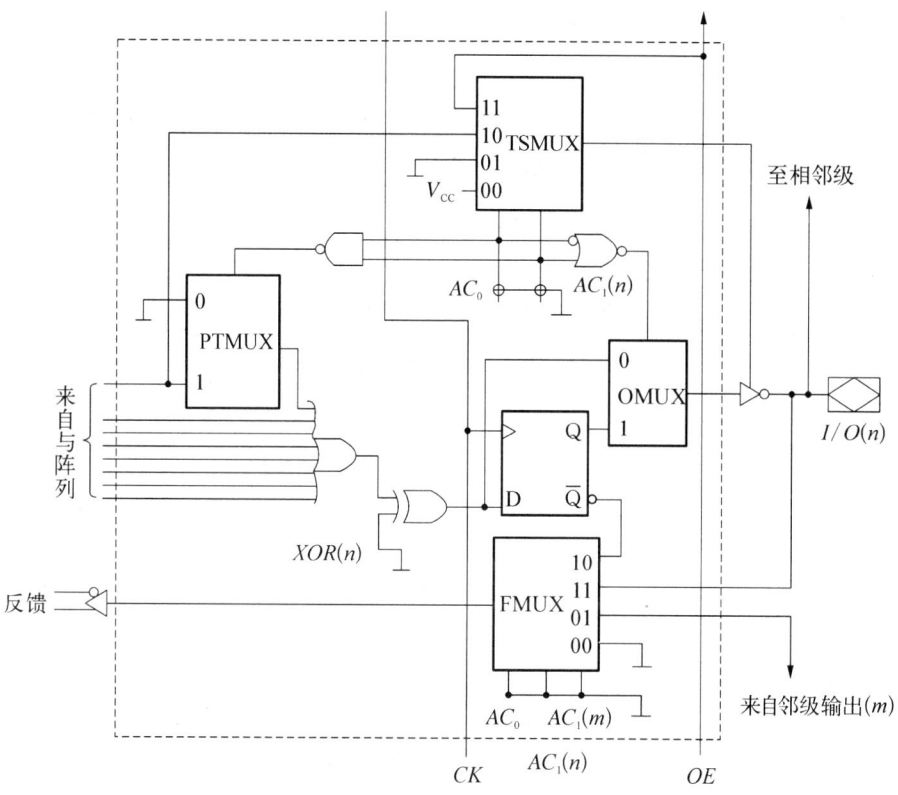

图 4-10 GAL16V8 输出逻辑宏 OLMC 的结构

(3) G_2 是异或门,其作用是将 G_1 的输出同相传输或反相传输到 D 触发器,由 $XOR(n)$ 端编程决定。

(4) TSMUX 是输出三态数据选择器,为四选一数据选择器,它的作用是通过 AC_0 和 $AC_1(n)$ 的状态控制三态门 G_5 的输出,分别选择电源 V_{CC}(00)、地(01)、外接信号 OE(10)、第一乘积项(11)作输出三态门的控制信号,其关系见表 4-2。

表 4-2 TSMUX 和 G3 的输出与结构控制状态的关系

AC_0	$AC_1(n)$	TSMUX 的输出	G_5 的输出
0	0	V_{CC}	导通
0	1	地	高阻
1	0	OE	允许输出 $OE=1$ 导通,$OE=0$ 高阻
1	1	与阵列第一乘积项	用户编程定义

(5) OMUX 是输出数据选择器,为二选一数据选择器,它受 AC_0、$AC_1(n)$ 经或非门 G_4 的控制。选择异或门输出端(组合型输出)或 D 触发器输出(寄存型输出)送输出三态门,分别适用于组合电路和时序电路。当 G_4 输出为 0 时,OMUX 将 G_2 的输出送到 G_5;当 G_4 输出为 1 时,OMUX 将 D 触发器的 Q 端输出送到 G_5。

(6) FMUX 是反馈数据选择器，为八选一数据选择器，但输入信号只有四个。FMUX 的状态除了受 AC_0、$AC_1(n)$ 的控制外，还受相邻 OLMC 的 $AC_1(m)$ 的控制。它们的关系见表 4-3。FMUX 的作用是根据 AC_0、$AC_1(n)$ 和 $AC_1(m)$ 的状态从触发器的 $\overline{Q}$ 端、$I/O(n)$ 端、邻级输出和地电平中选择一个作为反馈信号接回到与逻辑阵列的输入。

表 4-3 FMUX 的输出与三个结构控制状态的关系

AC_0*	$AC_1(n)$	$AC_1(m)$*	FMUX 选通
1	0	x	D 触发器 $\overline{Q}$ 端
1	1	x	本级输出
0	x	1	邻级(m)输出
0	x	1	地

* 在 OLMC(12) 和 OLMC(19) 中 $\overline{SYN}$ 代替 AC_0，SYN 代替 $AC_1(m)$。

GAL 器件的输出形式取决于它的输出逻辑宏单元中的控制信号 AC_0、$AC_1(n)$ 和 $XOR(n)$，这些信号的取值（四个数据选择器的控制）可以通过对 GAL 的结构控制字编程确定。在结构控制字同步位 SYN、控制位 AC_0 和 $AC_1(n)$ 的控制下，OLMC 可以被设置成五种不同的功能组合。通过编程软件所设置的四个结构控制字 SYN、AC_0、$AC_1(n)$、$XOR(n)$，可使 OLMC 定义成五种输出结构方式，如表 4-4 所示。结构控制字阵列，共 82 位，每位的定义如图 4-11 所示。

表 4-4 OLMC 输出工作方式和有关控制位的关系

SYN	AC0	AC1(n)	XOR(n)	输出方式	输出极性	备 注
1	0	1	x	专用输入方式	输出三态门不通	1 和 11 脚为数据输入，三态门禁止。
1	0	0	0	专用组合输出	低电平有效	1 和 11 脚为数据输入，三态门被选通。
1	0	0	1	专用组合输出	高电平有效	
1	1	1	0	反馈组合输出（带选通）	低电平有效	1 和 11 脚为数据输入，三态门选通信号是第一乘积项，反馈信号取自 I/O 端
1	1	1	1	反馈组合输出（带选通）	高电平有效	
0	1	1	0	组合和寄存混合输出	低电平有效	1 脚接 CLK，11 脚接 $\overline{OE}$，至少另有一个 OLMC 为寄存器输出模式。
0	1	1	1	组合和寄存混合输出	高电平有效	
0	1	0	0	寄存输出	低电平有效	1 脚接 CLK，11 脚接 $\overline{OE}$
0	1	0	1	寄存输出	高电平有效	

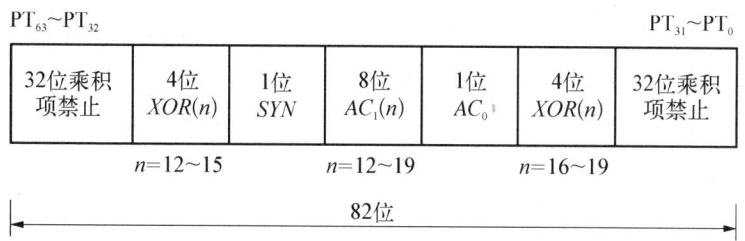

图 4-11 GAL16V8 结构控制字

除此以外,GAL16V8 内部还有电子标签阵列、结构控制字阵列以及加密、擦除单元等,见图 4-12 所示的行地址映射图。其中的电子标签(ES)起"记事簿"的作用,用来存储用户必要的信息,以便于管理,如所设计电路的代码、设计者姓名、编程日期等信息都可存入,电子标签行不受加密的影响,随时可以读出;加密单元用于给已编程的 GAL 器件加密,加密后所存信息再不能读出(电子标签除外),直到整体擦除时,加密作用才能去掉。结构控制字中 n 代表管脚号,结构控制字很重要,它的状态直接决定了编程结果。结构控制字的内容由下节介绍的 GAL 编程软件经编译自动生成,用户只需学会下节介绍的 GAL 的编程方法就可对 GAL 芯片进行编程使用。每一片 GAL16V8 可以实现 4~10 片中小规模集成电路的功能。

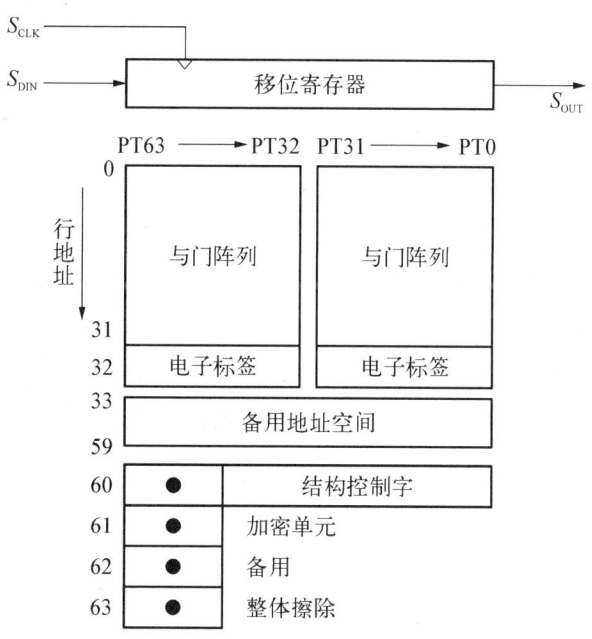

图 4-12 GAL16V8 行地址影射图

4.2.2 复杂可编程逻辑器件(CPLD)

随着集成电路规模的不断提高,在 20 世纪 80 年代出现了比 GAL 规模更大的可编程器件,由于它们基本上沿用了 GAL 的电路结构,故称其为复杂可编程逻辑器件 CPLD,又称为阵列扩展型 PLD。此后在 90 年代初，Lattice 公司率先提出了在系统可编程技术，即无需编程器，可在用户的电路板上对器件直接进行在线编程的技术，并推出了一批具有在系统编程能力的 CPLD 器件，使 PLD 技术发展到了新的高度。由于 CPLD 由若干个大的与-或阵列构成，故又称为大粒度的 PLD。

1. CPLD 概述

CPLD 是 Complex Programmable Logic Device 的缩写，即复杂的可编程逻辑器件。Altera 为了突出特性，曾将自己的 CPLD 器件称为 EPLD(Enhanced Programmable Logic Device)，即增强型可编程逻辑器件。其实 EPLD 和 CPLD 属于同等性质的逻辑器件，目前 Altera 为了遵循称呼习惯，已经将其 EPLD 统称为 CPLD。CPLD 是在 PAL、GAL 的基础上发展起来的，采用 E^2CMOS 工艺，也有少数厂商采用 Flash 工艺，其基本结构由可编程 I/O 单元、基本逻辑单元、布线池和其他辅助功能模块构成。CPLD 可实现的逻辑功能比 PAL、GAL 有了大幅度的提升，一般可以完成设计中较复杂、较高速度的逻辑功能，如接口转换、总线控制等。CPLD 的主要器件供应商有：Altera、Lattice 和 Xinlinx 等。

CPLD 基本上沿用了 GAL 的阵列结构，在一个器件内集成了多个类似 GAL 的大模块，大模块之间通过一个可编程集中布线池连接起来。在 GAL 中只有一部分引脚是可编程的，其他引脚都是固定的输入脚；而在 CPLD 中，所有的信号引脚都可编程，故称为 I/O 口。

2. CPLD 的基本结构

典型 CPLD 的内部结构都含有通用逻辑模块 GLB。GLB 的作用主要是实现逻辑功能。它由可编程与阵列、共享或阵列及可重构触发器等电路组成，其中最具特色的是共享或阵列。首先，各或门的输入端固定，属于固定型或阵列，这一点与 GAL 相同，但各或门的输入端个数不同，既便于实现繁简程度不一的逻辑函数，又可提高与-或阵列的利用率；其次，或门的输出又接到一个可编程或阵列中，在需要时实现或门的扩展，应对复杂的逻辑函数。可重构触发器组可以根据需要构成 D、JK 或 T 触发器，GLB 内部的所有触发器都是同步工作的，时钟信号可以有多种选择。通用的 CPLD 结构图如图 4-13 所示。

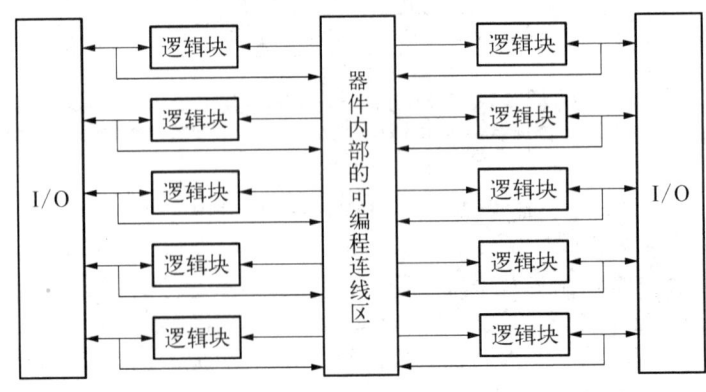

图 4-13　CPLD 结构框图

大部分的 CPLD 是基于乘积项(Product-Term)结构的,其内部结构都是由可编程 I/O 单元、基本逻辑单元和其他辅助功能模块构成,如图 4-14 所示。其逻辑功能块含有多个与阵列、乘积项分配阵列(与或阵列)和宏单元,乘积项阵列实现逻辑块的逻辑,宏单元可以实现组合电路或寄存器的功能。

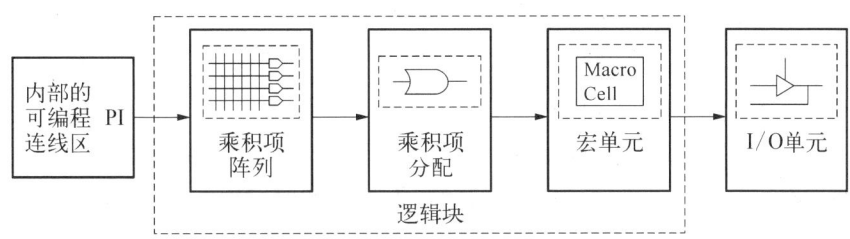

图 4-14 CPLD 逻辑块结构

如图 4-14 所示,其中主要模块具体功能如下:

宏单元可以单独配制成组合逻辑或时序逻辑功能,也可以用作时钟、复位/置位和输出。宏单元的寄存器可以配置为 D 触发器或 T 触发器,也可以被旁路后作为组合逻辑使用。

可编程连线:连接所有的宏单元,负责信号传递。

I/O 控制块:负责输入输出的电器特性控制,比如设定集电极开路输出、三态输出等。

3. CPLD 的编程

CPLD 主要基于 E^2PROM 或 Flash 存储器进行编程,编程次数可达 1 万次,优点是系统断电时编程信息也不丢失。CPLD 又可分为在编程器上编程和在系统编程两类。

不同的芯片生产厂商,其编程的工具、方法以及电路都不尽相同,如 Xilinx、Altera 以及 Lattice 公司的下载电路,都不相同,这里不一一给出,如果需要,可以查看相关参考书籍或到网上搜索下载。

4.2.3 现场可编程门阵列(FPGA)

在可编程器件发展的同时,人们将可编程思想引入另一种半定制器件"门阵列"中,从而出现了可在用户现场进行编程的门阵列产品,称为现场可编程门阵列 FPGA。这种器件尽管也是可编程的,但它的电路结构及所采用的编程方法和 CPLD 不同。典型的 FPGA 由众多的小单元电路构成,故又称为单元型 PLD,也称为小粒度 PLD。

FPGA 是 Field Programmable Gate Array 的缩写,即现场可编程门阵列。FPGA 是 20 世纪 80 年代中期出现的高密度可编程器件,短短几十年来,取得了惊人的发展,其单片集成密度从最初的 1 200 门发展到目前的几百万门,而且时钟频率由最初不到 10 MHz 发展到目前的 300 MHz。FPGA 是在 CPLD 的基础上发展起来的新型高性能可编程逻辑器件,一般采用 SRAM 工艺,也有一些专用器件采用 Flash 工艺或反熔丝(Anti-Fuse)工艺等。可以完成极其复杂的时序与组合逻辑电路功能,适用于高速、高密度的高端数字逻辑电路设计领域。FPGA 的基本组成部分有可编程输入/输出单元、基本可编程逻辑单元、嵌入式块 RAM、丰富的布线资源、底层嵌入功能单元、内嵌专用硬核等。FPGA 的主要器件供应商有 Altera、Lattice、Actel 和 Xinlinx 等。

1. FPGA 概述

FPGA 由普通的门阵列发展而来，其结构与 CPLD 大不相同，内含许多独立的可编程逻辑模块，用户可以通过编程将这些模块连接起来实现不同的设计。由于模块很多，所以在布局上呈二维分布，可见其布线的难度和复杂性较高。FPGA 具有高密度、高速率、系列化、标准化、小型化、多功能、低功耗、低成本，设计灵活方便，可无限次反复编程，并可现场模拟调试验证等特点。使用 FPGA 器件，可在较短的时间内完成一个电子系统的设计和制作，缩短了研制周期，达到快速上市和进一步降低成本的要求。目前 FPGA 在我国得到了较广泛的应用。

2. FPGA 的基本结构

与 CPLD 基于门阵列来实现逻辑功能的方式不同，FPGA 是基于查找表（LookUp-Table）结构的。查找表简称为 LUT，本质上就是一个 RAM。目前，FPGA 中多使用 4 输入的 LUT，所以每一个 LUT 可以看成一个有 4 位地址线的 16×1 的 RAM。当用户通过原理图或 HDL 语言描述了一个逻辑电路以后，FPGA 开发软件会自动计算逻辑电路的所有可能的结果，并把结果事先写入 RAM。这样，每输入一个信号进行逻辑运算就等于输入一个地址进行查表，找出地址对应的内容，然后输出即可。尽管不同厂家、不同系列的 FPGA 结构都不尽相同，但是 FPGA 都有一个基本结构，整个 FPGA 包括逻辑块、可编程开关矩阵、连线资源和 I/O 单元，如图 4-15 所示。

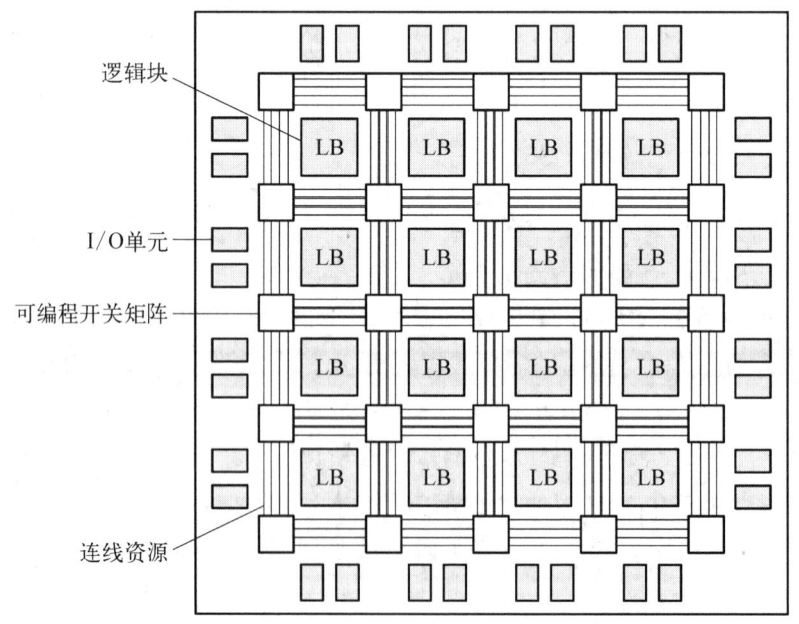

图 4-15 FPGA 内部结构

3. FPGA 的编程

大部分 FPGA 基于 SRAM 编程,编程信息在系统断电时丢失,每次上电时,需从器件外部将编程数据重新写入 SRAM 中。其优点是可以编程任意次,可在工作中快速编程,从而实现板级和系统级的动态配置。和 CPLD 的编程一样,不同生产厂商的具体电路等都不相同。基于查找表(Look-Up Table)技术和 SRAM 工艺的 FPGA,由于 SRAM 工艺的特点,掉电后数据会消失,因此调试期间可以用下载电缆配置器件,调试完成后需要将数据固化在一个专用的 E^2PROM 中(用通用编程器烧写),上电时由这片配置 E^2PROM 先对器件加载数据(亦可由 CPU 配置),十几毫秒后,器件即可正常工作。图 4-16 是 Altera Cyclone 器件的 AS 模式配置电路图。

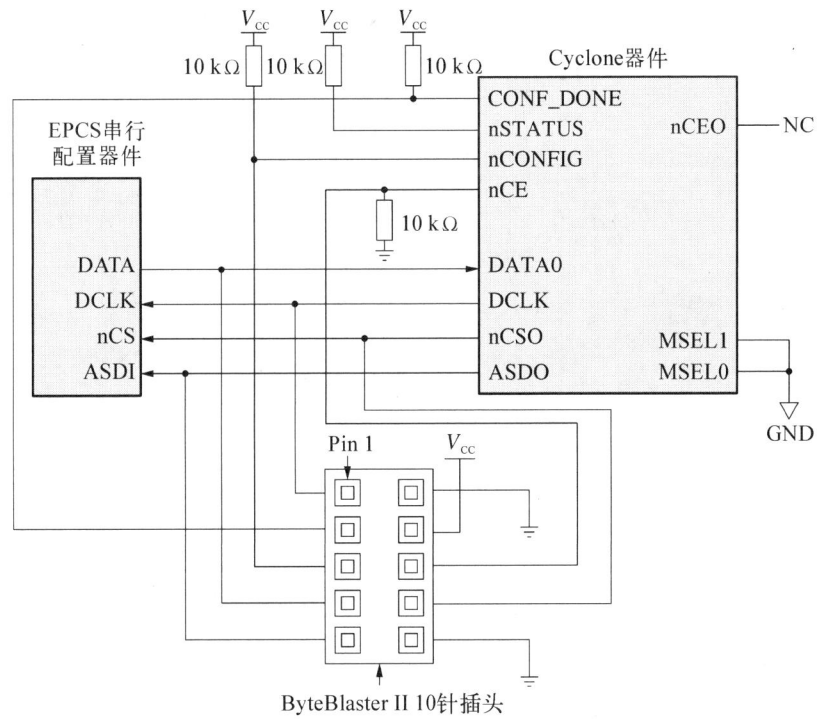

图 4-16 Altera Cyclone 器件的 AS 模式配置电路图

4.3 常用 CPLD/FPGA 器件

CPLD 和 FPGA 各具特点,互有优劣,因此在发展过程中也在不断的取长补短,相互渗透,不断出现新型的产品。

4.3.1 Altera 公司产品

Altera 公司是可编程逻辑解决方案的倡导者,帮助系统和半导体公司快速、高效地实现创新，突出产品优势，赢得市场竞争。Altera 的 FPGA、SoC FPGA、CPLD 和 HardCopy/ASIC 结合软件工具、知识产权、嵌入式处理器和客户支持，为全世界 13 000 多名客户提供非常有价值的可编程解决方案。Altera 成立于 1983 年，Altera 总部位于美国加州圣何塞，拥有分布在 19 个国家的 2 600 多名员工。该公司推出了世界上第一款可编程逻辑器件(PLD)，目前该公司产品设计各类 FPGA 和低成本 CPLD 器件，具体如图 4-17 所示。

Altera 公司主页为 http://www.altera.com.cn/

图 4-17 Altera 公司产品系列

4.3.2 Xilinx 公司产品

Xilinx(赛灵思)是全球领先的可编程逻辑完整解决方案的供应商。Xilinx 研发、制造并销售范围广泛的高级集成电路、软件设计工具以及作为预定义系统级功能的 IP (Intellectual Property)核。客户使用 Xilinx 及其合作伙伴的自动化软件工具和 IP 核对器件进行编程，从而完成特定的逻辑操作。Xilinx 公司成立于 1984 年，Xilinx 首创了现场可编程逻辑阵列(FPGA)这一创新性的技术，并于 1985 年首次推出商业化产品。该公司 FPGA 产品根据工艺水平，分成了多种不同系列的产品，具体如图 4-18 所示。

Xilinx 公司主页为 http://www.xilinx.com

Xilinx 产品线还包括复杂可编程逻辑器件(CPLD)，在某些控制应用方面 CPLD 通常

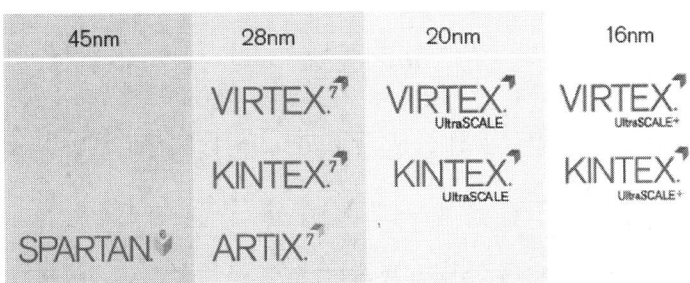

图 4-18　Xilinx 公司 FPGA 产品系列

比 FPGA 速度快,但其提供的逻辑资源较少。Xilinx 公司主要的 CPLD 产品系列为 XC9500 Flash 工艺 PLD。

4.3.3　Lattice 公司产品

Lattice(莱迪思)半导体公司提供业界最广范围的现场可编程门阵列(FPGA)、可编程逻辑器件(PLD)及其相关软件,包括现场可编程系统芯片(FPSC)、复杂的可编程逻辑器件(CPLD),可编程混合信号产品(ispPAC)和可编程数字互连器件(ispGDX)。莱迪思半导体公司于 1983 年在美国俄勒冈州成立。其产品系列如图 4-19 所示。

Lattice 公司的主页为 http://www.lattice.com/lattice-home.html

iCE40 Ultra / UltraLite
ICE40 UltraLite 是全球集成度最高、专用于移动应用的 FPGA。为您提供极致的功能效能,打破制约开发速度的瓶颈。它能够帮助您升级现有的产品或实现全新的功能,并能降低功耗,降低成本、BOM 和尺寸。

iCE40 LP/HX/LM
使用 ICE40 LP/HX/LM FPGA,您可以开发设计独特的低功耗电子产品,并且同时满足您的成本、功耗、尺寸大小和速度目标。我们的 iCE40 LP/HX/LM 器件通过基于现成芯片的定制解决方案获得快速创新。这意味着您可以使用最低的成本和最少的精力,实现最大的产品差异化功能。

MachXO3
MachXO3 FPGA 系列采用先进的封装技术,提供瞬时启动、非昂贵性、小尺寸的 FPGA 产品(尺寸小至 2.5mm x 2.5mm)。MachXO3 强化了桥接应用的性能,如 MIPI DSI/CSI-2 接口桥接。该系列是当今的最低成本封装中具有最高 I/O 密度。

MachXO2
获奖的瞬时启动 MachXO2 FPGA 器件是快速实现系统控制功能的完美选择。它拥有所有其他 PLD 所拥有的——可靠性和高性价比,适用于路由器、基站、服务器、存储、工业和医疗设备。

MachXO
控制 PLD

LatticeXP2
非昂贵性 FPGA 系列

ispMACH 4000ZE
ispMACH4000ZE CPLD 系列是超低功耗、大批量便携式应用的理想选择。成本优化的 ispMACH 4000ZE 系列提供了待机电流低 10μA(典型值)以及超小型节省空间的封装。

ispMACH 4000 V/B/C/Z
可用于 5V 的 CPLD 器件

图 4-19　Lattice 公司产品系列

习 题

1. 在存储器结构中,什么是"字"?什么是"字长"?如何标注存储器的容量?
2. 试述 RAM 和 ROM 的区别。
3. 试述 SRAM 和 DRAM 的区别。
4. 与 SRAM 相比,闪烁存储器有何主要优点?
5. 用 ROM 实现两个 4 位二进制数相乘,试问:该 ROM 需要有多少根地址线?多少根数据线?其存储容量为多少?
6. 一个 ROM 共有 10 根地址线,8 根位线(数据输出线),则其储存容量为_____。
7. 为了构成 4 096×8 的 RAM,需要_____片 1 024×2 的 RAM。
8. 下列器件中存储的信息在掉电以后即丢失的是_____。
   A. SRAM B. UVERPROM C. E^2PROM D. PAL
9. PAL 是一种_____的可编程逻辑器件。
10. 现有如图 4-S-1 所示 4×4 字位 RAM 若干片,先要把它们扩展成 8×8 字位 RAM。

    (1) 试问需要几片 4×4 字位 RAM?

    (2) 画出扩展后的电路图。

    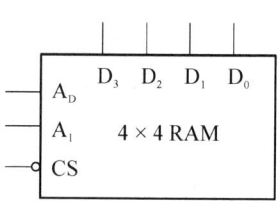

    图 4-S-1

11. 试分析图 4-S-2 所示电路。

    (1) 列出时序 PLA 的状态表和状态图。

    (2) 简述时序 PLA 的逻辑功能。

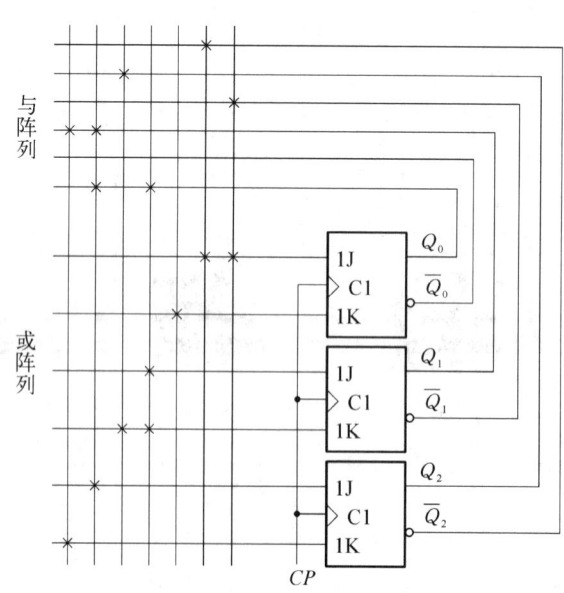

图 4-S-2

12. 关于半导体存储器的描述,下列说法错误的是_____。

(A) RAM 读写方便,但一旦掉电,所存储的内容就会全部丢失

(B) ROM 掉电以后数据不会丢失

(C) RAM 可分为静态 RAM 和动态 RAM

(D) 动态 RAM 不必定时刷新

第 5 章

Verilog HDL 数字设计基础

* **学习要点**

(1) 初步了解 HDL 和 Verilog HDL。

(2) 掌握 Verilog HDL 语言语法的基本要素,如间隔符、注释符、标识符及关键词等。

(3) 掌握 Verilog HDL 语言模块结构。

(4) 熟练掌握 Verilog HDL 的数据类型及其常量和变量,掌握线网型变量和寄存器型变量的异同点,以及其各自的应用环境。

(5) 熟练掌握 Verilog HDL 的运算符,如算术运算符、逻辑运算符等。

(6) 熟练掌握 Verilog HDL 语句,如赋值语句、结构说明语句、条件语句、循环语句、块语句、结构语句等。

(7) 掌握 Verilog HDL 系统任务和函数。

(8) 掌握 Verilog HDL 编译预处理命令,如'define,'undef 等。

5.1 Verilog HDL 简介

随着电子设计技术的飞速发展,设计的集成度、复杂度越来越高,传统的设计方法已满足不了设计的要求,因此要求能够借助当今先进的 EDA 工具,使用一种描述语言,对数字电路和数字逻辑系统能够进行形式化的描述,这就是硬件描述语言。

硬件描述语言 HDL(Hardware Description Language)是一种用形式化方法来描述数字电路和数字逻辑系统的语言,就是指对硬件电路进行行为描述、寄存器传输描述或者结构化描述的一种新兴语言。数字逻辑电路设计者可利用这种语言来描述自己的设计思想,然后利用 EDA 工具进行仿真,再自动综合到门级电路,最后用 ASIC 或 FPGA 实现其功能。

硬件描述语言发展至今已有二十多年历史,当今业界的标准中(IEEE 标准)主要有 VHDL、Verilog HDL 和 AHDL 三种硬件描述语言。因为 VHDL 语言结构不直观,学习相对困难,而 Verilog HDL 是一种非常容易掌握的硬件描述语言,成熟的资源远比 VHDL 丰富,所以 Verilog HDL 的应用群体更为广泛。AHDL 是 Altera 公司特有的一种硬件描述语言,一种集成到 Quartus II 系统中的高级模块化语言。

Verilog HDL 是一种硬件描述语言,可以在算法级、门级到开关级的多种抽象设计层次上对数字系统建模。它可以描述设计的行为特性、数据流特性、结构组成以及包含响应监控和设计验证方面的时延和波形产生机制。此外,Verilog HDL 提供了编程语言接口,通过该接口用户可以在模拟、验证期间从外部访问设计,包括模拟的具体控制和运行。

Verilog HDL 不仅定义了语法,而且对每个语法结构都定义了清晰的模拟、仿真语义。因此,用这种语言编写的模型能够使用 Verilog HDL 仿真器进行验证。Verilog HDL 从 C 语言中继承了多种运算符和结构,所以从结构上看两者有很多相似之处。

Verilog HDL 是在 1983 年,由 GDA(Gateway Design Automation)公司的 Phil Moorby 首创的。Phil Moorby 后来成为 Verilog-XL 的主要设计者和 Cadence 公司 (Cadence Design System)的第一个合伙人。在 1984~1985 年,Moorby 设计出了第一个关于 Verilog-XL 的仿真器,1986 年,他对 Verilog HDL 的发展又作出了另一个巨大贡献,即提出了用于快速门级仿真的 XL 算法。

随着 Verilog-XL 算法的成功,Verilog HDL 语言得到迅速发展。1989 年,Cadence 公司收购了 GDA 公司,Verilog HDL 语言成为 Cadence 公司的私有财产。1990 年,Cadence 公司决定公开 Verilog HDL 语言,于是成立了 OVI(Open Verilog International)组织来负责 Verilog HDL 语言的发展。基于 Verilog HDL 的优越性,IEEE 于 1995 年制定了 Verilog HDL 的 IEEE 标准,即 Verilog HDL1364-1995。

5.2 语法基本要素

Verilog HDL 的设计初衷是成为一种基本语法与 C 语言相近的硬件描述语言。这是因为 C 语言在 Verilog HDL 设计之初,已经在许多领域得到广泛应用,C 语言的许多语言要素已经被许多人习惯。一种与 C 语言相似的硬件描述语言,可以让电路设计人员更容易学习和接受。不过,Verilog HDL 与 C 语言还是存在许多差别。另外,作为一种与普通计算机编程语言不同的硬件描述语言,它还具有一些独特的语言要素,例如向量形式的线网和寄存器、过程中的非阻塞赋值等。总的来说,具备 C 语言的设计人员将能够很快掌握 Verilog HDL 硬件描述语言。

下面我们先介绍一些 Verilog 语言的基本规范。

1. 间隔符

间隔符是指代码中的空格(对应的转义标识符为\b)、制表符(\t)和换行(\n)。如果这些间隔符出现在字符串里,那么它们不可忽略。除此之外,代码中的其他间隔符在编译的时候都将会被视为分隔标识符,即使用 2 个空格或者 1 个空格并无影响。不过,在代码中使用合适的空格,可以让上下行代码的外观一致(例如使赋值运算符位于同一个竖直列),从而提高代码的可读性。

2. 注释符

为了方便代码的修改或其他人的阅读,设计人员通常会在代码中加入注释。与C语言一样,有两种方式书写注释:第一种为多行注释,即注释从"/*"开始,直到"*/"才结束;另一种为单行注释,采用"//"符号,注释从"//"开始到这一行末尾的内容会被系统识别为注释。

3. 大小写敏感性

Verilog HDL 是一种大小写敏感的硬件描述语言。其中,它的所有系统关键词(或称为关键字)都是小写的。

4. 标识符及关键词

Verilog HDL 代码中用来定义语言结构名称的字符称为标识符,包括变量名、端口名、模块名等。标识符可以由字母、数字、下画线以及美元符($)来表示。但是标识符的第一个字符只能是字母、数字或者下画线,不能为美元符,这是因为以美元符开始的标识符和系统任务的关键词有冲突。

和其他许多编程语言类似,Verilog HDL 也有许多关键词,用户定义的标识符不能够和关键词相同。Verilog HDL 的关键词均为小写。变量类型中的 wire、reg、integer 等、表示过程的 initial、always 等,以及所有其他的系统任务、编译指令,都是关键词。可以查阅官方文献以获得完整的关键词的列表。

5. 转义标识符

转义标识符(又称转义字符),是由"\"开始,以空白符结束的一种特殊编程语言结构,用于对确定的特殊字符转义。这种结构可以用来表示那些容易与系统语言结构相同的内容(例如双引号""""在系统中被用来表示字符串,如果字符串本身的内容包含一个与之形式相同的双引号,那么就必须使用转义标识符)。常用的转义标识符有"\n"(换行)、"\t"(制表位)、"\b"(空格)、"\\"(反斜杠)和"\""(英文的双引号)等。除此之外,在反斜杠之后也可以加上字符的 ASCII,这种转义标识符相当于一个字符。

常用的转义字符如表 5-1 所示。

表 5-1 转义字符表

序 号	转 义 字 符	含 义
1	\'	单引号
2	\"	双引号
3	\\	反斜杠
4	\0	空
5	\a	警告

续　表

序　号	转 义 字 符	含　义
6	\b	退格
7	\f	换页
8	\n	换行
9	\r	回车
10	\t	水平制表符
11	\v	垂直制表符
12	\\	字符\本身
13	\306	八进制数 306 对应的字符

6. 数值

Verilog HDL 有四种基本值(0、1、x、z)：

0 表示逻辑 0 或"假"；

1 表示逻辑 1 或"真"；

x 表示未知；

z 表示高阻。

x 和 z 在这里是不分大小写的。也就是说，0x1z 和 0X1Z 是相同的。在程序运行过程中其值不能被改变的量称为常量。在 Verilog HDL 中有两种类型的常量：整数型常量和实数型常量。

1) 整数型常量

整数型常量即整数，Verilog HDL 的整数有两种书写格式：十进制数格式和基数格式。

(1) 十进制数格式是一个可以带正负号的数字序列，代表一个有符号数。例如：30、−2 都是十进制数表示的常量，用这种方法表示的常量被认为是有符号的常量。

(2) 基数格式的数通常都是无符号数。形式如下：

〈+/−〉〈位宽〉'〈基数符号〉〈数值〉

其中〈+/−〉表示常量是正整数还是负整数，当常量是正整数时，前面的正号可以省略。〈位宽〉定义常量的位数(长度)；〈基数符号〉规定数据的进制，可以是二进制(b 或 B)、八进制(o 或 O)、十六进制(h 或 H)和十进制(d 或 D)。〈数值〉左边是最高有效位，右边是最低有效位。例如：

5'b10101　　　//5 位二进制数 10101

8'Hb5　　//8 位十六进制数 b5

注意：如果位宽定义的长度大于数字的实际长度，通常在数据序列的高位补 0，但是如果这个数字序列最左边一位是 x 或 z，就用 x 或 z 在左边补位。如果定义的长度小于数字序列的实际长度,这个数字序列最左边超出的位将被截断。

为了增加程序的可读性,可以在数字之间增加下画线进行分割显示。例如:

8'b1001_1001

是位宽为 8 位的二进制数 10011001。下画线在程序编译时被忽略。

2) 实数型常量

在 Verilog HDL 中,实数就是浮点数,实数的定义方式有两种:

(1) 十进制格式:由数字和小数点组成。

(2) 指数格式(科学计数法):由数字和字符 e(E) 组成,e(E) 的前面必须要有数字而且后面必须为整数。

例如:

23_54.1e2　　　　　　//其值为 235410.0,忽略下画线

3.9E2　　　　　　//其值为 390.0

注意:这里的 e 或 E 可以理解为 10。

3) 两种常量的转换

实数型常量可以通过对小数四舍五入,转换为最靠近的整数型常量,而不是直接将小数舍弃得到整数。当一个实数型常量被赋值给一个整数型变量时,发生一种隐式的转换。如实数 35.7 和 35.5 转换为整数都得到 36,而实数 35.2 转换为整数得到 35。实数 −1.5 转换为整数得到 −2。

7. 字符串

字符串是由一对双引号括起来的字符序列。必须包含在一行内,不能分成多行书写。例如:

"System ERROR" "READ OK"

如果字符串被用作 Verilog HDL 表达式或赋值语句的操作数,则字符串被看作无符号整数序列。每一整数代表一个 8 位 ASCII 值表示的字符值,即每一整数对应字符串中的一个字符。因此字符串是 8 位 ASCII 值的序列。字符串变量是寄存器类型(参见后面章节)的变量,该字符串变量的位数要大于等于字符串的最大长度。为存储 14 个字的字符串"INTERNAL ERROR",变量需要 8×14 位:

```
reg[8*14:1] stringvar;
initial
begin
    stringvar = "INTERNAL ERROR";
end
```

可以使用 Verilog 的操作符操作字符串,操作过程中,如果声明的字符串变量位数大于字符串实际长度,则在赋值操作后,字符串变量的左端(即高位)补 0,这个和非字符串的赋值操作是一样的。如果声明的字符串变量位数小于字符串实际长度,那么字符串的

左端被截去,这些字符就丢失了。

第 5 点讲的转义字符只能用于字符串中。

8. 参数声明

程序中经常多次出现某些数值,如延迟时间或变量的宽度,或某个值。这些数值有时可能会改变,这种情况下经常使用参数来代替这些数值,即定义一个标识符来代表一个常量。参数一经声明,就视其为一个常量,在整个仿真过程中不再改变。如以下两个例子:

parameter LINELENGTH = 132;

parameter BIT = 1, BYTE = 8, PI = 3.14;

parameter 用来定义参数 LINELENGTH,BIT,BYTE,PI 等,使用参数可以提高程序的可读性,也利于修改。

5.3 模块的结构

5.3.1 模块的介绍

模块(module)是 Verilog HDL 最基本的概念,也是 Verilog HDL 设计中的基本单元,用于描述某个设计的功能或结构及其与其他模块通信的外部端口。每个 Verilog HDL 设计的系统都是由若干模块组成的。Verilog 以模块集合的形式来描述数字电路系统,一个模块可以是一个元件或一个更低层的设计模块的集合,一个个元件被组合成一个个模块,提供通用的函数性,可以在整个系统设计的许多地方被重复调用。一个模块通过它的端口接口(输入输出端)为更高层的设计模块提供必要的函数性,但又隐藏了内部的具体实现,设计者修改模块内部结构时,不会对整个设计的其余部分造成影响。我们举一个简单的 2 输入与门 Verilog 程序例子来说明模块:

2 输入与门的逻辑真值表和电路符号如图 5-1 所示,其逻辑真值表与表 3-1 相同。

A	B	F=AB
0	0	0
0	1	0
1	0	0
1	1	1

(a) 逻辑真值表 (b) 电路符号

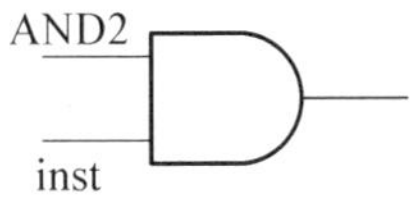

图 5-1 2 输入与门的逻辑真值表和电路符号

```
module  AND2(F,A,B);   //模块名为 AND2,输入输出信号为 F,A,B
input A,B;    //A,B 为输入信号
output F;     //F 是输出信号
and m1(F,A,B);    //调用与门元件实现与运算
endmodule
```

上例中第一行声明模块名及其端口列表；第二行指定端口 A 和 B 方向为输入(input)；第三行指定端口 F 方向为输出(output)；input 和 output 都是用于声明端口方向的 Verilog 关键词。第五行生成一个 Verilog 内建的基本门级元件 and 的实例（也称为模块的调用，在下一部分中介绍，类似于 C 语言中的函数调用），这个实例名为 m1，第一个端口 F 是输出端口，信号 A 和 B 连接到这个 and 元件的输入端口；第六行用关键词 endmodule 示意模块结束。

模块的定义的一般语法结构为：

```
module 模块名(端口名1,端口名2,端口名3,…);
端口类型说明(input,output,inout);           ⎫
参数定义(可选);                              ⎬ 说明部分
数据类型定义(wire,reg 等);                    ⎭

实例化低层模块和基本门级元件;                ⎫
连续赋值语句(assign);                        ⎬ 逻辑功能描述部分,其顺序是任意的
过程块结构(initial 和 always)                ⎪
行为描述语句;                                ⎭
endmodule
```

其中：

"模块名"是模块唯一的标识符；

"端口列表"是输入、输出和双向端口的列表，这些端口用来与其他模块进行连接。

"定义"则是一段程序，用来指定数据对象为寄存器型、存储器型、线型以及过程块，诸如函数块和任务块。

"模块条目"也是一段程序，将上面定义的各项内容和端口组合起来，是说明这个模块要做什么的语句；

"结束标识"模块结束 endmodule 之后没有分号。

需要注释时，用"//"即可，这和 C 语言一样。

模块有以下几个要点：

(1) 模块在语言形式上是以关键词 module 开始，以关键词 endmodule 结束的一段程序。

(2) 模块的实际意义是代表硬件电路上的逻辑实体。

(3) 每个模块都实现特定的功能。

(4) 模块的描述方式有行为建模和结构建模之分。

(5) 模块之间是并行运行的。

(6) 模块是分层的，高层模块通过调用、连接低层模块的实例来实现复杂的功能。

(7) 各模块连接完成整个系统需要一个顶层模块(Top-module)。

无论多么复杂的系统，总能划分成多个小的功能模块。因此系统的设计可以按照下面三个步骤进行：

(1) 把系统划分成模块；

(2) 规划各模块的接口；

(3) 对模块编程并连接各模块完成系统设计。

例 5.1 一个 8 位比较器的模块 compare，输入为 Data_A 和 Data_B，都为 8 位数据，输出为 bEqu，bBig，bSmall。其中，bEqu 表示 Data_A 和 Data_B 相等，bBig 表示 Data_A 大于 Data_B，bSmall 表示 Data_A 小于 Data_B。模块 compare 的电路符号如图 5-2 所示。

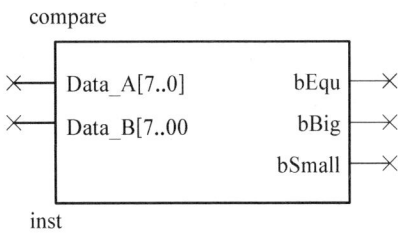

图 5-2 8 位比较器模块 compare 的电路符号

```
module compare(bEqu,bBig,bSmall,Data_A,Data_B);   //模块和端口定义
    input[7:0]Data_A,Data_B;
    output bEqu,bBig,bSmall;                       //I/O 端口说明
    reg bEqu,bBig,bSmall;          //变量说明
    always@(Data_A or Data_B)      //敏感变量
        begin
            if(Data_A = = Data_B) bEqu = 1;   //相等判断
            else bEqu = 0;
            if(Data_A>Data_B) bBig = 1;       //大于判断
            else bBig = 0;
            if(Data_A<Data_B) bSmall = 1;     //小于判断
            else bSmall = 0;
        end
endmodule                                          //模块结束
```

5.3.2 模块的调用

在做模块划分时，通常会出现这种情形：某个大的模块中包含了一个或多个功能子模块。Verilog HDL 是通过模块调用或称为模块实例化的方式来实现这些子模块与高层模块的连接的。

Verilog HDL 为门级电路建模提供了 26 个内置基本单元，具体如下：

多输入门：and, nand, or, nor, xor, xnor

多输出门：buf, not

三态门：bufif0, bufif1, notif0, notif1

上拉、下拉电阻：pullup, pulldown

MOS 开关：cmos, nmos, pmos, rcmos, rnmos, rpmos

双向开关：tran, tranif0, tranif1, rtran, rtranif0, rtranif1

例 5.2 通过两个与非门 nand 实现一个与门，输入为 in1 和 in2，输出为 out，其电路符如图 5-3(a)所示,内部实现方式如图 5-3(b)所示。

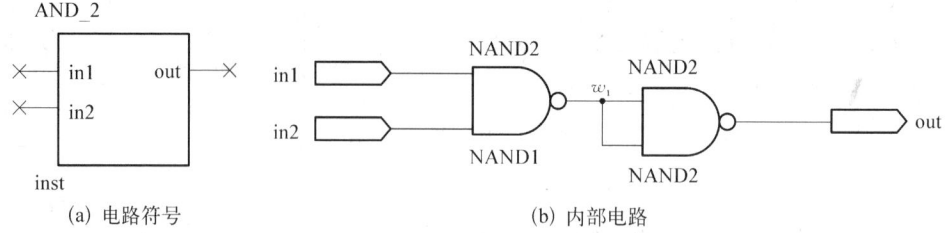

(a) 电路符号　　　　　　　　　　(b) 内部电路

图 5-3　例 5.2 的电路符号和内部电路

```
module AND_2(in1, in2, out);        //端口定义
    input in1, in2;
    output out;
    wire w1;                         //一个模块内部连线
    nand NAND1(in1, in2, w1);        //调用(实例化)一个 nand 子模块
    nand NAND2(w1, w1, out);         //调用(实例化)一个 nand 子模块
endmodule                            //AND 模块结束
```

调用模块实例的一般形式为:

〈模块名〉〈参数列表〉〈实例名〉(〈端口列表〉);

其中参数列表是传递到子模块的参数值,参数传递的典型应用是定义门级时延。

5.4　数据类型与表达式

Verilog HDL 中,数据类型用于表示数字硬件电路中数据的存储和传输。

在 Verilog HDL 中,根据赋值和对值的保持方式不同,数据类型主要分为两大类:线网型变量(Net Type Variable,也叫连线型变量)和寄存器型变量(Register Type Variable)。两类数据代表了不同的硬件结构。具体如图 5-4 所示。

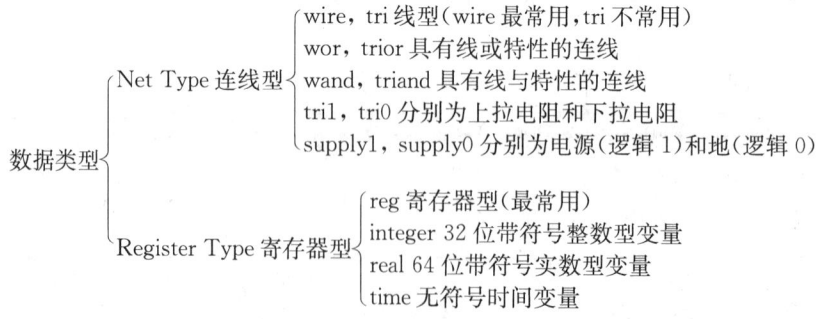

图 5-4　数据类型分类

Net Type(连线型),从名字上理解就是"导线",导线的这头和导线的另一头始终是直

接连通的,这端是什么值,那端就是什么值,所以输出随着输入随时变化的。连线型中wire最常见。

Register Type(寄存器型),寄存器就不像普通导线了,它可以把值给存住,用户只要给它赋一次值,它都会存住那个值,直到用户给它赋一个新的值它才会改变。寄存器型中reg最常见。

对初学者来说,最常用到的是wire和reg这两种类型,其他类型的我们在深入学习后再慢慢介绍。

注意:wire型变量如果没有赋予初始值,默认初始值为高阻态"Z"。reg型变量如果没有赋予初始值,默认初始值为不定态"X"。

5.4.1 线网型变量

线网的声明语法形式:

net_kind[msb:lsb]net1, net2, ... ,netN;

上述声明中,net_kind是线网类型,Verilog HDL共有11种线网类型:wire、tri、wor、trior、wand、triand、trireg、tri1、tri0、supply0、supply1;[msb:lsb]定义线网宽度的最高位和最低位,在定义时要设置位宽,缺省为1位。变量的每一位可以是0,1,X,Z。其中x代表一个未被预置初始状态的变量或者是由于由两个或多个驱动装置试图将之设定为不同的值而引起的冲突型线型变量。z代表高阻状态或浮空量。这一项是可选的,默认为1位;netN是线网变量的名称。线网可以有多个驱动源,每个驱动源都会给线网赋值,出现这种情况时,线网的取值由线网类型决定。

线网表示元件之间的物理连线,它不能存储数据。线网是被驱动的,可以用连续赋值或把元件的输出连接到线网等方式给线网提供驱动,给线网提供驱动的赋值元件就是"驱动源",线网的值由驱动源决定。如果没有驱动源连接到线网,线网的缺省值为Z。

关于位宽的一点补充:

最高有效位(MSB)指二进制中最高位(bit,比特)。在16位的数字音频中,其左边第1位(MSB)对16 bit字的数值有最大的影响。例如,在十进制的15 389这一数字中,相当于万数那一位(最左边的1)的数字对数值的影响最大。与之相反,相当于个位的那一位是"最低有效位"(LSB),对数值影响最小。汇编中,比如8位二进制数10000001,其中左边那个1是MSB,右边那个1是LSB。在计算机计算的时候用于判断的如果是整数,那么小数点(实际上是没有小数点的,但就把那一位和下一位之间看作有)在LSB后面,如果是小数,小数点在MSB后面,其中MSB在有符号数中又是符号位。

在这11种线网中,常用的线网类型是由wire定义。

1. wire和tri线网

wire和tri型数据都用于连接电路元件,是最常见的线网类型。它们有同样的语法和功能,wire 型数据可以被单个的门级元件或连续赋值驱动,tri 型数据可以被多个驱动源驱动。wire 和 tri 型数据常用于关键词 assign(后面章节介绍)指定的组合逻辑中。Verilog HDL 程序模块中输入、输出信号类型默认为 wire 型。wire 型信号可以用做逻辑方程的输入,也可以用做 assign 语句或者实例元件的输出。

三态线(tri)网可以用于描述多个驱动源驱动同一根线的线网类型,没有其他特殊的意义。

wire 型信号的定义格式如下:

wire [n-1:0] 数据名1,数据名2,……,数据名N;

这里总共定义了 N 条线,每条线的位宽为 n。例如:

wire [9:0] a, b, c; //a, b, c 都是位宽为 10 的 wire 型信号

wire Reset; //Reset 定义为 wire 型,1 位位宽

wire [3:2] Cla, Pla, Sla; //Cla,Pla,Sla 定义为 wire 型,位宽为两位

tri [MSB-1 : LSB +1] Art;

表 5-2 是多个驱动源驱动一个连线(或三态线网)时线网的真值表。

表 5-2 wire 线网的真值表

wire(或 tri)	0	1	X	Z
0	0	x	x	0
1	x	1	x	1
X	x	x	x	x
Z	0	1	x	z

用下面是一个具体实例来说明:

assign Cld = Pld & Sld;

在这个实例中,Cld 有两个驱动源 Pld 和 Sld。在上表中可以查到两个驱动源的值(右侧表达式的值)决定的 Cld 的有效值。Cld 的值是按位计算的。例如,Pld 的值为 01x,Sld 的值为 11z,Pld 的第一位 0 和 Sld 的第一位 1 在表中索引到 x,第二位 1 和 1 在表中索引到 1,第三位 x 和 z 在表中索引到 x,则 Cld 的有效值是 x1x。

2. wor 和 trior 线网

线或和三态线或:用于连线性逻辑结构建模。当有多个驱动源驱动 wor 和 trior 型数据时,将产生线或结构,线或指如果驱动源中任一个为 1,那么线网的值也为 1。线或和三态线或(trior)在语法和功能上是一致的。

wor [MSB:LSB] Arto;

trior [MAX-1 : MIN-1] Rxd, Txd;

如果多个驱动源驱动这类网,网的有效值由表 5-3 决定。

表 5-3 wor 线网的真值表

wor(或 trior)	0	1	X	Z
0	0	1	x	0
1	1	1	1	1
X	x	1	x	x
Z	0	1	x	z

3. wand 和 triand 线网

wand 线与和 triand 线与：当有多个驱动源驱动 wand 和 triand 型数据时，将产生线与结构，(wand)线与网指如果驱动源中任一个为 0，那么线网的值为 0；三态线与(triand)网和 wand 线与网在语法和功能上是一致的。例如：

wand [7：0] D_bus;

triand Reset, Clk;

如果这类线网存在多个驱动源，线网的有效值由下表 5-4 决定。

表 5-4 wand 线网的真值表

wand(或 triand)	0	1	X	Z
0	0	0	0	0
1	0	1	x	1
X	0	x	x	x
Z	0	1	x	z

4. trireg 线网（三态寄存器）

这种线网可以存储数值，可用于电容节点的建模。当没有驱动源时，三态寄存器线网的缺省初始值为 x。当它的所有驱动源都处于高阻态时，三态寄存器保存的值是作用在该线网上的最后一个值。例如：

trireg [1:8] D_bus, A_bus;

5. tri0 和 tri1 线网

tri0 表示三态 0；tri1 表示三态 1。

这类线网可用于线逻辑的建模，即线网有多于一个驱动源。tri0(tri1)线网的特征是，若无驱动源驱动，它的值为 0(tri1 的值为 1)。例如：

tri0 [0:3] Gnd_bus;

tri1 [0:7] T_bus, I_bus;

表 5-5 显示在多个驱动源情况下 tri0 或 tri1 网的有效值。

表 5-5 tri0 线网的真值表

tri0(或 tri1)	0	1	X	Z
0	0	x	x	0
1	x	1	x	1
X	x	x	x	x
Z	0	1	x	0(1)

6. supply0 和 supply1 线网

(1) supply0 用于对"地"建模,即低电平:

supply0 Gnd

(2) supply1 用于对电源建模,即高电平 1:

supply1 Vcc.

5.4.2 寄存器型变量

reg 寄存器型变量是具有状态保持作用的硬件电路,如触发器、锁存器等,表示一个抽象的数据存储单元,可以通过赋值语句改变寄存器内存储的值。寄存器只能在 always 语句和 initial 语句(在后面章节介绍)中赋值,always 语句和 initial 语句是 Verilog HDL 提供的功能强大的结构语句。在未被赋值时,寄存器的缺省值为 x。与线网型变量一样,寄存器变量在定义时要设置位宽,缺省为 1 位。变量的每一位可以是 0,1,X,Z。其中 x 代表一个未被预置初始状态的变量或者是由于由两个或多个驱动装置试图将之设定为不同的值而引起的冲突型线型变量。z 代表高阻状态或浮空量。

Verilog HDL 共有五种寄存器类型:reg、integer、time、real、realtime。

1. reg 寄存器的类型

reg 是最常用的寄存器类型,这种寄存器中只能存放无符号数。如果给 reg 中存入一个负数,通常会被视为正数。reg 是寄存器数据类型的关键词。寄存器是数据存储单元的抽象,通过赋值语句可以改变寄存器存储的值,其作用相当于改变触发器存储器的值。reg 型数据常用来表示 always 模块内的指定信号,代表触发器。通常在设计中要由 always 模块通过使用行为描述语句来表达逻辑关系。在 always 块内被赋值的每一个信号都必须定义为 reg 型,即赋值操作符的右端变量必须是 reg 型。reg 型信号的定义格式如下:

reg [n-1:0] 数据名 1,数据名 2,…,数据名 N;

这里,总共定义了 N 个寄存器变量,每条线的位宽为 n。例如:

reg [9:0] a, b, c; //a, b, c 都是位宽为 10 的寄存器。

范围定义是可选的;如果没有定义范围,缺省值为 1 位寄存器。例如:

reg [3:0] St; //St 为 4 位寄存器;

reg Ct; //1 位寄存器。

reg 型数据的缺省值是未知的。reg 型数据可以为正值或负值。但当一个 reg 型数据是一个表达式中的操作数时,它的值被当作无符号值,即正值。如果一个 4 位的 reg 型数据被写入—1,在表达式中运算时,其值被认为是+15。reg 型和 wire 型的区别在于:reg 型保持最后一次的赋值,而 wire 型则需要持续的驱动。

reg 相当于存储单元,wire 相当于物理连线;Verilog HDL 中变量的物理数据分为线型和寄存器型。这两种类型的变量在定义时要设置位宽,缺省为 1 位。变量的每一位可以是 0,1,X,Z。其中 x 代表一个未被预置初始状态的变量或者是由于由两个或多个驱动装置试图将之设定为不同的值而引起的冲突型线型变量。z 代表高阻状态或浮空量。线型数据包括 wire,wand,wor 等几种类型在被一个以上激励源驱动时,不同的线型数据有各自决定其最终值的分辨办法。

两者的区别是:寄存器型数据保持最后一次的赋值,而线型数据需要持续的驱动;寄存器型输入端口可以由 net/reg 驱动,但线型输入端口只能是 net;寄存器型输出端口可以是 net/reg 类型,线型输出端口只能驱动 net;用关键词 inout 声明一个双向端口,inout 端口不能声明为寄存器类型,只能是 net 类型。wire 表示直通,即只要输入有变化,输出马上无条件地反映;reg 表示一定要有触发,输出才会反映输入。不指定就默认为 1 位 wire 类型。专门指定出 wire 类型,可能是多位或为使程序易读。wire 只能被 assign 连续赋值,reg 只能在 initial 和 always 中赋值。wire 使用在连续赋值语句中,而 reg 使用在过程赋值语句中。

在 Verilog HDL 中,存储器是通过寄存器数组声明的,即用 reg 声明。如果一个一维数组的元素类型为 reg 型,那么这样的一维数组也成为存储器。存储器可用于 ROM(只读存储器)、RAM(随机存取存储器)和寄存器组建模。数组中的每一个寄存器也叫做元素或字。通过定义单个寄存器的位宽和寄存器的个数可以决定存储器的大小。

存储器声明如下:

reg [msb:lsb] memory [upper:lower];

其中 msb、lsb 定义了存储器单个寄存器的位宽,memory 是存储器名;upper 和 lower 分别定义了这两个存储器的大小。例如:

reg [0:3] MyMem [0:63]; //MyMem 为 64 个 4 位寄存器的数组。

reg Mog [1:5]; //Mog 为 5 个 1 位寄存器的数组。

MyMem 和 Mog 都是存储器。数组的维数不能大于 2。注意存储器属于寄存器数组类型。线网数据类型没有相应的存储器类型。

单个寄存器说明既能够用于说明寄存器类型,也可以用于说明存储器类型。例如:

parameter ADDR_SIZE = 16 , WORD_SIZE = 8;
reg [1: WORD_SIZE] RamPar [ADDR_SIZE — 1 : 0], DataReg;

RamPar 是存储器，是 16 个 8 位寄存器数组，而 DataReg 是 8 位寄存器。

在赋值语句中需要注意如下区别：存储器赋值不能在一条赋值语句中完成，但是寄存器可以。因此在存储器被赋值时，需要定义一个索引。例如：

reg [1:5] Dig; //Dig 为 5 位寄存器。

Dig = 5'b11011;

上述赋值都是正确的，但下述赋值不正确：

reg Dog[1:5]; //Dog 为 5 个 1 位寄存器的存储器。

Dog = 5'b11011;

有一种存储器赋值的方法是分别对存储器中的每个字赋值。例如：

reg [0:3] Xrom [1:4]

Xrom[1] = 4'hA;

Xrom[2] = 4'h5;

Xrom[3] = 4'h6;

Xrom[4] = 4'hb;

存储器赋值的另一种方法是使用系统任务：

(1) $readmemb(加载二进制值)

(2) $readmemh(加载十六进制值)

这些系统任务从指定的文本文件中读取数据并加载到存储器。文本文件必须包含相应的二进制或者十六进制数。例如：

reg [1:4] RomB [7:1];

$readmemb ("ram.txt", RomB);

Romb 是存储器。文件"ram.txt"必须包含二进制值。文件也可以包含空白空间和注释。例如：

$readmemb ("ram.txt", RomB, 6); //从地址 6 开始，并且持续到 1。

$readmemb ("ram.txt, RomB, 6, 4); //从地址 6 读到地址 4。

2. integer 寄存器类型

integer 是整数寄存器，也是 Verilog HDL 中最常用的变量类型，常用于对循环控制变量的说明，典型应用为高层次行为建模。这种寄存器中存储在算术运算中被视为二进制补码形式的有符号整数值。integer 既可以定义单个寄存器，也可以用来定义一个寄存器组。整数寄存器中最少可以容纳 32 位的数，整数寄存器可以作为普通寄存器使用，与 32 位的寄存器型数据在实际意义上相同，只是寄存器型数据被当作无符号数处理。

整数型说明的形式如下：

integer integer1, integer2,..., intergerN [msb:1sb];

msb 和 lsb 是定义整数数组界限的常量表达式，数组界限的定义是可选的。注意容

许无位界限的情况。一个整数最少容纳 32 位,但是具体实现可提供更多的位。下面是整数说明的实例:

  integer A, B, C; //三个整数型寄存器。

  integer Hist [3:6]; //一组四个寄存器。

  整数不能作为位向量访问。例如,对于上面的整数 B 的说明,B[6]和 B[20:10]是非法的。一种截取位值的方法是将整数赋值给一般的 reg 类型变量,然后从中选取相应的位,如下所示:

  reg [31:0] Breg;

  integer Bint;

  ...

  //Bint[6]和 Bint[20:10]是不允许的。

  ...

  Breg = Bint; /*现在,Breg[6]和 Breg[20:10]是允许的,并且从整数 Bint 获取相应的位值。*/

  上例说明了如何通过简单的赋值将整数转换为位向量。类型转换自动完成,不必使用特定的函数。从位向量到整数的转换也可以通过赋值完成。例如:

  integer J;

  reg [3:0] Bcq;

  J = 6; //J 的值为 32'b0000...00110。

  Bcq = J; //Bcq 的值为 4'b0110。

  Bcq = 4'b0101;

  J = Bcq; //J 的值为 32'b0000...00101。

  J = -6; //J 的值为 32'b1111...11010。

  Bcq = J; //Bcq 的值为 4'b1010。

  注意赋值总是从最右端的位向最左边的位进行,任何多余的位被截断。如果你能够回忆起整数是作为 2 的补码位向量表示的,就很容易理解类型转换。

3. time 寄存器类型

  time 类型寄存器用于存储和处理时间,通常用在系统函数 $time 中。其声明形式如下:

  time time_id1, time_id2,...,time_idN[msb:lsb];

  msb lsb 是规定范围界限的常量,这个范围将决定寄存器内能存储时间值的个数,如果未定义界限,默认值为 1,那么每个寄存器只能存储一个至少 64 位的时间值。time 类型的寄存器只存储无符号数。例如:

  time Events [0:31]; //时间值数组。

  time CurrTime; //CurrTime 存储一个时间值。

4. real 和 realtime 寄存器类型

real(实数型寄存器)和 realtime(实数型时间寄存器)一般用于在测试模块中存储仿真时间,二者声明形式完全相同。real 变量的缺省值为 0,当将值 x 和 z 赋给 real 型寄存器时,这些值被当作 0。

实数寄存器(或实数时间寄存器)使用如下方式说明:

实数说明:

real real_reg1, real_reg2, ..., real_regN;

实数时间说明:

realtime realtime_reg1, realtime_reg2, ... ,realtime_regN;

realtime 与 real 类型完全相同。例如:

real Swing, Top;

realtime CurrTime;

real 说明的变量的缺省值为 0。不允许对 real 声明值域、位界限或字节界限。

当将值 x 和 z 赋予 real 类型寄存器时,这些值作 0 处理。例如:

real RamCnt;

RamCnt = 'b01x1Z;

RamCnt 在赋值后的值为'b01010。

5.5 运算符

5.5.1 操作数

操作数即运算对象,位于运算符左右两侧。操作数有以下 8 种类型:常数、参数、线网、寄存器、位选择、部分选择、存储器单元、函数调用。

1. 常数

表达式中经常出现常数,一般是做运算或赋值。表达式中的整数值可以是有符号数或无符号数。如果表达式中的整数形式是十进制整数,就会被当作有符号数;如果整数形式是基数型整数,那么该整数会被当作无符号数对待。

下面举例说明:

12 是 01100 的 5 位向量形式(有符号);

−12 是 10100 的 5 位向量形式(有符号二进制补码);

5'b01100 是十进制数 12(无符号);

5'b10100 是十进制数 20(无符号);

4'd12 是十进制数 12(无符号);

更为重要的是对基数表示(即采用进制格式表示)或非基数表示的负整数处理方式不同。非基数表示形式的负整数作为有符号数处理,而基数表示形式的负整数作为无符号数。

2. 参数

参数类似于常量,表达式中出现的参数都作为常数对待。参数是用某标识符代表某个数字的,所以定义它时要给它赋值。

下面是参数说明实例:

parameter LOAD = 4'd12, STORE = 4'd10;

LOAD 和 STORE 为参数的例子,值分别被声明为 12 和 10。

3. 线网

可在表达式中使用标量线网(1 位)和向量线网(多位)。下面是线网说明实例:

wire [0:3] Prt; //Prt 为 4 位向量线网;

wire Bdq; //Bbq 是标量线网;

线网中的值被解释为无符号数。在连续赋值语句中,

assign Prt = -3;

Prt 被赋予位向量 1101,实际上为十进制的 13。在下面的连续赋值中,

assign Prt = 4'HA;

Prt 被赋予位向量 1010,即为十进制的 10。

4. 寄存器

寄存器是在表达式中出现次数最多的操作数,许多程序语句都是通过对寄存器中存储的值进行转换和传输实现设计目的的。注意:整型寄存器中的值被视为有符号的二进制补码数;实数和实数时间类型寄存器中的值被视为有符号浮点数;而 reg 寄存器或时间寄存器中的值被视为无符号数。

标量和向量寄存器可在表达式中使用。寄存器变量使用寄存器声明进行说明。例如:

integer TemA, TemB;

reg [1:5] State;

time Que [1:5];

整型寄存器中的值被解释为有符号的二进制补码数,而 reg 寄存器或时间寄存器中的值被解释为无符号数。实数和实数时间类型寄存器中的值被解释为有符号浮点数。例如:

TemA = -10; //TemA 值为位向量 10110,是 10 的二进制补码;

TemA = 'b1011; //TemA 值为十进制数 11;

State = -10; //State 值为位向量 10110,即十进制数 22;

State = 'b1011; //State 值为位向量 01011,是十进制值 11。

5. 位选择

位选择从向量中抽取特定的位。其形式如下:

net_or_reg_vector [bit_select_expr]

下面是表达式中应用位选择的例子：

State [1] && State [4] //寄存器位选择；

Prt [0] | Bbq //线网位选择；

如果选择表达式的值为 x、z,或越界,则位选择的值为 x。例如 State [x]值为 x。

6. 部分选择

在部分选择中,向量的连续序列被选择。其形式如下：

net_or_reg_vector [msb_const_expr:1sb_const_expr]

其中范围表达式必须为常数表达式。例如：

State [1:4]; //寄存器部分选择；

Prt [1:3]; //线网部分选择；

选择范围越界或为 x、z 时,部分选择的值为 x。

7. 存储器单元

存储器建模是使用 reg 声明寄存器组,不能在一条语句内就完成对存储器内所有寄存器单元的赋值,必须对其中的存储单元进行赋值。其形式如下：

memory[word_address]

其中,memory 是存储器名,word_address 是要选择单元的编号。不允许对存储器单元做位选择或部分选择。例如：

reg [1:8] Ack, Dram [0:63];

...

Ack = Dram [60]; //存储器的第 60 个单元。

不允许对存储器变量值部分选择或位选择。例如,Dram [60] [2]是不允许的。Dram [60] [2:4]也是不允许的。

在存储器中读取一个位或部分选择一个字的方法如下：将存储器单元赋值给寄存器变量,然后对该寄存器变量采用部分选择或位选择操作。例如,Ack [2]和 Ack [2:4]是合法的表达式。

8. 函数调用

Verilog HDL 中的函数和 C 语言中的函数没什么大的区别,都用来实现某个计算过程或完成某个事件处理。函数可以被随意调用,函数调用也可以作为表达式中的操作数。调用的函数可以是系统函数(以字符 $开始)或用户定义的函数。

5.5.2 Verilog HDL 的运算符

有如下九种类型的运算符：算术运算符、关系运算符、相等运算符、逻辑运算符、按位运算符、归约运算符、移位运算符、条件运算符、连接和赋值运算符。具体如表 5-6 所示。

表 5-6　Verilog HDL 运算符列表

类　型	符　号	功能说明	类　型	符　号	功能说明
算术运算符 （双目运算符）	+ - * / %	二进制加 二进制减 二进制乘 二进制除 求模	关系运算符 （双目运算符）	> < >= <= == !=	大于 小于 大于或等于 小于或等于 等于 不等于
位运算符 （双目运算符）	~ & | ^ ^~或~^	按位取反 按位与 按位或 按位异或 按位同或	缩位运算符 （单目运算符）	& ~& | ~| ^ ^~或~^	缩位与 缩位与非 缩位或 缩位或非 缩位异或 缩位同或
逻辑运算符	! && ||	逻辑与 逻辑或 逻辑非	移位运算符 （双目运算符）	>> <<	右移 左移
位拼接运算符	{,} {{}}	将多个操作数拼接成一个操作数	条件运算符 （三目运算符）	?:	根据条件表达式是否成立，选择表达式

1. 算术运算符

算术运算符共有五个，其各自的符号与功能如表 5-6 所示。具体算术运算时需要注意以下几点：

(1) 整数除法截断所有小数部分。

(2) 模运算符求出与第一个操作数符号相同的余数，如-7/4 结果为-3。

(3) 如果算术运算符的操作数中出现 x 或 z，那么整个算术操作的运算结果为 x。

(4) 算术操作结果的长度。进行算术运算时，表达式中操作数的长度可能不一致，这时运算结果的长度由最长的操作数决定。在赋值语句中，算术运算符结果的长度由运算符左端的赋值目标长度决定。例如：

reg [0:3] Arc, Bar, Crt;

reg [0:5] Frx;

Arc = Bar + Crt;

Frx = Bar + Crt;

在第一个赋值中，加法操作的溢出部分被丢弃，而在第二个赋值中，任何溢出的为存储在位 Frx[1] 中。在较大的表达式中，中间结果的长度应取最大操作数的长度（在赋值时此规则也包括左端赋值目标）。

(5) 执行算术操作和赋值时,要注意哪些操作数是无符号数、哪些操作数是有符号数。无符号数存储在线网、一般寄存器和基数格式表示形式的整数中。有符号数存储在整数寄存器和十进制形式的整数中。

2. 关系运算符

关系运算符共有六个,其各自的符号与功能如表 5-6 所示。

关系运算符是对两个操作数进行比较。如果比较结果为真则结果为 1,如果比较结果为假则结果为 0,关系运算符多用与条件判断。如果操作数中有 x 或 z 出现,那么结果为 x。

3. 逻辑运算符

逻辑运算符共有三个,其各自的符号与功能如表 5-6 所示。

如果操作数是向量,那么非 0 向量被当作逻辑 1 进行运算。

4. 位运算符

位运算符共有五个,其各自的符号与功能如表 5-6 所示。位运算符是对操作数按位进行与、或、非等逻辑操作。

5. 缩位运算符

缩位运算符的操作数只有一个,并只产生一位结果。共有如下六种:

(1) &:缩位与,将操作数的各位进行与操作的结果。

(2) ~&:缩位与非,与缩位与相反。

(3) |:缩位或,将操作数的各位进行或操作的结果。

(4) ~|:缩位或非,将操作数的各位进行或非操作的结果。

(5) ^:缩位异或,某个位有 x 或 z,结果为 x,操作数有偶数个 1,那么结果为 0;否则为 1。

(6) ^~ 或 ~^:缩位同或,某个位有 x 或 z,结果为 x,操作数有奇数个 1,那么结果为 0,否则为 1。

6. 移位运算符

移位运算符共有两个,其各自的符号与功能如表 5-6 所示。例如:

Data = Data << 4;

表示 Data 左移 4 位,低 4 位填充 0。

7. 条件运算符

条件运算符是根据条件表达式的值来选择执行表达式,形式如下:

cond_expr? expr1:expr2

其中,con_expr 是条件表达式,它的结果是真或假,expr1 和 expr2 是待选的执行表达式。con_expr 为真,选择执行 expr1,否则选择执行 expr2。如果 con_expr 为 x 或 z,两个都要计算,然后对计算结果按位运算,某一位都为 1,则结果为 1,都为 0,结果为 0,否则为 x。

8. 位拼接运算符

位拼接运算符是把位于大括号{ }中的两个或以上用","分隔的小表达式按位连接

在一起,形成一个大表达式。例如:

(1) {a,b[3:0],w,3'b101}也可以写成为{a,b[3],b[2],b[1],b[0],w,1'b1,1'b0,1'b1}

(2) {4{w}},这等同于{w,w,w,w}。

5.6 赋值语句

5.6.1 连续赋值语句

连续赋值语句(assign 语句)主要用于对 wire 型变量的赋值,因为 wire(线型)的值不能存住,需要一直给值,所以需要用连续赋值。例如:assign c=a+b;只要 a 和 b 有任意变化,都可以立即反映到 c 上,也就是说 c 的值是根据 a,b 的值随时变化的。连续赋值语句用于把值赋给线网,关键词是 assign,格式如下:

assign LHS_target = RHS_expression;

其中 LHS_target 是目标线网,RHS_expression 是赋值操作表达式。例如:

wire[3:0]z, preset, clear;

assign z = preset & clear;

连续赋值语句的执行过程是这样的:只要等号右边的操作数上有事件发生时,右端表达式即被计算,如果结果有变化,新结果就赋给等号左端的线网。

连续赋值语句的赋值目标可以是:

(1) 标量线网;

(2) 向量线网;

(3) 向量的常数型位选择;

(4) 向量的常数型部分选择;

(5) 上述类型的任意连接结果(使用位拼接运算符)。

连续赋值语句的执行顺序与其书写顺序无关,只要等号右端的操作数的值有变化就执行。可以认为在连续赋值语句建模的过程中,等号右端操作数上的数据是始终处于被监控状态的,一旦这些数据发生变化就会引起赋值语句的执行。这也正是连续赋值语句建模被称为数据流行为建模的原因所在。关键词"assign"引导的一条连续赋值语句,其赋值目标只能是线网,而且这种赋值行为没有任何附加的判断条件。通常,描述组合逻辑电路的行为最好使用连续赋值语句建模。

5.6.2 线网声明赋值

对线网的赋值并非必须要用到 assign。可以在声明线网时就对其赋值。例如:

wire[3:0] sum = 4'b0;

这种赋值方式与 assign 的效果完全相同。

5.6.3 过程赋值语句

过程赋值语句(always语句)主要用于reg型变量的赋值,因为always语句被执行是需要满足触发条件的,所以always过程块里面的内容不是每时每刻都被执行,因此需要将被赋值的对象定义成寄存器类型,以便这个值能被保持住。

过程赋值又分为阻塞赋值"="和非阻塞赋值"<="两种。这里的非阻塞赋值符号"<="与"小于等于"符号相同,它们在不同的语境下表示不同含义,要注意区分,例如在"if-else"等判断语句中,一般都表示为"小于等于"。

接下来对这两种赋值作具体讲解:

(1) 阻塞赋值"="。阻塞赋值和我们平时理解的赋值差不多,不用太多解释,就是按照语句的顺序,一句句往下顺序执行。一个赋值语句执行完,然后执行下一个赋值语句。"阻塞"是从阻塞过程赋值的工作过程中得来的。它先计算右侧表达式的值,然后赋值给等号左端目标,而且在完成整个赋值之前不能被其他语句打断。也就是说在某一条阻塞过程赋值语句正在执行时,处于其后的其他赋值语句都不能执行。

(2) 非阻塞赋值"<="。非阻塞赋值就比较特别了,在同一个always过程块中,非阻塞赋值语句都是同时并发执行的,并且在过程块结束时才执行赋值操作。也就是说,在同一个always过程块中,非阻塞赋值语句被执行没有先后顺序,在过程块结束时,大家一起被赋值。非阻塞过程赋值运算符是"<=",非阻塞过程赋值只能用于给寄存器赋值。之所以称为"非阻塞",是因为通常所说的赋值过程都包括两个子过程:

① 过程1,计算右侧表达式的值;
② 过程2,给左侧目标赋值。

对阻塞过程赋值而言,这两个子过程可以视为连续完成的,而且在完成赋值之前不允许其后的其他语句执行。而对于非阻塞赋值,所谓"在某个时刻完成赋值",其实是在这个时刻开始执行子过程1,在这个时刻结束时执行子过程2,这两个子过程之间有一个微小的时间间隔。在这个间隔期间,这条非阻塞赋值语句后面的其他的语句也可以执行。

看下面具体的例子:

Module test(clk,a1,a2,b1,b2,c1,c2); //test为module名称,括号内的是端口列表,包含所有输入输出的变量名称

Input clk,a1,a2; // 定义输入变量,这里没有定义位宽,默认为1位宽度

Output b1,b2,c1,c2; // 定义输出变量,这里没有定义位宽,默认为1位宽度

reg b1=0,b2=0,c1=0,c2=0; // 注意!因为这些变量将会在always过程块中被赋值,所以必须定义成reg型

// 注意!这里省略了对输入信号clk, a1, a2 的类型定义,它们默认为1位的wire型(因为输入信号是随时要变化的,所以必须用wire型)

```
always @ (posedge clk)    //always 用 clk 上升沿触发
    begin
        b1 = a1;          // 这里采用的是阻塞赋值
        c1 = b1;
    end
always @ (posedge clk)    //always 用 clk 上升沿触发
    begin
        b2 <= a2;         // 这里采用的是非阻塞赋值
        c2 <= b2;
    end
endmodule         //endmodule 别忘了,与 module 成对使用
```

5.7 结构说明语句

Verilog HDL-HDL 中任何语句模块都从属于以下四种结构的说明语句:
(1) initial 语句;
(2) always 语句;
(3) task 语句;
(4) function 语句。
关于各语句的具体使用,请参考后续相关章节。

5.8 条件语句

5.8.1 if-else 语句

if-else 语句的使用方法有以下三种。
(1) if(表达式)语句 1;
(2) if(表达式)语句 1;
    else 语句 2;
(3) if(表达式 1)语句 1;
    else if(表达式 2)语句 2;
    else if(表达式 3)语句 3;
    ...
    else if(表达式 n)语句 n;
    else 语句 $n+1$;
这三种方式中,"表达式"一般为逻辑表达式或关系表达式。系统对表达式的值进行

判断,若为 0,x,z,按"假"处理;若为 1,按"真"处理,执行指定语句。语句如果是多句时应用"begin-end"块语句括起来。对于 if 语句的嵌套,若不清楚 if 和 else 的匹配,最好用"begin-end"语句括起来。

对于 if 语句,如果某个分支内的过程语句多于一条,就应该把它们放在 begin-end 块内。这里的 begin-end 相当于 C 语言中的{ }。

5.8.2 case 语句

case 语句是多路条件分支形式,其语法如下:
case(case_expr)
    case_item_expr: procedural_statement;
    ...
    default: procedural_statement;
endcase

(1) case 语句首先对条件表达式 case_expr 求值,然后依次对各分支项求值并进行比较。

(2) 第一个与条件表达式值相匹配的分支中的语句被执行。

(3) 可以在一个分支中定义多个分支项;这些值不需要互斥。

(4) 缺省分支(default)覆盖所有没有被分支表达式覆盖的其他分支。

(5) 如果 case 表达式和分支项表达式的长度不同情况下,在进行任何比较前所有的 case 表达式都统一为这些表达式的最长长度。

(6) 在 casez 语句中,出现在 case 表达式和任意分支项表达式中的值 z 被认为是无关值,即那个位被忽略(不比较)。

(7) 在 casex 语句中,值 x 和 z 都被认为是无关位。
```
casex(Sel)
    4'b1???: Dbus[4] = 0;
    4'b01??: Dbus[3] = 0;
    4'b001?: Dbus[2] = 0;
    4'b0001: Dbus[1] = 0;
    defalut: Dbus = 4'hf;
endcase
```

注意:在比较条件表达式和分支表达式的值时,如果值的某些位出现了 x 或 z,那么这些 x 和 z 和 0、1 一样有意义,所以只要在两个值的相同位置出现 x 或 z,就认为这两个值相同。

(8) casex 和 casez。在 casez 语句中,出现在条件表达式和任意分支项表达式中的值 z 被认为是无关值,出现 z 的那个位在比较时被忽略。在 casex 语句中,值 x 和 z

都被认为是无关位。所谓无关位即在比较时可以忽略的位,只要其他的位相匹配即可。

条件语句的优先级:

case 语句和 if-else 嵌套描述结构有很大的区别。在 Verilog HDL 语法中,if-else 语句是有优先级的;

一般来说第一个 if 的优先级最高,最后一个 else 的优先级最低;

case 语句是"平行"的结构,所有的 case 的条件和执行都没有"优先级";

建立优先级结构会消耗大量的组合逻辑,所以如果能够使用 case 语句的地方,尽量用 case 替换 if-else 结构。

5.9 循环语句

5.9.1 forever 循环语句

forever 是个永远循环执行的语句,不需要声明任何变量,其语法格式如下:

forever

procedural_statement

其中,procedural_statement 是过程语句,若过程语句多于一条,则应该放在 begin-end 块内。注意:forever 语句中必须有某种形式的时序控制,否则 forever 会在 0 时延后永远重复执行过程语句。forever 的最主要用途是产生周期性的波形作为仿真测试信号。

5.9.2 repeat 循环语句

repeat 循环是个重复执行若干次数的语句,带有一个控制循环次数的常量或者变量,其语法格式如下:

repeat(loop_count)

procedural_statement

其中 loop_count 是控制循环次数的常数或变量;如果控制循环次数的常数或变量的值不确定(为 x 或 z)时,那么循环次数按 0 处理。例如:

Sum = repeat(Count) @ (posedge Clk) Sum + 1;   //首先计算出 Sum+1 的值,然后等待 Clk 上升沿,最后为左端赋值

repeat(4) @(negedge Clockz);   //等待 Clockz 上出现 4 次下降沿之后,才能继续执行 repeat 之后的语句

5.9.3 while 循环语句

while 语句连续执行过程赋值语句,直到不满足指定的条件。

while 循环语句语法格式如下:

```
while(condition)
    procedural_statement;
```
如果表达式在开始时为假,那么过程语句便永远不会执行。如果条件表达式为 x 或 z,它也同样按 0(假)处理。例如:
```
while (BY > 0 )
    begin
        Acc = Acc << 1;
        BY = BY - 1;
    end
```

5.9.4 for 循环语句

一个 for 循环语句按照指定的次数重复执行过程赋值语句若干次。

for 循环语句的语法格式如下:
```
for(initial_assignment  condition  step_assign)
    procedural_statement
```
初始赋值 initial_assignment 给出循环变量的初始值。condition 条件表达式指定循环条件;step_assign 给出要修改的赋值,通常为增加或减少循环变量计数。例如:
```
integer  K;
for(K = 0   K<7   K = K + 1)
    begin
        if(Abus[K] = = 0)
            Abus[K] = 1;
        else if(Abus[K] = = 1)
            Abus[K] = 0;
        else
            $display("Abus[K] is an x or a z");
    end
```

5.10 块语句

块语句通常用来将两条或多条语句组合在一起,用块标志 begin-end 或 fork-join 界定的一组语句。当块语句只包含一条语句时,块标志可以缺省。

5.10.1 顺序语句块

顺序块 begin-end 语法格式如下:

```
begin
    语句 1;
        语句 2;
        …
    语句 n;
end
```

begin-end 顺序块中的语句按串行方式顺序执行，即只有上一条语句执行完成后才执行下面的语句。全部语句执行完后才跳出该语句块。例如：

```
begin
    regb = rega;
    regc = regb;
end
```

第一条语句先执行 regb＝rega;然后流程转到执行第二条语句 regc＝regb;因为这两条语句之间没有任何时间延迟，所以 regc 的值实际就是 rega 的值。当然我们也可在语句之间控制延迟时间，例如下面就是利用延迟时间产生波形。

```
parameter d = 200      //声明 d 为延迟参数,延迟 200 个时间单位
reg[7:0] r;            //声明 r 为 8 位的寄存器变量
begin                  //由系列延迟产生波形
    #d r = 'h50;
    #d r = 'hE1;
    #d r = 'h00;
    #d r = 'hFF;
    #d ->end_wave;
end
```

5.10.2 并行语句块

并行语句块是用 fork-join 封装的一段程序，和 begin-end 不同的是，并行语句块中的语句彼此之间都是并行执行的，和书写顺序无关。

并行块语法格式如下：

```
fork
    语句 1;
    语句 2;
        …
    语句 n;
join
```

并行块 fork-join 中的所有语句是并发执行的。例如：
fork
  regb = rega;
  regc = regb;
join

由于 fork-join 并行块中的语句是并发执行的，在上面的 regb=rega;语句执行完成后，regb 更新为 rega 的值，而 regc 的值更新为没有改变前的 regb 值，regb 与 rega 的值是不同的。

在 Verilog HDL 中，还可以给每个块取一个名字，只需将名字加在关键词 begin 或 fork 后面即可(例如：begin test)。这样做，可以在块内定义局部变量，也允许块被其他语句调用，如被 disable 语句调用。

5.11 结构语句

在 Verilog HDL 顺序行为描述中，有两个必然出现的结构语句：initial 语句和 always 语句。initial 和 always 都不仅仅是单独的一条语句，它们引导一个"过程"或者说一个"结构"，跟在 initial 和 always 之后的都是一段程序，所有其他顺序行为语句都必须包含在这段程序中。可以说，initial 和 always 的出现是顺序行为描述的开始。

作为顺序行为建模的两条基本语句，initial 和 always 存在一些共同的特点：

(1) 所有的 initial 和 always 语句都是在时刻 0(仿真刚开始)开始执行；

(2) initial 和 always 之后都跟随着一段程序，这段程序会被封装成一个"程序块"，可以用 begin-end(顺序语句块)封装，也可以用 fork-join(并行语句块)封装。

(3) 一个模块中可以包含任意多个 initial 或 always 语句，这些 initial 和 always 语句彼此之间都是并行执行的，即这些语句的执行顺序与其在模块中的书写顺序无关。

5.11.1 initial 语句

initial 语句只执行一次，并且在仿真开始时(时刻 0)就执行。如果 initial 之后要跟多条过程语句，就要把这些语句封装为"程序块"。顺序语句块(begin-end)是最常使用的封装结构，在 begin 和 end 之间的过程语句是按书写顺序依次执行的。initial 语句主要用于仿真初始化，并且在仿真开始时便执行，而且只执行一次。

initial 语句的语法格式如下：

initial
  begin
    ...
  end

下面是一个带有顺序语句块的 initial 语句程序片段：

```
parameter SIZE = 1024;
reg[7:0] RAM [0:SIZE - 1];
reg RibReg;
initial
    begin: SEQ_BLK_A
        integer Index;
        RibReg = 0;
        for (Index = 0; Index < SIZE; Index = Index + 1)
        RAM[Index] = 0;
    end
```

initial 语句的作用是在执行时将存储器 RAM 的所有存储单元初始化为 0。程序中 begin 之后的标识符"SEQ _BLK_A"是顺序语句块的名称，但并不是所有的语句块都要求有名称。在上面这段过程语句中因为出现了局部变量 Index，所以要求这个程序块必须有名称标记。

又例如：

```
module stimulus;
    reg x,y, a,b, m;
    initial
        m = 1'b0;
    initial
        begin
            #15   a = 1'b1;
            #25   b = 1'b0;
        end
    initial
        begin
            #20 x = 1'b0;
            #25 y = 1'b1;
        end
    initial
        #50 $finish;
endmodule
```

5.11.2 always 语句

always 语句和 initial 语句一样，也从时刻 0 开始执行。不同的是，initial 语句在整个仿真过程中只执行一次，而在 always 语句中，只要满足其规定的条件(时序控制中定义的

条件),always 语句就执行,如果在整个访问过程中多次满足这个条件,always 就会被多次执行。其语法格式如下:

 always @(事件控制表达式)
  begin
   块内局部变量的定义;
   过程赋值语句;
  end

这里,"事件控制表达式"也称敏感事件表,即等到确定的事件发生或某一特定的条件变为"真",它是执行后面过程赋值语句的条件。"过程赋值语句"左边的变量必须定义成寄存器数据类型,右边的变量可以是任意数据类型。begin 和 end 将多条过程赋值语句包含起来,组成一个顺序语句块,块内的语句按照排列的顺序依次执行,最后一条语句执行完后,执行挂起,然后 always 语句处于等待状态,等待下一事件的发生。当 begin 和 end 之间只有一条语句,且没有定义局部变量时,关键词 begin 和 end 可以被省略。

事件控制分为边沿触发事件控制和电平敏感事件控制。

1) 边沿触发事件控制

格式如下:

@ 事件声明

例如:

@(posedge clock)

posedge 表示上升沿(正沿);nededge 表示下降沿(负沿)。

也可以两个边沿触发事件同时使用。例如:

always @(posedge clk or negedge reset)

注:正沿包括:$0 \to x$、$0 \to z$、$0 \to 1$、$x \to 1$、$z \to 1$

  负沿包括:$1 \to x$、$1 \to z$、$1 \to 0$、$x \to 0$、$z \to 0$

2) 电平敏感事件控制

在电平敏感事件控制中,只要敏感变量发生变化,就执行后面的语句。例如:

always @(a or b or c)

sum = a + b + c;

"always"块既可用于描述组合逻辑也可描述时序逻辑。如果用 Verilog HDL 模块实现一定的功能,首先应该清楚哪些是同时发生的,哪些是顺序发生的。然而,在"always"模块内,逻辑是按照指定的顺序执行的。"always"块中的语句称为"顺序语句",因为它们是顺序执行的。请注意,两个或更多的"always"模块也是同时执行的,但是模块内部的语句是顺序执行的。

always 块的语法原则如下:

(1) 每个 always 块只能有一个事件控制"@(event-expression)",而且要紧跟在

always 关键词后面。

(2) always 块可以表示时序逻辑或者组合逻辑,也可以用 always 块既表示电平敏感的透明锁存器又同时表示组合逻辑。但是不推荐使用这种描述方法,因为这容易产生错误和多余的电平敏感的透明锁存器。

(3) 带有 posedge 或 negedge 关键词的事件表达式表示边沿触发的时序逻辑,没有 posedge 或 negedge 关键词的表示组合逻辑或电平敏感的锁存器,或者两种都表示。在表示时序和组合逻辑的事件控制表达式中如有多个边沿和多个电平,其间必须用关键词"or"连接。

(4) 每个表示时序 always 块只能由一个时钟跳变沿触发,置位或复位最好也由该时钟跳变沿触发。

(5) 每个在 always 块中赋值的信号都必须定义成 reg 型或整型。整型变量缺省为 32 bit,使用 Verilog HDL 操作符可对其进行二进制求补的算术运算。综合器还支持整型量的范围说明,这样就允许产生不是 32 位的整型量。其句法结构如下:

integer[⟨msb⟩:⟨lsb⟩]⟨identifier⟩

(6) always 块中应该避免组合反馈回路。每次执行 always 块时,在生成组合逻辑的 always 块中赋值的所有信号必需都有明确的值;否则,需要设计者在设计中加入电平敏感的锁存器来保持赋值前的最后一个值,只有这样综合器才能正常生成电路。如果不这样做综合器会发出警告提示设计中插入了锁存器。如果在设计中存在综合器认为不是电平敏感锁存器的组合回路时,综合器会发出错误信息(例如设计中有异步状态机时)。

上面这一段不太好理解,让我们再解释一下,这也就是说,用 always 块设计纯组合逻辑电路时,在生成组合逻辑的 always 块中参与赋值的所有信号都必须有明确的值[即在赋值表达式右端参与赋值的信号都必须在 always@(敏感电平列表)中列出],如果在赋值表达式右端引用了敏感电平列表中没有列出的信号,那么在综合时,将会为该没有列出信号隐含地产生一个透明锁存器,这是因为该信号的变化不会立刻引起所赋值的变化,而必须等到敏感电平列表中某一个信号变化时,它的作用才显现出来,也就是相当于存在着一个透明锁存器把该信号的变化暂存起来,待敏感电平列表中某一个信号变化时再起作用,纯组合逻辑电路不可能做到这一点。这样,综合后所得电路已经不是纯组合逻辑电路了,这时综合器会发出警告提示设计中插入了锁存器。例如:

```
input a,b,c;
reg e,d;
always @(a or b or c)
    begin
        e=d&a&b;    /* 因为 d 没有在敏感电平列表中,所以 d 变化时,e 不能立
                       刻变化,要等到 a 或 b 或 c 变化时才体现出来,这就是说
                       实际上相当于存在一个电平敏感的透明锁存器在起作
                       用,把 d 信号的变化锁存其中 */
```

```
        d = e | c;
    end
```

边沿触发的 always 块常常描述时序逻辑,如果符合可综合风格要求可用综合工具自动转换为表示时序逻辑的寄存器组和门级逻辑;而电平触发的 always 块常常用来描述组合逻辑和带锁存器的组合逻辑,如果符合可综合风格要求可转换为表示组合逻辑的门级逻辑或带锁存器的组合逻辑。一个模块中可以有多个 always 块,它们都是并行运行的。

一个模块可以既包含 initial 语句也包含 always 语句,而且可以包含多条 initial 语句和 always 语句,所有 initial 语句和 always 语句都是在时刻 0 开始执行。

5.12 系统任务

在 Verilog HDL 中,用户可以定义任务和函数,而且它还内置了一些系统任务和系统函数用于实现某些特定的操作。

5.12.1 任务

任务就是一段封装在"task-endtask"之间的程序。任务是通过调用来执行的,而且只有在调用时才执行,如果定义了任务,但是在整个过程中都没有调用它,那么这个任务是不会执行的。调用某个任务时可能需要它处理某些数据并返回操作结果,所以任务应当有接收数据的输入端和返回数据的输出端。一个任务就像一个过程,通过调用任务可以在程序的不同位置执行共同的代码段。任务也能调用其他任务和函数。任务可以没有或有一个或多个参数,值通过参数传入和传出任务。

注意:任务是不可综合的,它只能用于仿真。

5.12.2 任务定义

任务定义的形式如下:
```
task task_id
    [declaration]
    procedural_statement;
    …
endtask
```

其中,task_id 是任务名;可选项 declaration 是端口声明语句和变量声明语句,任务接收输入值和返回输出值就是通过此处声明的端口进行的;procedural_statement 是一段用来完成这个任务操作的过程语句,如果过程语句多于一条,应将其放在语句块内。

5.12.3 任务调用

任务调用语句可以在 initial 语句和 always 语句中使用,其语法格式如下:
task_id[(expr1, expr2, ..., exprN)];

task_id 是要调用的任务名,expr1, expr2, ..., exprN 是参数列表。

参数列表给出传入任务的数据(进入任务的输入端)和接收返回结果的变量(从任务的输出端接收返回结果),任务调用语句中参数列表的顺序必须与任务定义中的端口声明顺序相同。任务调用语句是过程性语句,所以任务调用中接收返回数据的变量必须是寄存器类型。来看下例:

```
module  Has_Task;
    parameter MAXBITS = 8;
    task  Reverse_Bits;
        input [MAXBITS-1:0] Din;
        output [MAXBITS-1:0] Dout;
        integer K;
        begin
            for(K = 0; K<MAXBITS; K = K + 1)
            Dout[MAXBITS-K] = Din[K];
        end
    endtask
endmodule
```

下面调用 Reverse_Bits 的代码:

reg[MAXBITS-1:0] Reg_X, New_Reg;

Reverse_Bits(Reg_X, New_Reg);

其中,Reg_X 的值作为输入数据送到任务的输入端 Din,任务的返回值从其输出端 Dout 输出并交给 New_Reg,在寄存器 new_reg 中得到返回值。

调用任务时,可以引用任务声明所在的模块内定义的任何变量。

任务内可以带有时序控制,如时延。但要注意,任务的输出值必须等到整个任务的全部语句都执行完之后才能返回。

5.13 函数语句

和任务一样,Verilog HDL 的函数也是一段可以完成特定操作的程序,这段程序处于关键词"function-endfunction"之间。函数与任务的不同之处在于:

(1) 函数只能返回一个值,而任务可以有多个返回值;

(2) 函数一经调用就必须立即执行,其内部不能包含任何时序控制,而任务内部可以有时序控制;

(3) 函数可以调用函数,但是不能调用任务,而任务既可以调用任务也可以调用函数;

(4) 函数至少有一个输入,而任务可以没有输入端。

5.13.1 函数定义

函数定义和任务定义一样,可以出现在模块内的任何位置,函数可以在程序中的一处或多处调用,提高了代码的可读性。

函数定义的语法格式如下:

function〈返回值的类型或范围〉(函数名);
　　〈端口说明语句〉
　　〈变量类型说明语句〉
　　begin
　　　　〈语句〉
　　end
endfunction

函数的目的是返回一个用于表达式的值。函数在其内部隐式地声明一个 reg 型变量,该 reg 型变量与函数同名并且取值范围相同。函数通过在函数定义中显式地对该寄存器赋值来返回函数值。对这一寄存器的赋值必须出现在函数定义中。〈返回值的类型和范围〉用于指定函数的取值范围,是可选项,若没有指定,默认缺省值为 1。例如:

```
module Function_Example;
    parameter MAXBITS = 8;
    function [MAXBITS-1:0] Reverse_Bits;
        input [MAXBITS-1:0] Din;
        integer K;
        begin
            for(K = 0; K<MAXBITS; K = K+1)
                Reverse_Bits[MAXBITS-K] = Din[K];
        end
    endfunction
endmodule
```

注意到没有,函数的定义中并没有声明输出,那么函数执行得到的结果如何返回呢?事实上,函数定义时,在函数内部已经隐性地声明了一个寄存器变量,该寄存器变量与函数名同名并且取值范围也相同。那么函数如何通过这个寄存器返回值?注意上例中的

"Rever_Bits[MAXBITS-K] = Din[K];"这条语句,就是通过这条语句把Din[K]的值赋给寄存器Reverse_Bits[MAXBITS-K],同时也实现了值的返回。

5.13.2 函数调用

表达式中可使用函数调用。函数调用可以是系统函数调用(以 $ 字符开始)或用户定义的函数调用。和任务一样,函数也是在被调用时才被执行的。调用函数的语句格式如下:

　　func_id(expr1, expr2, ..., exprN)

其中,func_id 是要调用的函数名,expr1, expr2, ..., exprN 是传递给函数的输入参数列表,该输入参数列表的顺序必须与函数定义时声明其输入的顺序相同。例如:

$time + SumOfEvents (A, B);
/* $time 是系统函数,并且 SumOfEvents 是在别处定义的用户自定义函数。 */
reg[MAXBITS-1:0] New_Reg, Reg_X;
New_Reg = Reverse_Bits(Reg_X);

与任务相似,在函数内部声明的所有寄存器都是静态的,当函数被调用时,这些寄存器的值不能被改变。

5.13.3 函数的使用规则

(1) 函数的定义不能包含有任何的时间控制语句,即任何用 # 或 @ 来标识的语句。
(2) 函数不能启动任务。
(3) 定义函数时至少要有一个输入参量。
(4) 在函数的定义中必须有一条赋值语句给函数中的一个内部变量赋以函数的结果值,该内部变量具有和函数名相同的名字。

5.13.4 task 和 function 的区别

task 和 function 说明语句分别用来定义任务和函数。利用任务和函数可以把一个很大的程序模块分解成许多较小的任务和函数,便于理解和调试程序。输入、输出和总线信号的值可以传入、传出任务和函数。任务和函数往往还是大的程序模块中在不同地点多次用到的相同的程序段。学会使用 task 和 function 语句可以简化程序的结构,使程序明白易懂,是编写较大型模块的基本功。

任务和函数有些不同,主要的不同有以下四点:
(1) 函数只能与主模块共用同一个仿真时间单位,而任务可以定义自己的仿真时间单位。
(2) 函数不能启动任务,而任务能启动其他任务和函数。
(3) 函数至少要有一个输入变量,而任务可以没有或有多个任何类型的变量。
(4) 函数返回一个值,而任务则不返回值。

函数的目的是通过返回一个值来响应输入信号的值。任务却能支持多种目的,能计算多个结果值,这些结果值只能通过被调用的任务的输出或总线端口送出。Verilog HDL 模块使用函数时是把它当作表达式中的操作符,这个操作的结果值就是这个函数的返回值。下面让我们用例子来说明。

例如,定义一任务或函数对一个 16 位的字进行操作让高字节与低字节互换,把它变为另一个字(假定这个任务或函数名为:switch_bytes)。

任务返回的新字是通过输出端口的变量,因此 16 位字字节互换任务的调用源码是这样的:

switch_bytes(old_word,new_word);

任务 switch_bytes 把输入 old_word 的字的高、低字节互换放入 new_word 端口输出,而函数返回的新字是通过函数本身的返回值,因此 16 位字字节互换函数的调用源码是这样的:

new_word = switch_bytes(old_word);

5.14 常用的系统任务和函数

Verilog HDL 提供了一些已经定义好的任务和函数,即系统任务和系统函数,通过直接调用这些系统任务或系统函数可以方便地完成某些操作。

以 $ 字符开始的标识符表示系统任务或系统函数。Verilog HDL 提供了一系列的系统功能调用,任务型的功能调用称为系统任务(system task),函数型的调用称为系统函数(system function)。系统任务提供了一种封装行为的机制。这种机制可在设计的不同部分被调用。任务可以返回 0 个或多个值。系统函数除只能返回一个值以外与任务相同。此外,函数在 0 时刻执行,即不允许延迟,而任务可以带有延迟。一般可以统称为系统函数。Verilog HDL 中的系统任务和系统函数是面向模拟的、嵌入到 Verilog HDLHdl 语句中的模拟系统功能调用。这一部分与相关的模拟器直接相关,不同的模拟器支持的系统函数可能会有所不同,但是大多数系统函数都是支持的。下面介绍最基本的、最常用的系统任务和系统函数。

系统任务和系统函数可以分成以下几类:

(1)输出控制类系统函数。模拟过程的状态信息以及模拟结果的输出都必须按一定的格式进行表示,Verilog HDL 所提供的输出控制类系统函数的目的就是完成对输出量的格式控制。属于这一类的有 $display, $write, $minitor 等。

(2)模拟时标类系统函数。Verilog HDL 中有一组与模拟时间定标相关的系统函数,比如 $time 和 $realtime 等。

(3)进程控制类系统任务。这一类系统任务用于对模拟进程控制,有 $finish, $stop 等。

(4)文件读写类系统任务。用于对数据文件读写方式控制,如 $readmem。

(5) 其他类：比如随机数产生系统函数 $random。

5.14.1 $display 和 $write

调用格式如下：

$display("格式控制输出和字符串",输出变量名表);

$write("格式控制输出和字符串",输出变量名表);

输出变量名表就是指要输出的变量，各变量之间用逗号相隔。格式控制输出内容包括需要输出的普通字符和对输出变量显示方式控制的格式说明符，格式说明符和变量需要一一对应。$display 和 $write 的区别是前者输出结束后自动换行，后者不会。

格式控制符用于对变量的格式进行控制，指定变量按照一定的格式输出，如表 5-7 所示。

表 5-7 格式控制符与输出格式

格 式 说 明 符	输 出 格 式
%h 或 %H	以十六进制的格式输出
%d 或 %D	以十进制的格式输出
%o 或 %O	以八进制的格式输出
%b 或 %B	以二进制的格式输出
%c 或 %C	以 ASCII 字符形式输出
%s 或 %S	以字符串方式输出
%v 或 %V	输出连线型数据的驱动强度
%t 或 %T	输出模拟系统所使用的时间单位
%m 或 %M	输出所在模块的分级名
%e 或 %E	将实型量以指数方式显示
%f 或 %F	将实型量以浮点方式显示
%g 或 %G	将实型量以上面两种中较短的方式显示

1. 控制字符"h、d、o、b"

控制字符"h、d、o、b"用于对整型量数据的输出控制。对于有位宽定义的量，输出的宽度将由位宽和输出的进制格式两方面决定。如果数据的前面有很多个 0 前导，可以在控制字符前加 0，比如%0b，这样一个数据为 0010 的就显示为 10。

通常情况每一个变量都需要一个控制字符对应，如果缺省，$display 函数将按十进制方式显示，$displayh 代表缺省态为十六进制，$displayo 代表缺省态为八进制，$displayb 代表缺省态为二进制。

在数据中，可能会有某些位是不定态 x 或者高阻态 z，如果用二进制方式显示，每一位都将显示出来；如果对于八进制或者十六进制，它们的一位相当于二进制的 3 位或者 4

位;如果这几位都是 x,则八、十六进制的相应位也为 x;如果这几位不全是 x 只是个别位是 x,则八、十六进制的相应位为 X。对于高阻 z 规则相同。但是对于十进制的表示时,由于没有相互对应的位,所以把十进制数当作一个整体对待,规则相同;如果全部为 x 或者 z,则十进制为 x 或者 z;如果部分为 x 或者 z,则十进制为 X 或者 Z;但是对于既有 x 又有 z 的时候,没有规定统一的标准。

2. 控制字符"c、s"

这两个控制字符把变量转化成字符或者字符串进行输出。对于%c(或者%C),如果变量的位宽大于 8 位,则只取最低 8 位,输出它的 ASCII 字符;如果变量低于 8 位,则高位补 0。对于%s(或者%S),如果变量位宽小于 8 位,则高位补 0 并输出它的 ASCII 字符;如果变量宽度大于 8 位,则从低位开始每 8 位输出对应的 ASCII 字符,一直到剩余高端部分全部为 0 时停止。

3. 控制字符"v"

这个控制字符只能用于 1 位宽的连线型变量,用于输出它的驱动强度。Verilog HDL 中定义了八级驱动强度,定义及缩写表示如表 5-8 所示。

表 5-8 驱动强度名称、缩写和等级

缩写符号	强度名称	强度等级
Su	Super drive	7
St	Strong driver	6
Pu	Pull driver	5
La	Large capacitor	4
We	Weak driver	3
Me	Medium driver	2
Sm	Small capacitor	1
Hi	High impedance	0

在信号的逻辑状态表示的时候,还有几个缩写形式,如表 5-9 所示。

表 5-9 信号逻辑状态表示时的缩写形式

0	逻辑 0
1	逻辑 1
x	不定态
z	高阻态
L	逻辑 0 或者高阻态
H	逻辑 1 或者高阻态

4. 控制字符"t、m"

这两个都不需要有相应的输出变量与之对应,因为它们反映的是模拟系统或者模块本身的信息。%t 给出了系统运行模拟程序所用的模拟时间以什么为单位。%m 给出当前所在模块的名称。需要说明的是,它显示的名称是分级名,也就是模块被调用时的调用名。另外,除了模块外,任务、函数、有名块,都构成一个新的层次并将在分级名中出现。

5. 控制字符"e、f、g"

这三个是专门为实型量的输出而设置的,对它们的定义完全和 C 语言中的相应定义相同。

5.14.2 系统任务 $monitor

监控任务将连续监控指定的参数,只要参数表中的参数发生变化,整个参数表就在当前仿真时刻结束时显示。监控任务有四种:

$monitor $monitorb $monitorh $monitoro

$monitor 监控任务执行时,将对信号 D、Clk 和 Q 进行监控。如果这三个参数中有任何一个的值发生变化,就显示所有参数的值。另外两个系统任务 $monitoroff 和 $monitoron 把监控任务关闭或开启。

和 $display 与 $write 一样,同属于输出控制类,它的调用形式可以有以下三种:

$monitor("格式控制输出和字符串",输出变量名表);

$monitoron;

$monitoroff;

以上第一种的格式和上面的 $display 完全一致,不同点是,$display 每调用一次执行一次,$monitor 则一旦被调用,就会随着对输出变量名表中的每一个变量检测,如果发现其中任何一个变量在模拟过程中发生了变化,就会按照 $monitor 中的格式,产生一次输出。

为了明确输出的信息究竟在模拟过程中的什么时刻产生的,通常情况下 $monitor 的输出中会用到一个系统函数 $time。例如:

$monitor($time,,"signal1 = %b   signal2 = %b",signal1,signal2);

注意在上面的语句中",,"代表一个空参数,空参数输出时显示为空格。

对 $time 的返回值也可以进行格式控制。例如:

$monitor ("%d   signal1 = %b   signal2 = %b", $time, signal1,signal2);

由于 $monitor 一旦被调用后就会启动一个后台进程,因而不可能在有循环性质的表达中出现,如 always 过程块或者其他高级程序循环语句,在实际应用中,$monitor 通常位于 initial 过程块的最开始处,保证从一开始就实时地检测所关心的变量的变化状态。

5.14.3 系统函数 $time 和 $realtime

$time 和 $realtime 属于模拟时标类系统函数,对这两个函数调用,将返回从模拟程序开始执行到被调用时刻的时间,不同之处在于 $time 返回的是 64 位整数,而 $realtime 返回的是一个实型数。例如:

```
`timescale 10ns /1ns
module time_demo;
reg    ar;
parameter delay = 1.6
initial
    begin
     $display ("time value");
     $monitor( $time,,,"var = %b",var);
     #delay var = 1;
     #delay var = 0;
     #1000    $finish;
    end
endmodule
```

显示结果如下:

time value
0   var = x
2   var = 1
3   var = 0

这个例子中,系统时间定标为 10 ns 为计时单位,所以 delay=1.6 实际代表的时间是 16 ns,按照上例中的时序描述,16 ns 之后变量赋值一次,再过 16 ns 即 32 ns 时再赋值一次,按理说,输出时间应该是 1.6 和 3.2,可是实际输出是 2 和 3,这是因为 $time 在返回时间变量时进行了四舍五入。

如果把上例中的 $time 换成 $realtime,则直接可以得到下面按照实型方式显示的检测结果,没有四舍五入误差的问题。

time value
0   var = x
1.6   var = 1
3.2   var = 0

5.14.4 系统任务 $finish 和 $stop

这两个系统任务用于控制模拟进程。
$finish 的调用方式如下:
$finish;

```
$finish(n);
```

它的作用就是中止仿真器的运行,结束仿真过程。可以带上一个参数,参数 n 只能取以下三个值:

0:不输出任何信息。

1:输出结束仿真的时间和模拟文件的位置。

2:在 1 的基础上增加对 CPU 时间、机器内存占用情况等统计结果的输出。

如果 $finish 不指明参数时,默认为 1。

$stop 的调用方式相同和 $finish 相同,参数也相同。不同的是,$stop 的作用只相当于一个 pause 的暂停语句,模拟程序在执行到 $stop 的时候,暂停下来,这时设计人员可以输入相应的命令,对模拟过程进行交互控制,比如用 force/release 语句,对某些信号实行强制性修改,在不退出仿真进程的前提下,进行模拟调试。

5.14.5 系统任务 $readmem

Verilog HDL 中针对文件的读写控制有许多相应的系统任务和系统函数,这里只介绍一下 $readmem,它的作用是把一个数据文件中的数据内容,读入到指定的存储器中,有两种调用方式:

```
$readmemb("文件名",存储器名,起始地址,结束地址);
$readmemh("文件名",存储器名,起始地址,结束地址);
```

这里,文件名是指数据文件的名字,必要的时候需要包括相应的路径名;存储器名是需要读入数据的存储器的名字,起始地址和结束地址是表明读取的数据从什么地方开始存放。如果缺省起始地址,则从存储器的第一个地址开始存放;如果缺省结束地址,则一直存放到存储器的最后一个地址为止。

$readmemb 和 $readmemh 区别在于对数据文件存放格式的不同,前者要求以二进制方式存放,后者要求以十六进制方式存放。

5.14.6 系统任务 $random

这个函数产生一个随机数,其调用格式为

```
$random  % b
```

其中,$b>0$,它将产生一个范围在 $(-b+1)$ 到 $(b-1)$ 之间的随机数。这样,模拟过程在需要时可以为测试模块提供随机脉冲序列。例如:

```
reg[7:0]   ran_num;
always      #(140 + ($random % 60)) ran_num = $random % 60
```

这样 ran_num 的值在 $-59 \sim +59$ 之间随机产生,且随机数产生的延时间隔在 $81 \sim 159$ 之间变化。

5.14.7 文件输入/输出任务

1. 文件的打开和关闭

系统函数 $fopen 可以打开一个文件,其形式如下:

integer file_pointer = $fopen(file_name);

$fopen 将返回关于文件 file_name 的整数(指针),并把它赋给整形变量 file_pointer。与之相应的是,系统函数 $fclose 可以通过文件指针关闭文件,其形式如下:

$fclose(file_pointer);

2. 输出到文件

显示、写入、探测和监控系统任务都有用于向文件输出信息的相应版本,可用于将信息写入文件。这些任务在使用时只需要增加一个参数即第一个参数,该参数都是文件指针(指示要把信息写入哪个文件)。

3. 从文件中读取数据

有两个系统任务能够用于从文本文件中读取数据并将数据加载到存储器,它们是:

- $readmemb   读取二进制格式数
- $readmemh   读取十六进制格式数

其语法形式是:

$readmemb("file_name", mem_name [,start_addr, finish_addr]);

还有一种方式可以把指定的数据放入指定的存储器地址单元内,就是在存放数据的文本文件内,给相应的数据规定其内存地址,其形式如下:

@address_in_hexadecimal data

5.15 编译预处理

和 C 语言相似,Verilog HDL 也有预处理指令,以"'"开始的某些标识符是编译器指令。在 Verilog HDL 语言编译时,特定的编译器指令在整个编译过程中有效(编译过程可跨越多个文件),直到遇到其他的不同编译程序指令。完整的标准编译器指令如下:

* 'define, 'undef
* 'ifdef, 'else, 'endif
* 'default_nettype
* 'include * 'resetall
* 'timescale
* 'unconnected_drive, 'nounconnected_drive
* 'celldefine, 'endcelldefine

5.15.1 `define 和 `undef

`define 指令用于文本替换,它很像 C 语言中的 #define 指令。例如:
`define MAX_BUS_SIZE 32
...
reg [`MAX_BUS_SIZE - 1:0] AddReg;

一旦`define 指令被编译,其在整个编译过程中都有效。例如,通过另一个文件中的`define 指令,MAX_BUS_SIZE 能被多个文件使用。

`undef 指令取消前面定义的宏。例如:
`define WORD 16 //建立一个文本宏替代。
...
wire [`WORD : 1] Bus;
...
`undef WORD
// 在`undef 编译指令后,WORD 的宏定义不再有效。

5.15.2 `ifdef、`else 和 `endif

这些编译指令用于条件编译,如下所示:
`ifdef WINDOWS parameter WORD_SIZE = 16
`else
parameter WORD_SIZE = 32
`endif

在编译过程中,如果已定义了名字为 WINDOWS 的文本宏,就选择第一种参数声明,否则选择第二种参数说明。

`else 程序指令对于`ifdef 指令是可选的。

5.15.3 `default_nettype

该指令指定隐式线网类型,也就是为那些没有被说明的连线定义线网类型。例如:
`default_nettype wand

该实例定义的缺省的线网为线与类型。因此,如果在此指令后面的任何模块中没有说明的连线,那么该线网被假定为线与类型。

5.15.4 `include

`include 编译器指令用于嵌入内嵌文件的内容。文件既可以用相对路径名定义,也可以用全路径名定义。例如:

```
'include "../../primitives.v"
```
编译时,这一行由文件"../../primitives.v"的内容替代。

5.15.5 'resetall

该编译器指令将所有的编译指令重新设置为缺省值。例如:

```
'resetall
```
该指令使得缺省连线类型为线网类型。

5.15.6 'timescale

在 Verilog HDL 模型中,所有时延都用单位时间表述。使用 'timescale 编译器指令将时间单位与实际时间相关联。该指令用于定义时延的单位和时延精度。'timescale 编译器指令格式:

```
'timescale time_unit / time_precision
```

time_unit 和 time_precision 由值 1、10 和 100 以及单位 s、ms、us、ns、ps 和 fs 组成。例如:

```
'timescale 1ns /100ps
```

表示时延单位为 1 ns,时延精度为 100 ps。'timescale 编译器指令在模块说明外部出现,并且影响后面所有的时延值。例如:

```
'timescale 1ns / 100ps
module AndFunc (Z, A, B);
output Z;
input A, B;
and # (5.22, 6.17 ) A1 (Z, A, B);   //规定了上升及下降时延值。
endmodule
```

编译器指令定义时延以 ns 为单位,并且时延精度为 1/10 ns(100 ps)。因此,时延值 5.22 对应 5.2 ns,时延 6.17 对应 6.2 ns。如果用如下的 'timescale 程序指令代替上例中的编译器指令:

```
'timescale 10ns /1ns
```

那么 5.22 对应 52 ns,6.17 对应 62 ns。

在编译过程中,'timescale 指令影响这一编译器指令后面所有模块中的时延值,直至遇到另一个 'timescale 指令或 'resetall 指令。当一个设计中的多个模块带有自身的 'timescale 编译器指令时将发生什么? 在这种情况下,模拟器总是定位在所有模块的最小时延精度上,并且所有时延都相应地换算为最小时延精度。例如:

```
'timescale 1ns / 100ps
module AndFunc (Z, A, B);
```

```
    output Z;
    input A, B;
    and # (5.22, 6.17 ) Al (Z, A, B);
endmodule


'timescale 10ns /1ns
    module TB;
    reg PutA, PutB;
    wire GetO;

    initial
    begin
    PutA = 0;
    PutB = 0;
    #6.21 PutB = 1;
    #12.4 PutA = 1;
    #15 PutB = 0;
    end
    AndFunc AF1(GetO, PutA, PutB);
    endmodule
```

在这个例子中,每个模块都有自身的'timescale 编译器指令。'timescale 编译器指令第一次应用于时延。因此,在第一个模块中,5.22 对应 5.2 ns,6.17 对应 6.2 ns;在第二个模块中 6.21 对应 62 ns,12.4 对应 124 ns,15 对应 150 ns。如果仿真模块 TB,设计中的所有模块最小时间精度为 100 ps。因此,所有延迟(特别是模块 TB 中的延迟)将换算成精度为 100 ps。延迟 62 ns 现在对应 620×100 ps,124 对应 1 240×100 ps,150 对应 1 500×100 ps。更重要的是,仿真使用 100 ps 为时间精度。如果仿真模块 AndFunc,由于模块 TB 不是模块 AddFunc 的子模块,模块 TB 中的'timescale 程序指令将不再有效。

5.15.7 'unconnected_drive 和 'nounconnected_drive

在模块实例化中,出现在这两个编译器指令间的任何未连接的输入端口或者为正偏电路状态或者为反偏电路状态。例如:

```
'unconnected_drive pull1
...
/*在这两个程序指令间的所有未连接的输入端口为正偏电路状态(连接到高电平)
*/'nounconnected_drive
```

```
`unconnected_drive pull0
...
/* 在这两个程序指令间的所有未连接的输入端口为反偏电路状态(连接到低电平)
*/ `nounconnected_drive
```

习 题

1. 下面的各个标识符是否合法?

    (1) system1　　　　(2) 1reg　　　　(3) $latch　　　　(4) exec$

2. 下面的各个字符串是否合法?如果非法,请写出正确答案。

    (1) "Thisisastringdisplayingthe%sign"

    (2) "out=in1+in2"

    (3) "Pleaseringabell\007"

    (4) "Thisisabackslash\character\n"

3. 在 Verilog 中,下列语句哪个不是分支语句?( )

    (A) if-else　　(B) case　　(C) casez　　(D) repeat 循环

4. 已知"a=1'b1;b=3'b001;"那么{a,b}=( )。

    (A) 4'b0011　　(B) 3'b001　　(C) 4'b1001　　(D) 3'b101

5. "a=4'b11001,b=4'bx110"选出正确的运算结果是( )。

    (A) a&b=0　　(B) a&&b=1　　(C) b&a=x　　(D) b&&a=x

6. 下列语句中,不属于并行语句的是( )。

    (A) 过程语句　　(B) assign 语句　　(C) 元件例化语句　　(D) case 语句

7. 简要说明仿真时阻塞赋值与非阻塞赋值的区别。

8. Reg 型和 wire 型信号有什么本质的区别?Reg 型信号的初始值一般是什么?

9. always 语句和 initial 语句的关键区别是什么?能否相互嵌套?

10. 声明下面的 Verilog 变量:

    (1) 一个名为 a_in 的 8 位向量线网;

    (2) 一个名为 address 的 32 位寄存器,第 31 位为最高有效位;将此寄存器的值设置为十进制数 3;

    (3) 一个名为 count 的整数;

    (4) 一个名为 snap_shot 的时间变量;

    (5) 一个名为 delays 的数组,该数组中包含 20 个 integer 类型的元素;

    (6) 含有 256 个字的存储器 MEM,每个字的字长为 64 位;

11. 在 Verilog 中定义了宏名`define sum a+b+c 下面宏名引用正确的是( )。

    (A) out='sum+d;　(B) out=sum+d;　(C) out=`sum+d;　(D) 都正确

第6章

Quartus II 功能及应用

* **学习要点**

(1) 了解 Quartus II 软件及其相关特点。

(2) 掌握 Quartus II 软件开发流程,其中包括设计输入、综合、布局布线、仿真、编译和配置、调试和系统级设计。

(3) 熟练使用 Quartus II 软件,包括创建 Quartus II 工程、编译、功能仿真、时序仿真以及器件的编程和配置。

(4) 掌握 Quartus II 软件常用辅助设计工具,如 I/O 分配、功率分析、RTL 阅读器、SignalProbe 及 SignalTap II 逻辑分析器、时序收敛平面布局规划器、Chip Editor 底层编辑器和工程更改管理(ECO)等。

6.1 Quartus II 软件简介及特点

Altera Quartus II 设计软件提供完整的多平台设计环境,能够直接满足特定设计需要,为可编程芯片系统(SOPC)提供全面的设计环境。Quartus II 软件包含有 FPGA 和 CPLD 设计所有阶段的解决方案。其操作界面如图 6-1 所示。

(1) 快捷工具栏:提供设置(setting)、编译(compile)等快捷方式,方便用户使用,用户也可以在菜单栏的下拉菜单找到相应的选项。

(2) 菜单栏:软件所有功能的控制选项都可以在其下拉菜单中找到。

(3) 编译及综合等操作的进度栏:编译和综合的时候该窗口可以显示进度,当显示 100% 是表示编译或者综合等操作通过并完成。

(4) 信息栏:编译或者综合整个过程的详细信息显示窗口,包括编译通过信息和报错信息。

6.2 Quartus II 软件开发流程

有关 Quartus II 设计流程的图示说明,请参见图 6-2。

数字电路应用

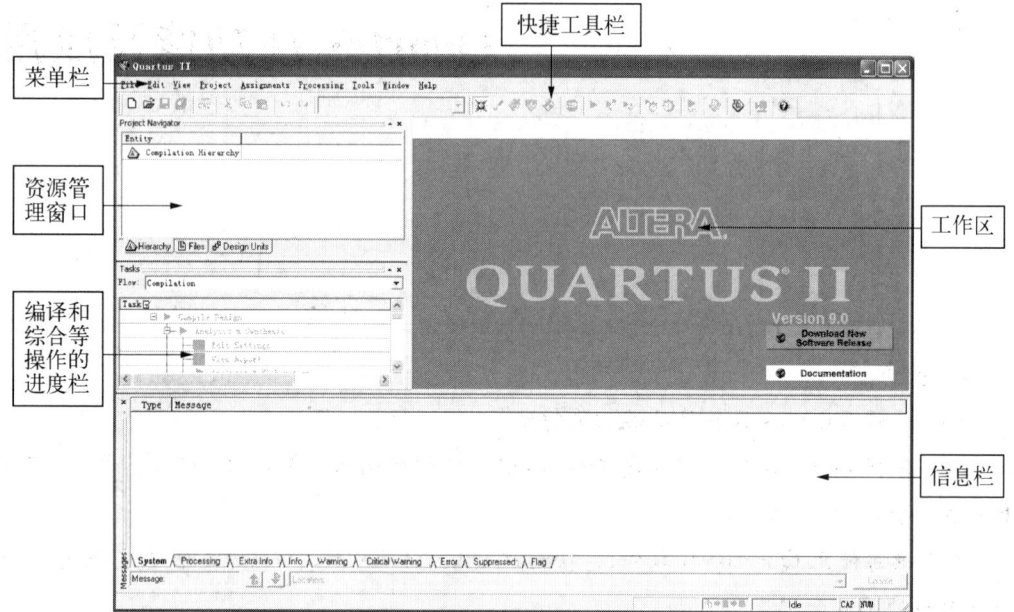

图 6-1 Quartus II 软件界面

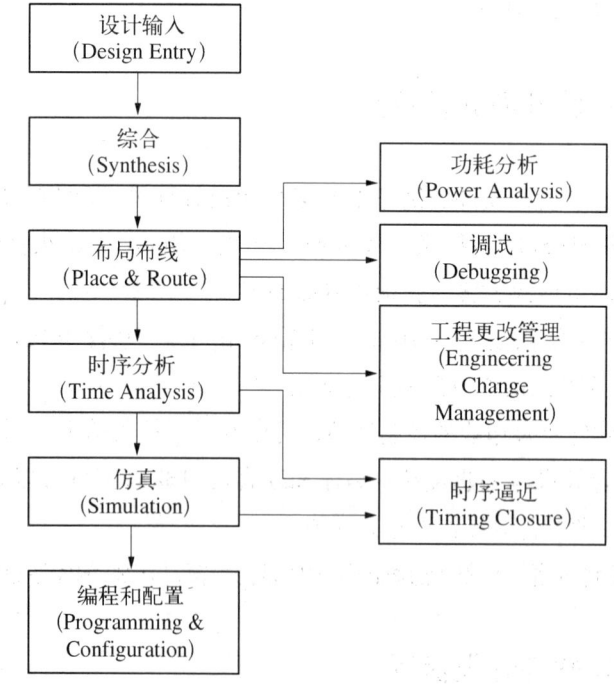

图 6-2 Quartus II 设计流程

6.2.1 设计输入

采用原理图或硬件描述语言(HDL),描述出输入和输出的逻辑关系,将整个原理图或程序输入到计算机中;将所设计的电路的逻辑功能按照开发系统要求的形式表达出来的过程称为设计输入。设计输入常用的输入方式有原理图输入方式、硬件描述语言输入方式和有限状态机输入方式等。

(1) 原理图输入方式,适用于对系统及各部分电路很熟悉的场合。

(2) 硬件描述语言输入方式,采用文本方式描述设计,硬件描述语言有 ABEL、AHDL、VHDL、Verilog 等,其中 VHDL 和 Verilog 已成为 IEEE 标准。

(3) 有限状态机输入方式,是时序电路设计中经常采用的一种设计方式。

6.2.2 综合

可以使用 Compiler 的 Quartus II Analysis & Synthesis 模块分析设计文件,建立工程数据库。Analysis & Synthesis 使用 Quartus II Integrated Synthesis 综合 Verilog(.v)或者 VHDL 设计文件(.vhd)。根据需要可以使用其他 EDA 综合工具综合 Verilog HDL 或 VHDL 设计文件,然后生成 Quartus II 软件使用的 EDIF 网表文件(.edf)或者 Verilog Quartus Mapping File(.vqm)。综合设计流程如图 6-3 所示。

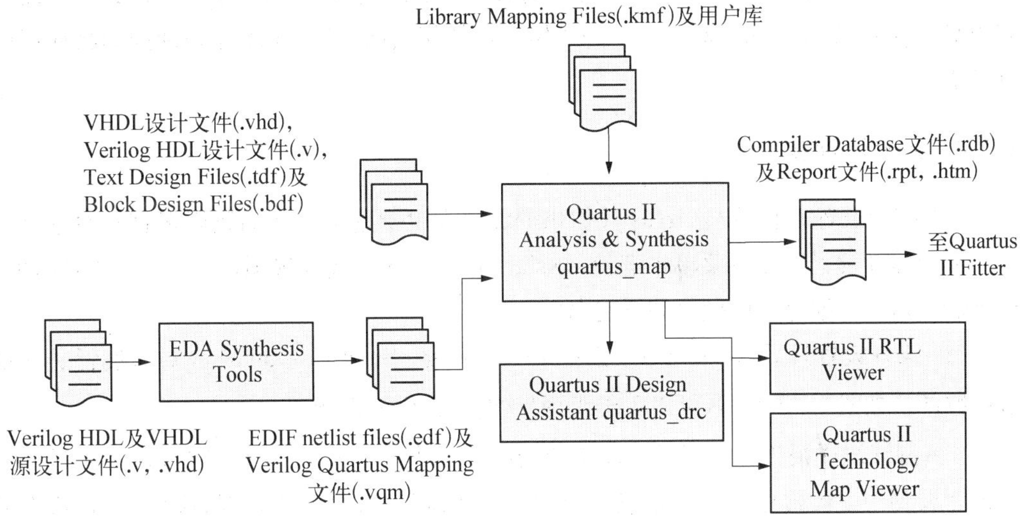

图 6-3 综合设计流程

6.2.3 布局布线

Quartus II Fitter 也称作 PowerFit™ Fitter,执行布局布线功能,在 Quartus II 软件中是指"fitting(适配)"。Fitter 使用由 Analysis & Synthesis 建立的数据库,将工程的逻辑和时序要求与器件的可用资源相匹配。它将每个逻辑功能分配给最佳逻辑单元位置,进行布线和时序分析,并选定相应的互连路径和引脚分配。图6-4所示为布局布线设计流程。

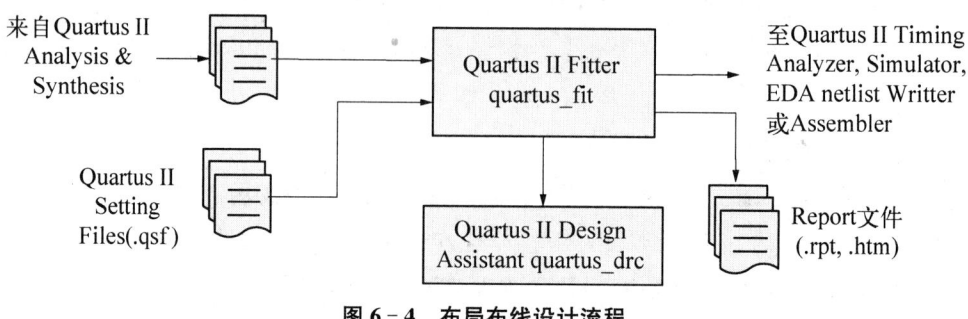

图6-4 布局布线设计流程

如果在设计中进行了资源分配,Fitter 试图将这些资源分配与器件上的资源相匹配,努力满足已设置的任何其他约束条件,然后试图优化设计中的其余逻辑。如果尚未对设计设置任何约束条件,Fitter 将自动优化设计。如果适配不成功,Fitter 会终止编译,并给出错误信息。

在 Assignments 菜单→Settings→Compilation Process Settings 页面中可以指定是使用正常编译还是智能编译。如果使用"智能"编译,Compiler 将建立详细的数据库,有助于今后的编译更快地运行,但可能会占用额外的磁盘空间。在智能编译之后的重新编译期间,Compiler 将评估自上次编译以来对当前设计所做的更改,然后只运行处理这些更改所需的 Compiler 模块。如果对设计中的逻辑进行任何改动,Compiler 在处理期间将使用所有模块。

6.2.4 编译和配置

(1) 编译设置。利用 Quartus II 提供的编译设置指南可以帮助我们很容易地进行一个项目的编译设置。在主菜单中选择 Assignments→Settings 选项,将弹出一个对话框,要求输入指定的编译实体模块和设定名字。

(2) 编译设置好后,在主菜单中选择 Processing→Start Compilation 对所设置的项目进行编译。如图6-5所示,可以单击编译器快捷方式按钮 ▶ 。

(3) 阅读编译报告。编译后自动生成的编译报告如图6-6所示,它包含了怎样将一个设计放到一个器件中的所有信息。有器件使用统计、编译设置情况、底层显示、器件资源利用率、状态机的实现、方程式、延时分析结果、CPU 使用资源。

(4) 器件配置。根据实际设计情况,对编译通过的工程进行器件和引脚的配置设定,为仿真和调试提供实际参考。

6.2.5 仿真

使用 EDA 仿真工具或 Quartus II Simulator 对设计进行功能与时序仿真。

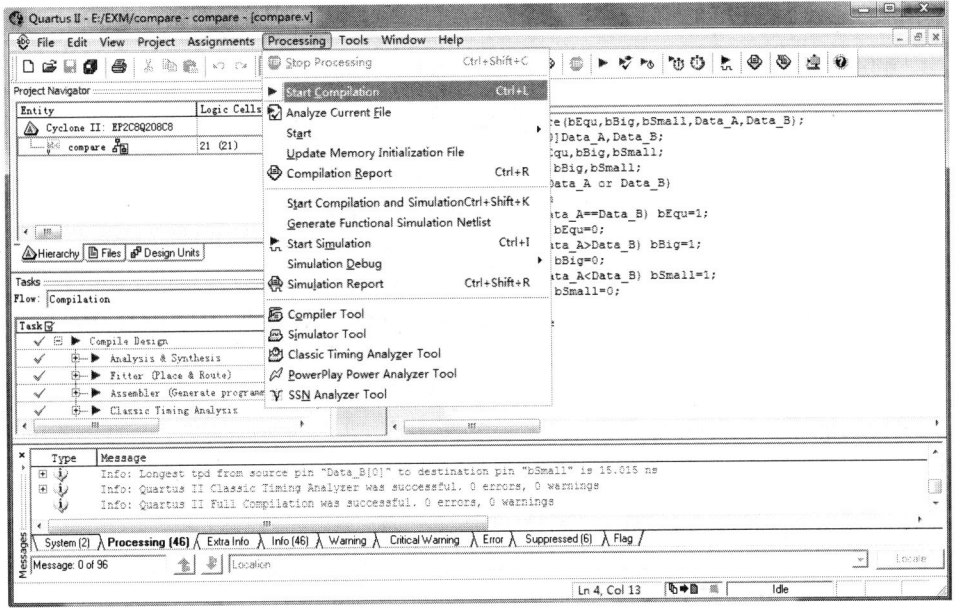

图 6-5　编译操作界面

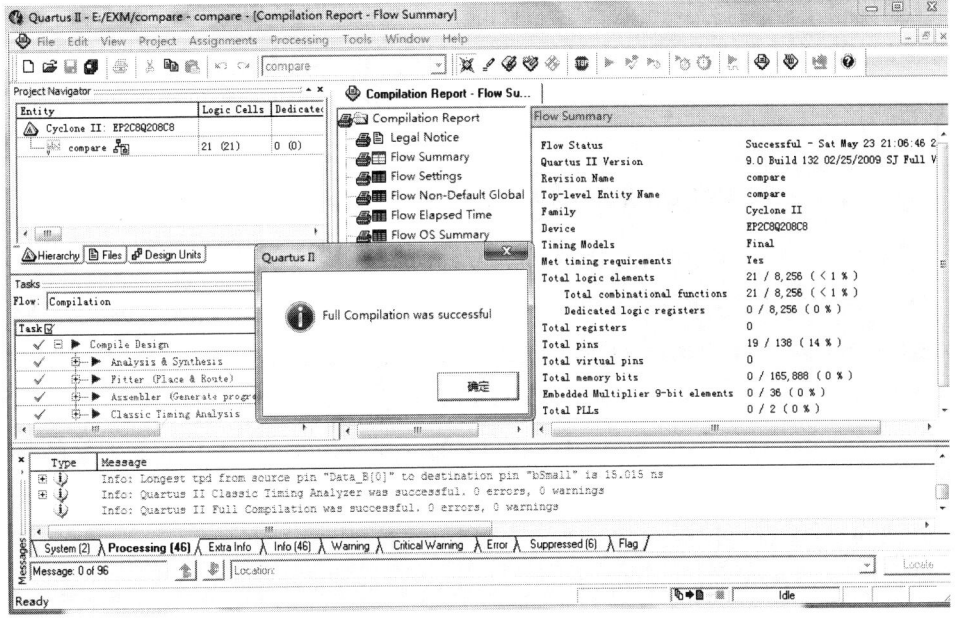

图 6-6　编译后自动生成的编译报告界面

Quartus Ⅱ 软件提供以下功能,用于在 EDA 仿真工具中进行设计仿真:

(1) NativeLink 集成 EDA 仿真工具;

(2) 生成输出网表文件;

(3) 功能与时序仿真库;

(4) 生成测试激励模板和存储器初始化文件;

(5) 生成 Signal Activity Files (.saf)。

图 6-7 显示了使用 EDA 仿真工具和 Quartus Ⅱ Simulator 的仿真流程。

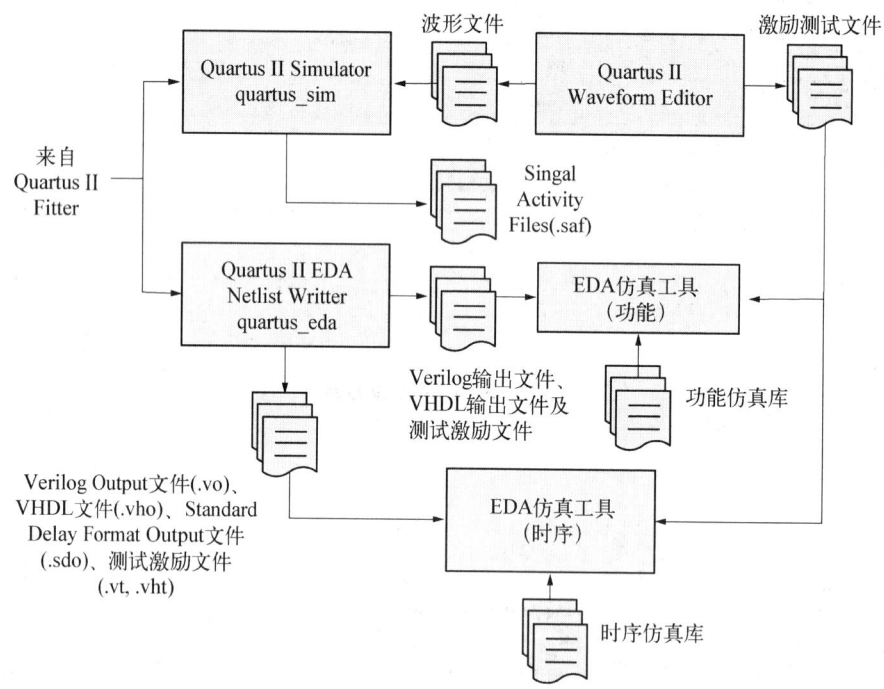

图 6-7 EDA 仿真工具和 Quartus Ⅱ Simulator 的仿真流程

1. 使用 EDA 工具进行设计仿真

Quartus Ⅱ 软件的 EDA Netlist Writer 模块生成用于功能或时序仿真的 VHDL Output 文件(.vho)和 Verilog Output 文件(.vo),以及使用 EDA 仿真工具进行时序仿真时所需的 Standard Delay Format Output 文件(.sdo)。Quartus Ⅱ 软件生成 Standard Delay Format 2.1 版的 SDF 输出文件。EDA Netlist Writer 将仿真输出文件放在当前工程目录下的特定工具目录中。

2. 使用 Quartus Ⅱ Simulator 进行仿真设计

可以使用 Quartus Ⅱ Simulator 在工程中仿真任何设计。根据所需的信息类型,可以进行功能仿真以测试设计的逻辑功能,也可以进行时序仿真,在目标器件中测试设计的逻辑功能和最坏情况下的时序,或者采用 Fast Timing 模型进行时序仿真,在最快的器件速率等级上仿真尽可能快的时序条件。

Quartus Ⅱ 软件可以仿真整个设计,也可以仿真设计的任何部分。可以指定工程中的任何设计实体为顶层设计实体,并仿真顶层实体及其所有附属设计实体。

6.2.6 调试

系统全速运行时,Quartus Ⅱ SignalTap Ⅱ Logic Analyzer 和 SignalProbe™功能可以在系统分析内部器件节点和 I/O 引脚。SignalTap Ⅱ Logic Analyzer 使用嵌入式逻辑分析仪,根据用户定义的触发条件,将信号数据通过 JTAG 端口送往 SignalTap Ⅱ Logic Analyzer 或者外部逻辑分析仪、示波器。也可以使用 SignalTap Ⅱ Logic Analyzer 的单独版本来捕获信号。SignalProbe 功能使用未用器件布线资源上的渐进式布线,将选定信号送往外部逻辑分析仪或示波器。图 6-8 和图 6-9 显示了 SignalTap Ⅱ 和 SignalProbe 调试流程。

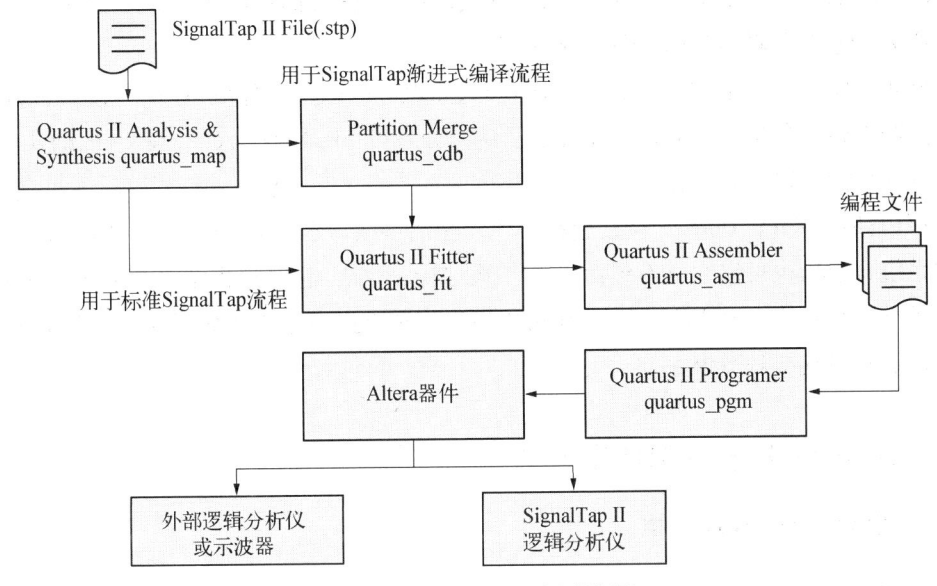

图 6-8 SignalTap Ⅱ 调试流程

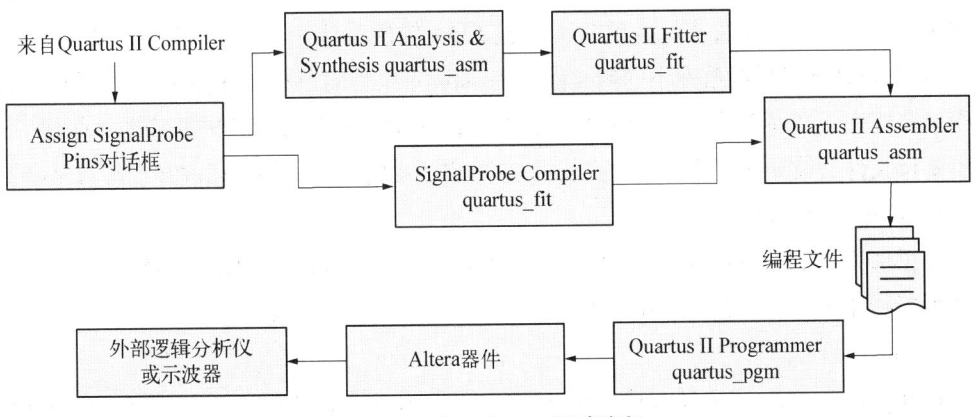

图 6-9 SignalProbe 调试流程

6.2.7 系统级设计

Quartus II 软件支持 SOPC Builder 和 DSP Builder 系统级设计流程。系统级设计流程使工程师能够以更高级的抽象概念快速设计、评估可编程芯片系统(SOPC)体系结构和设计。

SOPC Builder 是自动的系统开发工具,可以极大简化建立高性能 SOPC 设计的任务。此工具能够在 Quartus II 软件中使 SOPC 开发的系统定义和集成阶段完全实现自动化。SOPC Builder 允许选择系统组件、定义和定制系统,并在集成之前生成和验证系统。

使用 SOPC Builder 建立 SOPC 设计,SOPC Builder 包含在 Quartus II 软件中,它为建立 SOPC 设计提供标准化的图形环境,SOPC 由 CPU、存储器接口、标准外设和用户自定义的外设等组件组成。SOPC Builder 允许选择和自定义系统模块的各个组件和接口。SOPC Builder 将这些组件组合起来,生成对这些组件进行例化的单个系统模块,并自动生成必要的总线逻辑,将这些组件连接起来。

SOPC Builder 库包括以下组件:处理器、知识产权(IP)和外设、存储器接口、通信外设、总线和接口,包括 Avalon™ 接口、数字信号处理(DSP)内核、软件、头文件、通用 C 驱动程序、操作系统(OS)内核。

可以使用 SOPC Builder 构建包括 CPU、存储器接口和 I/O 外设在内的嵌入式微处理器系统;但是,也可以生成不包括 CPU 的数据流系统。它允许指定具有多个主机和从机的系统拓扑结构。SOPC Builder 还可以导入或提供用户定义逻辑模块的接口,该模块作为定制外设连接到系统上。

6.3 Quartus II 软件的使用举例

6.3.1 创建 Quartus II 工程

1. 建立工作库文件和编辑设计文件

任何一项设计都是一项工程(Project),都必须首先为此工程建立一个放置与此工程相关的所有设计文件的文件夹。此文件夹将被 EDA 软件默认为工作库(Work Library)。一般,不同的设计项目最好放在不同的文件夹中,而同一工程的所有文件都必须放在同一文件夹中。在建立了文件夹后就可以将设计文件通过 Quartus II 的文本编辑器编辑并存盘。(注意不要将文件夹设在计算机已有的安装目录中,更不要将工程文件直接放在安装目录中。)

1) 新建一个文件夹

这里假设本项设计的文件夹取名为 EXM,在 E 盘中,路径为 E:\EXM。注意,文件夹名不能用中文,也最好不要用数字。

2) 输入源程序

打开 quartus 软件,选择菜单 File→New,出现选择界面,如图 6-10 所示,在 New 窗口 Design Files 中选择编译文件的语言类型,这里选择 Verilog HDL File,选好后用鼠标

第6章 Quartus II 功能及应用

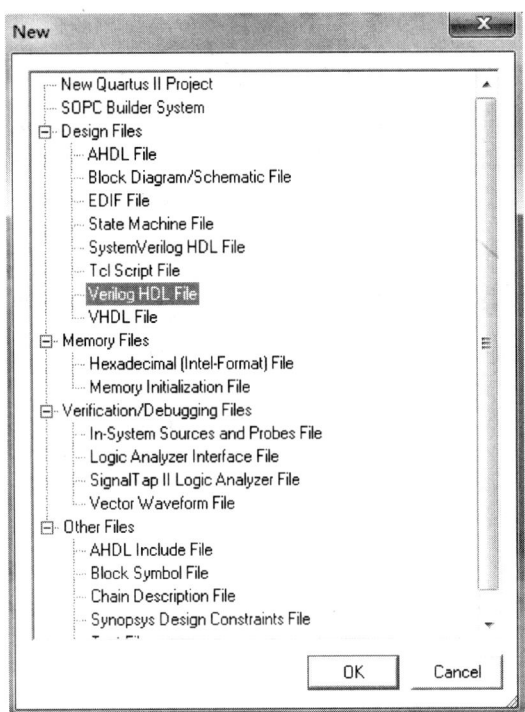

图 6-10　新建 VerilogHDL 文件选择菜单

左键单击 OK 按钮。

3）编辑源程序

在编辑窗口进行源程序的输入与编辑，具体如图 6-11 所示。

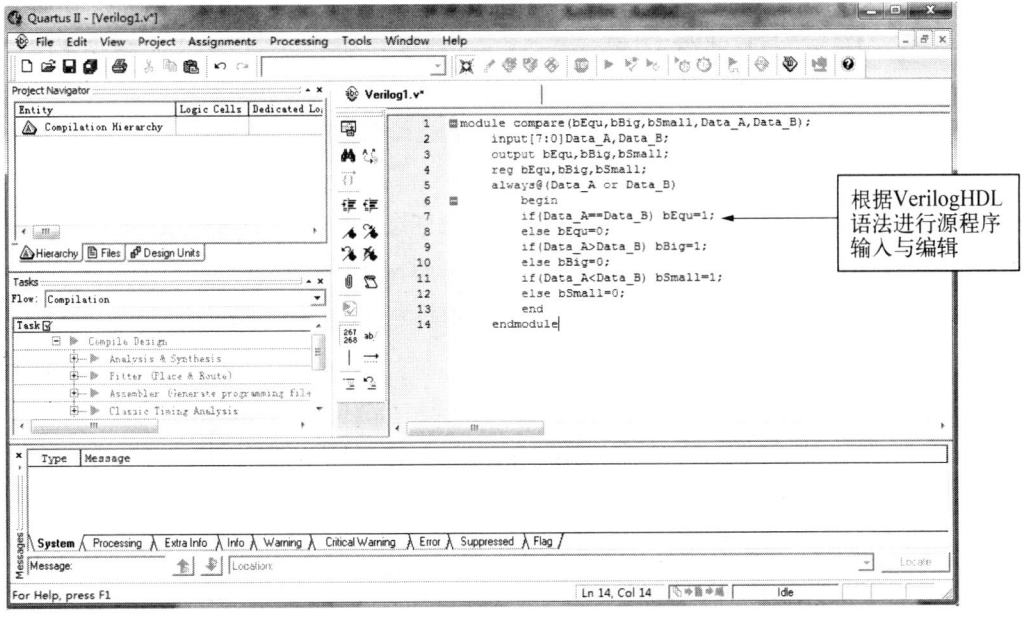

图 6-11　新建 VerilogHDL 源程序编辑界面

4) 文件存盘

选择 File→Save 命令,找到已建立的文件夹 E:\EXM,存盘文件为.v 文件,存盘文件名应与实体的名字一致,如 compare。弹出如图 6-12 所示的对话框,单击"是(Y)"按钮进入创建工程过程,单击"否(N)"按钮则仅保存文件。

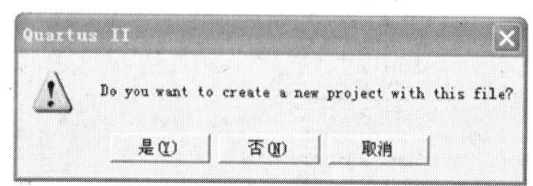

图 6-12 是否新建工程询问选择

相关操作注意事项:

(1) VerilogHDL 文件名必须与模块名相同,否则将会出现编译错误。

(2) 当一个项目工程中存在多个 VerilogHDL 时,必须选定一个顶层文件,具体可以打开顶层文件编辑界面,然后通过菜单 Project→Set as Top-level Entity 操作来完成顶层文件设定。

(3) 利用 VerilogHDL 文件生成原理图模块,可以在 VerilogHDL 文件编辑界面时,通过菜单 File→Creat/Update→Creat Symbol Files for Curent File 操作来完成原理图模块生成。

2. 创建工程

使用 New Project Wizard 可以为工程指定工作目录、分配工程名称以及指定最高层设计实体的名称,还可以指定要在工程中使用的设计文件、其他源文件、用户库和 EDA 工具,以及目标器件系列和具体器件等。

1) 打开建立新工程管理窗

选择 File→New Preject Wizard 工具选项创建设计工程命令,即弹出"工程设置"对话框如图 6-13 所示,单击对话框最上第一栏右侧的"…"按钮,找到文件夹 E:\EXM,选中已存盘的文件 compare.v,再单击打开按钮,即出现如图 6-13 所示的设置情况。对话框中第一行表示工程所在的工作库文件夹,第二行表示此项工程的工程名,第三行表示顶层文件的实体名。

2) 将设计文件加入工程中

单击图 6-13 中下方的 Next 按钮,出现如图 6-14 所示的对话框,在弹出的对话框中单击 File name 栏的按钮,将与工程相关的所有 Verilog HDL 文件加入此工程,加入完成后单击 Next 按钮。

在此工程加入的方法有两种:第一种是单击 Add All 按钮,将设定的工程目录中的所有 Verilog HDL 文件加入到工程文件栏中;第二种方法是单击"Add…"按钮,从工程目录中选出相关的 Verilog HDL 文件。

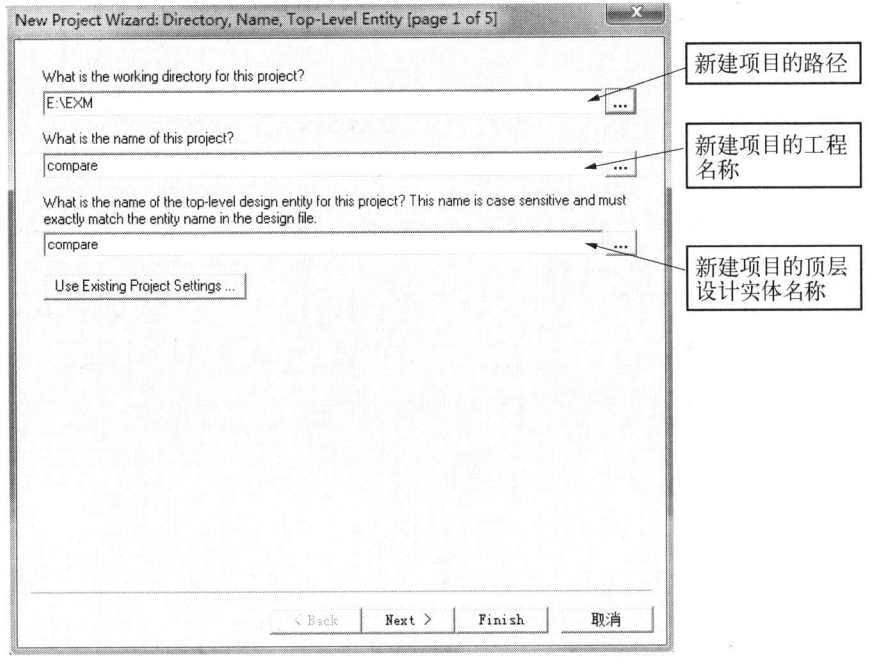

图 6-13 新建工程 page 1

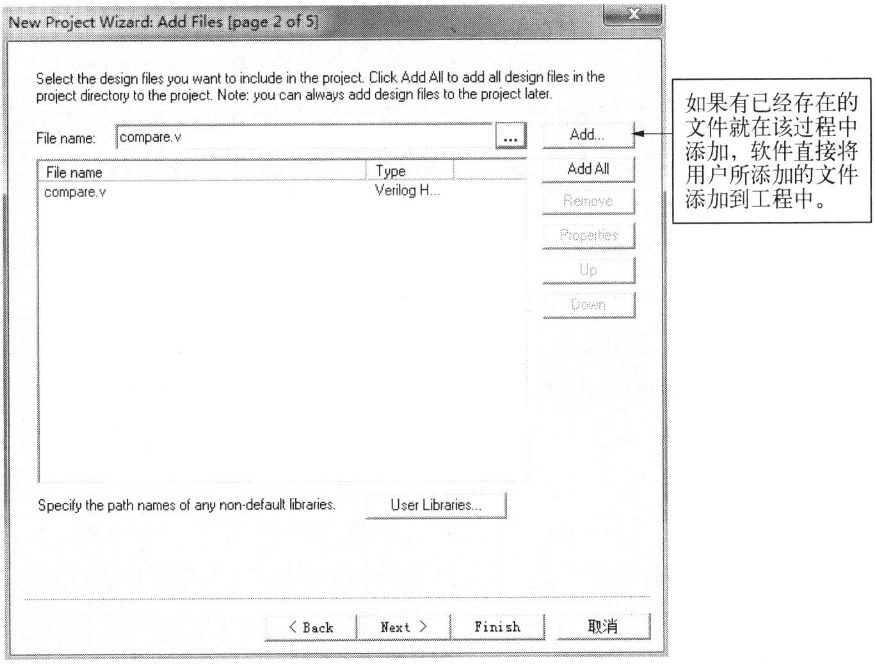

图 6-14 新建工程 page 2

3) 选择仿真器、综合器和目标器件的类型

单击图 6-14 中 Next 按钮,即弹出如图 6-15 所示的仿真器和综合器及目标器件对话框。

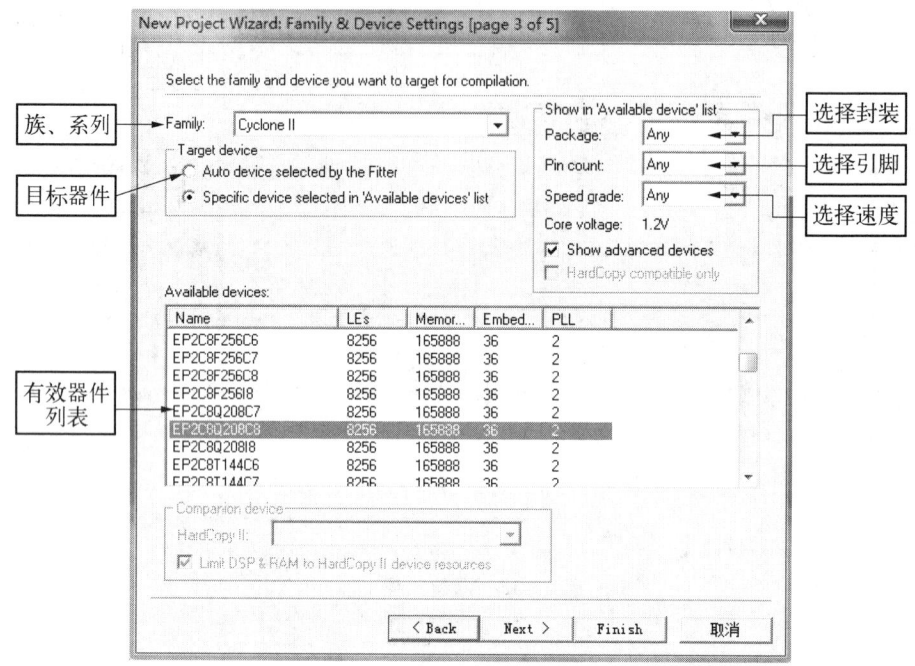

图 6-15 新建工程 page 3

首先在 Family(系列)栏选芯片系列,在此选 Cyclone Ⅱ 系列,在有效器件列表中选择专用器件,分别选择封装形式为 PQFP,引脚输出 240,器件速度级别为 8,选择此系列的具体芯片是 EP2C8Q208C8,这里 EP1C6 表示 Cyclone 系列及此器件的规模。设计完成后单击 Finish 按钮。

4) 工具设置

单击图 6-15 中的 Next 按钮后,弹出如图 6-16 所示的工具设置窗口,此窗口有三项选择。Design Entry/Synthesis 用于选择输入的 HDL 类型和综合 EDA 工具;Simulation 用于选择仿真 EDA 工具;Timing Analysis 用于选择时序分析 EDA 工具。在此例中这三项都不做选择,单击 Next 后即弹出如图 6-17 所示"工程设置统计"窗口,最后单击图 6-17 中"Finish"按钮即完成新建工程设定。

Quartus Ⅱ 将工程信息存储在工程配置文件中,它包含有关 Quartus Ⅱ 工程的所有信息,包括设计文件、波形文件、SignalTap Ⅱ 文件、内存初始化文件等,以及构成工程的编译器、仿真器和软件构建设置。

建立工程后,可以使用工具栏的 Project→ADD/Remove Files in Project 页在工程中添加和删除、设计其他文件,在执行 Quartus Ⅱ 的 Analysis & Synthesis 期间,Quartus Ⅱ 将按 ADD/Remove Files Project 页中显示的顺序处理文件。

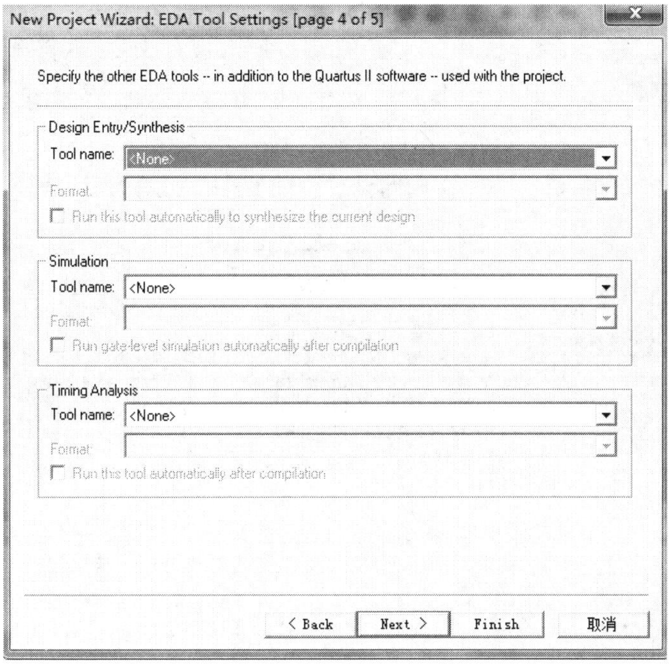

图 6‑16　新建工程 page 4

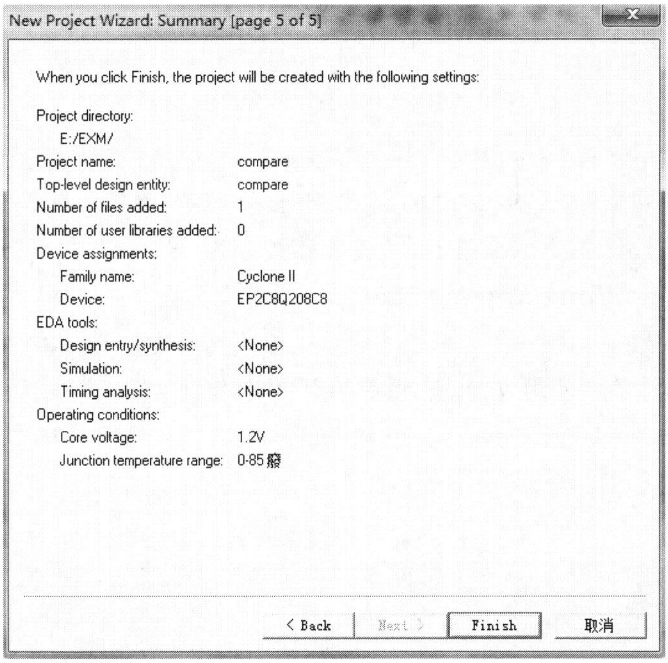

图 6‑17　新建工程 page 5

6.3.2 设计输入

Quartus Ⅱ 工程包括实现成功设计所必需的所有设计文件、软件源文件和其他相关文件。使用 Quartus Ⅱ Block Editor，Text Editor，Mega Wizard Plug-In Manager（Tools 菜单）和 EDA 设计输入工具可以建立包括 Altera 宏功能模块、参数化模块库（LPM）功能和知识产权（IP）功能在内的设计。图 6-18 所示为设计输入流程。

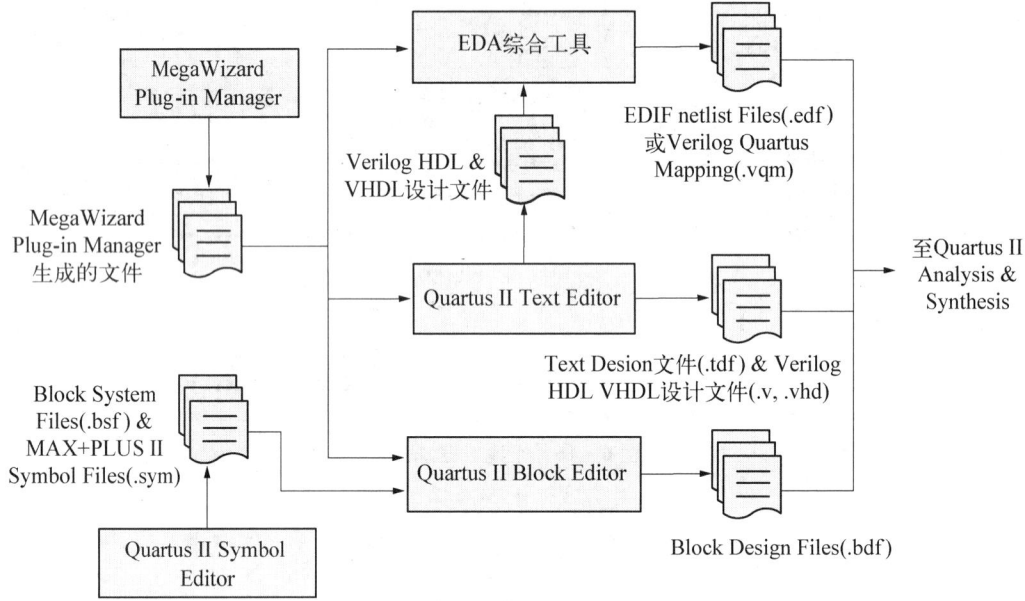

图 6-18 设计输入流程

可以使用 Quartus Ⅱ 软件在 Quartus Ⅱ Block Editor 中建立原理图设计,或使用 Quartus Ⅱ Text Editor 通过 AHDL、Verilog HDL 或 VHDL 设计语言来建立 HDL 设计。

Quartus Ⅱ 软件还支持采用 EDA 设计输入和综合工具生成的 EDIF Input Files（.edf）或 Verilog Quartus Mapping Files（.vqm）建立的设计。还可以在 EDA 设计输入工具中建立 Verilog HDL 或 VHDL 设计,生成 EDIF 输入文件和 VQM 文件,或在 Quartus Ⅱ 工程中直接使用 Verilog HDL 或 VHDL 设计文件。

可以使用表 6-1 列出的设计文件类型在 Quartus Ⅱ 软件或 EDA 设计输入工具中建立设计。

表 6-1 Quartus Ⅱ 支持的设计文件类型

类 型	说 明	扩展名
Block Design File	使用 Quartus Ⅱ Block Editor 建立的原理图设计文件。	.bdf
EDIF Input File	使用任何标准 EDIF 网表编写程序生成的 EDIF 200 版网表文件。	.edf .edif

续　表

类　　型	说　　明	扩展名
Graphic Design File	使用 MAX+PLUS II Graphic Editor 建立的原理图设计文件。	.gdf
Text Design File	以 Altera 硬件描述语言(AHDL)编写的设计文件。	.tdf
Verilog Design File	包含使用 Verilog HDL 定义设计逻辑的设计文件。	.v .vlg .verilog
VHDL Design File	包含使用 VHDL 定义设计逻辑的设计文件。	.vh .vhd .vhdl
Verilog Quartus Mapping File	Synplicity Synplify 软件或 Quartus II 软件生成的 Verilog HDL 格式网表文件。	.vqm

1. 使用 Quartus II Text Editor

Quartus II Text Editor 是一个灵活的工具,用于以 AHDL、VHDL 和 Verilog HDL 语言以及 Tcl 脚本语言输入文本型设计。还可以使用 Text Editor 输入、编辑和查看其他 ASCII 文本文件,包括为 Quartus II 软件或由 Quartus II 软件建立的文本文件。

具体举例过程见前章节 6.3.1 的介绍。

2. 使用 Quartus II Block Editor

Block Editor 用于以原理图和框图的形式输入和编辑图形设计信息。Quartus II Block Editor 读取并编辑 Block Design Files(框图设计文件)和 MAX+PLUS II Graphic Design Files(图形设计文件)。

每一个 Block Design Files 包含设计中代表逻辑的框图和符号。Block Editor 将每一个框图、原理图或者符号代表的设计逻辑合并到工程中。

可以用 Block Design Files 中的框图建立新设计文件,在修改框图和符号时更新设计文件,也可以在 Block Design Files 的基础上生成 Block Symbol Files(.bsf),AHDL Include 文件(.inc)和 HDL 文件。还可以在编译之前分析 Block Design Files 是否出错。Block Editor 提供有助于在框图设计文件中连接框图和基本单元(包括总线和节点连接以及信号名称映射)的一组工具。

具体过程如下:

1) 新建原理图文件

选择菜单 File→New,出现选择界面,如图 6-19 所示,在 New 窗口 Design Files 中选择 Block Diagram/Schematic File,选好后用鼠标左键单击 OK 按钮,出现如图 6-19 所示图形编辑界面。

数字电路应用

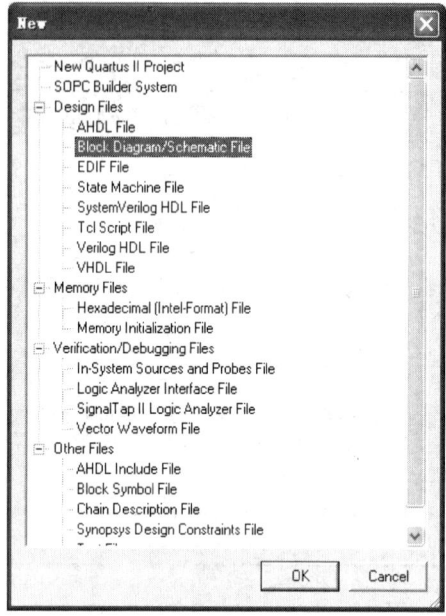

图 6‐19　新建原理图文件选择菜单

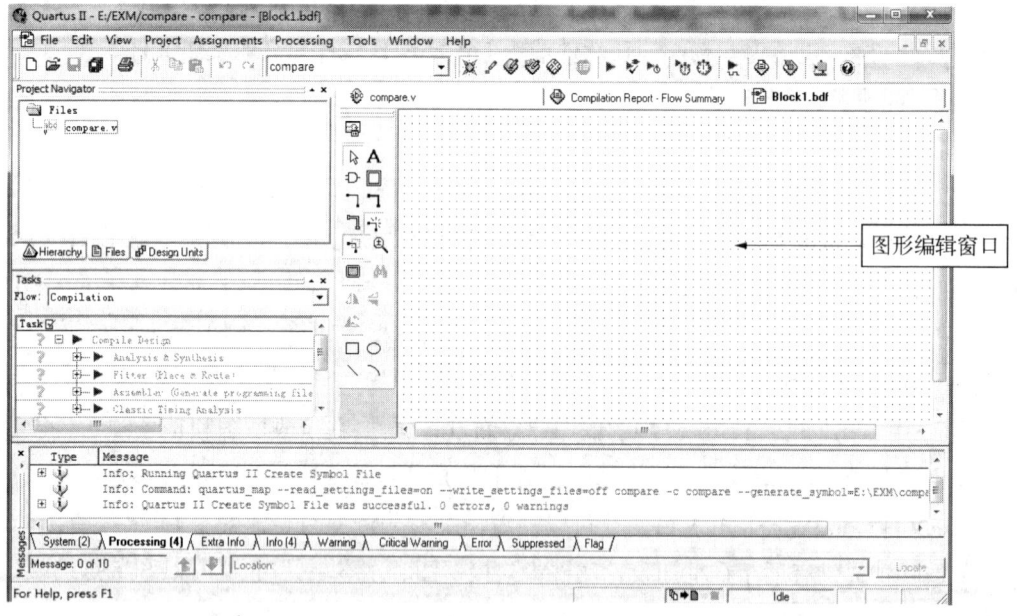

图 6‐20　新建原理图文件空白编辑窗口

2) 图形编辑-选择器件

在图 6‐20 的编辑窗口空白处双击,会弹出如图 6‐21 元件选择菜单。

在元件选择菜单中可以根据需要选择需要的元件放入原理图文件中,并在此过程中对元件的参数进行选择和设定。

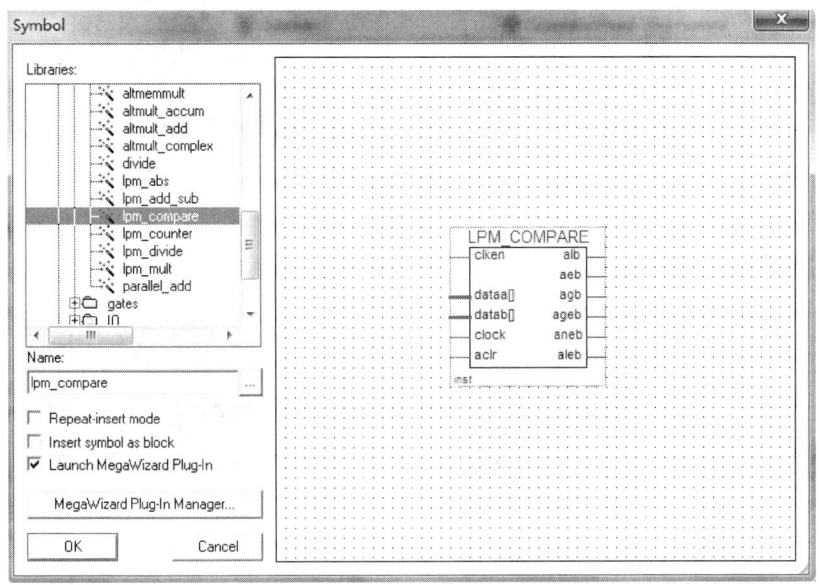

图 6‑21 元件选择菜单

例如需要一个 8 位比较器,可以在 altera 库→megafuctions→arithmetic 选择了一个比较器元件 lpm_compare 元件,也可以直接在 Name 中输入 lpm_compare 找到该元件,然后点击"OK",会出来元件 lpm_compare 的参数设定界面,如图 6‑22 所示。

如图 6‑22 所示,每个元件的参数设定由多步选择来完成。

在选择元件的输出文件时,建议选择 VerilogHDL,便于和其他 VerilogHDL 源文件一起编译和调试。

在元件参数设定的汇总页可以查看到该元件所输出的所有文件,包括 VerilogHDL 文件、测试文件和波形输出文件等。

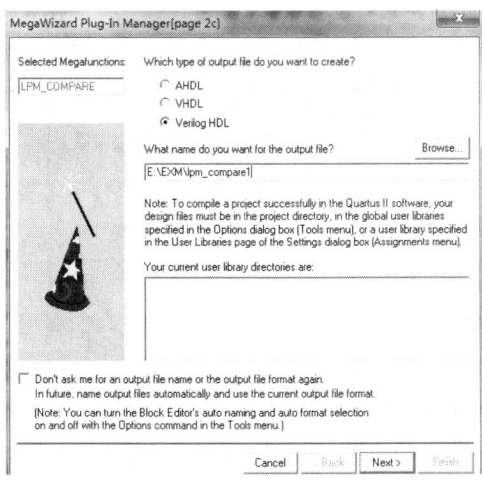
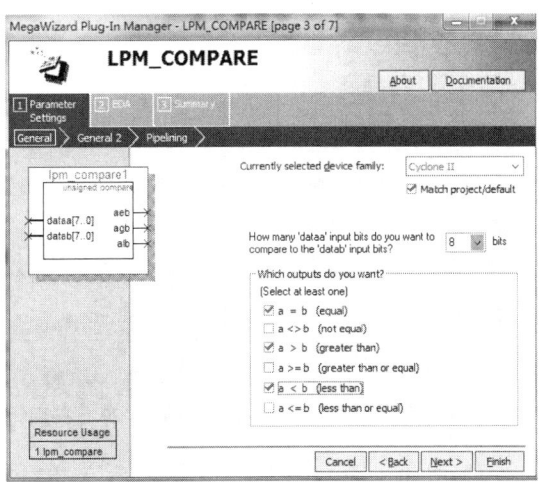

数字电路应用

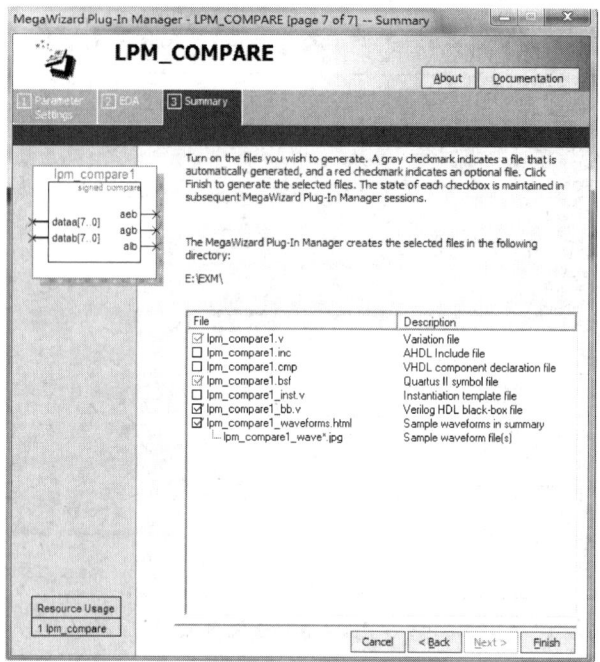

图 6-22 lpm_compare 参数设定界面

3) 原理图文件绘制

将所需要的所有元件根据需求设定完参数后放入原理图文件编辑窗口中并进行连线,布满元件的编辑窗口如图 6-23 所示。

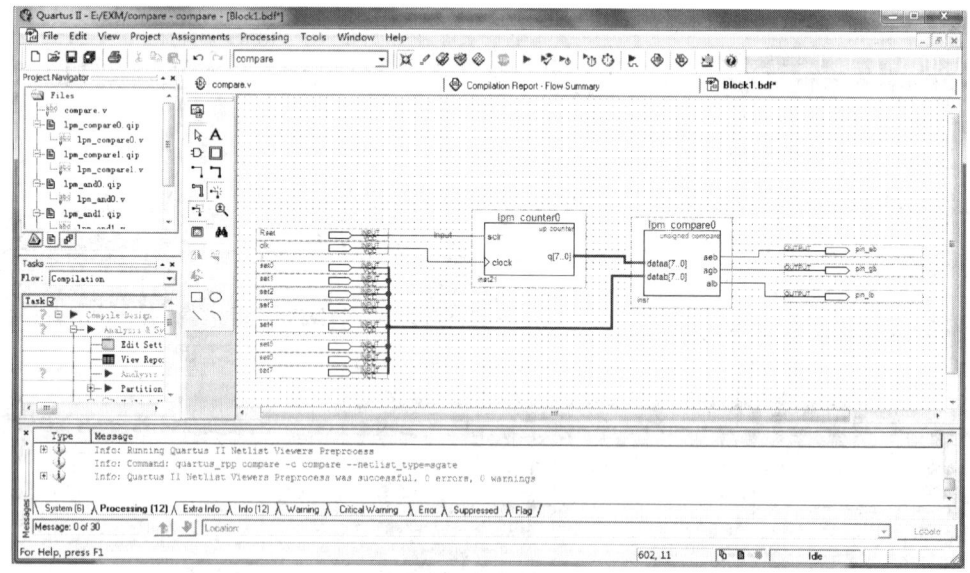

图 6-23 布满元件的编辑窗口

4) 保存文件

根据需要把元件连接完毕后,保存文件为 .bdf 文件。

3. 使用 Quartus II Symbol Editor

Symbol Editor 用于查看和编辑代表宏功能、宏功能模块、基本单元或设计文件的预定义符号。每个 Symbol Editor 文件代表一个元件符号。对于每个元件符号文件,均可以从包含 Altera 宏功能模块和 LPM 功能的库中选择添加到 Block Editor 建立的原理图中。

4. 使用 Altera 宏功能模块

Altera 宏功能模块是复杂的高级构建模块,可以在 Quartus II 设计文件中与逻辑门和触发器基本单元一起使用。Altera 提供的参数化宏功能模块和 LPM 功能均为 Altera 器件结构做了优化。必须使用宏功能模块才可以使用一些 Altera 专用元件的功能,例如,存储器、DSP 块、LVDS 驱动器和 PLL 等。

可以使用 Tools 菜单→MegaWizard Plug-In Manager 建立 Altera 宏功能模块、LPM 功能和 IP 功能,用于 Quartus II 软件和 EDA 设计输入与综合工具中的设计。表 6-2 列出了能够由 MegaWizard Plug-In Manager 建立的 Altera 提供的宏功能模块和 LPM 功能类型。

表 6-2　Altera 提供的宏功能模块与 LPM 功能

宏功能模块	LPM 功 能
算术组件	包括累加器、加法器、乘法器和 LPM 功能
逻辑门	包括多路复用器和 LPM 门功能
I/O 组件	包括时钟数据恢复(CDR)、锁相环(PLL)、双数据速率(DDR)、千兆收发器块(GXB)、LVDS 接收器和发送器、PLL 重新配置和远程更新宏功能模块
存储器编译器	包括 FIFO Partitioner、RAM 和 ROM 宏功能模块
存储器件	存储器、移位寄存器宏功能模块和 LPM 存储器功能

为节省宝贵的设计时间,Altera 建议使用宏功能模块,而不是对自己的逻辑进行源代码编写。此外,这些功能可以提供更有效的逻辑综合和器件实现。只需通过设置参数便可方便地将宏功能模块定制为不同的大小。

6.3.3　工程配置及时序约束

1. 工程配置

可以使用 Assignments 菜单→Settings 对话框为工程指定分配和选项。可以设置一般工程范围的选项以及综合、适配、仿真和时序分析选项。使用 Settings 对话框可以执行以下类型的任务:

(1) 修改工程设置。为工程和修订信息指定和查看当前顶层实体;从工程中添加和删除文件;指定自定义的用户库;为封装、引脚数量和速度等级指定器件选项;指定移植器件。

(2) 指定 EDA 工具设置。为设计输入/综合、仿真、时序分析、板级验证、正规验证、物理综合以及相关工具选项指定 EDA 工具。

(3) 指定 Analysis & Synthesis 设置。用于 Analysis & Synthesis、Verilog HDL 和 VHDL 输入设置、默认设计参数和综合网表优化选项工程范围内的设置。

(4) 指定编译过程选项。智能编译选项,在编译过程中保留节点名称,运行 Assembler,以及渐进式编译或综合,并且保存节点级的网表,导出版本兼容数据库,显示实体名称,使能或者禁止 OpenCore Plus 评估功能。还为生成早期时序估算提供选项。

(5) 指定适配设置。时序驱动编译选项、Fitter 等级、工程范围的 Fitter 逻辑选项分配,以及物理综合网表优化。

(6) 指定时序分析设置。为工程设置默认频率,定义各时钟的设置、延时要求和路径排除选项以及时序分析报告选项。

(7) 指定 Simulator 设置。模式(功能或时序)、源向量文件、仿真周期以及仿真检测选项。

(8) 指定 PowerPlay Power Analyzer 设置。输入文件类型、输出文件类型和默认触发速率,以及结温、散热方案要求、器件特性等工作条件。

(9) 指定软件构建设置。工具集目录、处理器体系结构和软件工具集、编译器、汇编器和连接器设置。

2. 时序约束

时序要求允许为整个工程、特定的设计实体或个别实体、节点和引脚指定所需的速度性能。可以使用 Assignments 菜单→Timing Analysis Setting 对话框进行修改设置。

指定工程全局范围时序分配以及个别时序分配之后,通过编译设计或在初始编译之后单独运行 Timing Analyzer 来运行时序分析。

工程全局范围的时序设置包括最大频率、建立时间、保持时间、时钟至输出延时和引脚至引脚延时以及最小时序要求(见表 6-3)。还可以设置工程全局范围内的时钟设置和多时钟域、路径剪切选项。

表 6-3 约束变量说明表

要 求	说 明
f_{MAX}(最大频率)	在不违反内部建立(t_{SU})和保持(t_H)时间要求时,可以达到的最大时钟频率
t_{SU}(时钟建立时间)	触发寄存器的时钟信号在时钟引脚置位之前,经由数据输入或使能端输入进入寄存器的数据必须在输入引脚处出现的时间长度
t_H(时钟保持时间)	触发寄存器的时钟信号在时钟引脚置位之前,经由数据输入或使能端输入而进入寄存器的数据必须在输入引脚处保持的时间长度
t_{CO}(时钟至输出延时)	时钟信号在触发寄存器的输入引脚上发生跳变之后,寄存器馈送信号输出引脚出现有效输出所需的时间

续　表

要　求	说　明
t_{PD}（引脚至引脚延时）	输入引脚上的信号通过组合逻辑进行传输并出现在外部输出引脚上所需的时间
最小 t_{CO}（时钟至输出延时）	时钟信号在触发寄存器的输入引脚上发生跳变之后，寄存器馈送信号输出引脚出现有效输出所需的最短时间，这个时间总是代表外部引脚至引脚延时
最小 t_{PD}（引脚至引脚延时）	指定可接受的最小引脚至引脚延时，即输入引脚信号通过组合逻辑传输并出现在外部输出引脚上所需的时间

如果未指定时序要求设置或选项，Quartus II Timing Analyzer 将使用默认设置运行分析。默认情况下，Timing Analyzer 计算并报告每个寄存器至寄存器延时的 f_{MAX}、每个输入寄存器的 t_{SU} 和 t_H、每个输出寄存器的 t_{CO}、所有引脚至引脚路径间的 t_{PD}、保持时间、最小 t_{CO} 以及当前设计实体的最小 t_{PD}。提供约束条件或采用默认设置时，将报告迟滞时间。

时序约束设定也可以通过 Assignments 菜单→Classic Timing Analyzer Wizard 向导进行各种约束参数的设定。

6.3.4　编译

主菜单中选择 Processing→Start Compilation 对所设置的项目进行编译，如图 6-5 所示。

也可以单击编译器快捷方式按钮 ▶，等待完成编译后，系统将自动弹出菜单报告错误和警告数目等汇总结果，如图 6-6 所示。

6.3.5　器件与引脚设定

当一个工程编译通过后，需要对工程进行器件和引脚配置。具体步骤如下：

1. 指定器件

通过选择 Assignments 菜单→Device 选项进行选择，如图 6-24 所示。这里工程器件选择 Cyclone II 系列的 EP2C8Q208C8 芯片。

2. 芯片管脚绑定

根据硬件接口设计，对芯片管脚进行绑定，具体在 Assignments 菜单→Pins 菜单进行操作，如图 6-25 所示。

具体操作方式有三种：

（1）通过在对应信号的 Location 栏双击后直接输入芯片管脚号，例如让 Data_A[7] 绑定为 PIN_33 脚，可以直接在 Data_A[7] 的 Location 栏双击后输入 33 就可以了。

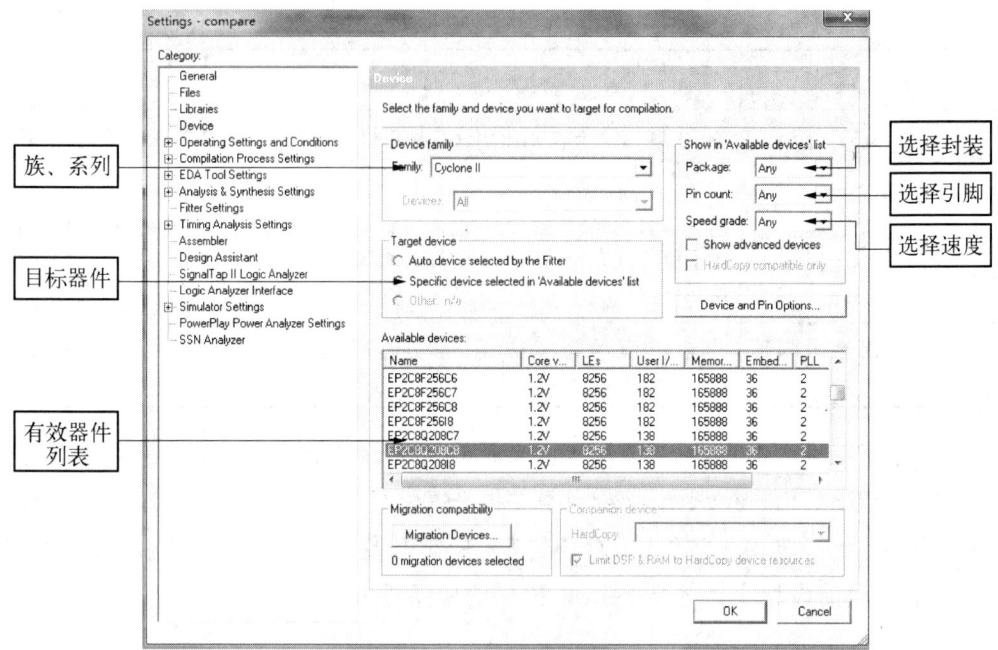

图 6-24　工程器件的选择菜单

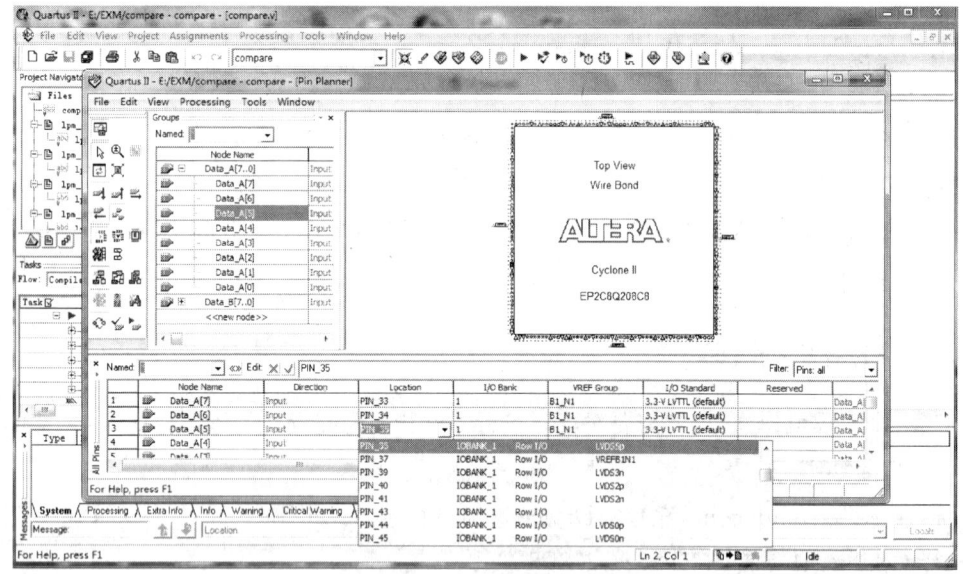

图 6-25　管脚绑定页面

（2）通过在对应信号的 Location 栏双击后通过下拉菜单进行具体管脚选择。

（3）直接把信号栏中的信号拖曳到芯片的具体某个管脚上。

3. 配置生效

对于完成了工程芯片和管脚等配置后，对整个工程进行重新编译，以使整个配置生效。

6.3.6 功能仿真

可以在设计流程中的任何阶段进行功能仿真。以下步骤描述使用 EDA 仿真工具进行设计功能仿真时所需要的基本流程。有关特定 EDA 仿真工具的详细信息，请参阅 Quartus II Help。若要使用 EDA 仿真工具进行功能仿真，请执行以下步骤：

(1) 首先在 EDA 仿真工具中设置工程。

(2) 建立工作库。

(3) 使用 EDA 仿真工具编译相应的功能仿真库。

(4) 使用 EDA 仿真工具编译设计文件和测试激励文件。

(5) 使用 EDA 仿真工具进行仿真。

通过使用 Assignments→Settings→Simulator Setting 进行参数设定，可以指定要执行的仿真类型、仿真所需的时间周期、向量激励源以及其他仿真选项。图 6-26 所示为 Simulator 页面。功能仿真的仿真模式选为 Functional 模式。

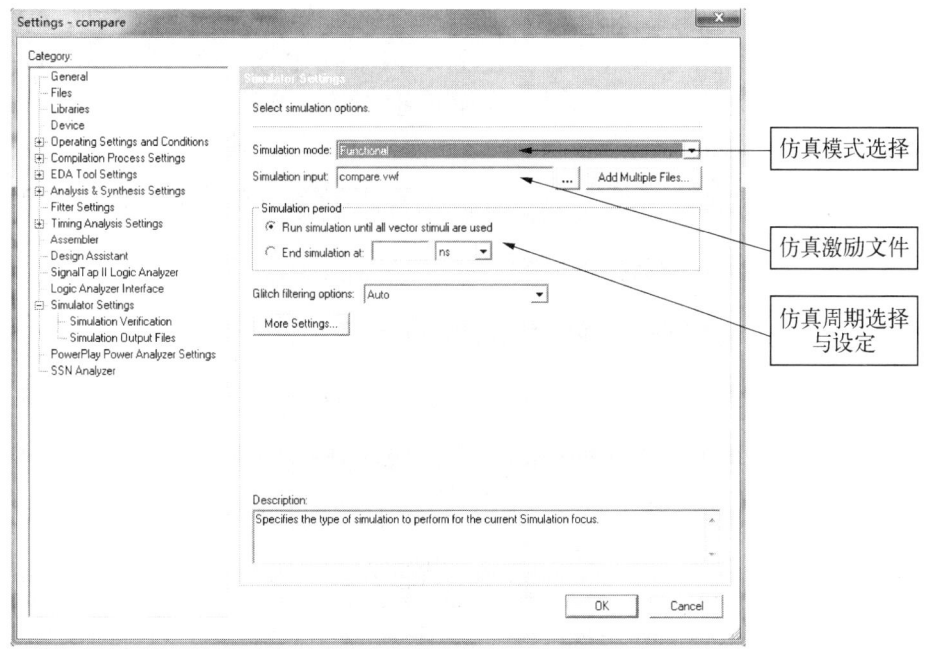

图 6-26 Simulator 设置页面

开始仿真之前，必须通过时序仿真编译，或者通过选择用于功能仿真的 Processing 菜单→Generate Functional Simulation Netlist 命令来生成合适的仿真网表。此外，必须建立并指定一个向量源文件为仿真输入向量的源。Simulator 使用向量源文件所包含的输入向量，来仿真同一条件下编程器件将要产生的输出信号。

以下步骤说明在 Quartus II 软件中进行功能仿真的基本流程。

(1) 进行 Simulator 设置，Assignments→Settings→Simulator Setting 进行参数设定。

Simulation mode 选择 Functional。

（2）如果正在执行功能仿真,则选择 Generate Functional Simulation Netlist 命令。如果正在执行时序仿真,则编译整个设计。

（3）建立并指定仿真激励文件。

（4）使用 Processing 菜单→Start Simulation 命令或者采用 Simulator 快捷按键来运行仿真。

（5）Status 窗口显示仿真进度和处理时间。Report 窗口的 Summary Section 区域显示仿真结果。

1. 建立波形文件

Quartus II Waveform Editor 可以建立和编辑用于波形或文本格式仿真的输入向量。在主菜单中选择 File→New 选项,在弹出的 New 对话框中选择 Verifaction/Debugging Files 选项中的 Vector Waveform File,如图 6-27 所示。

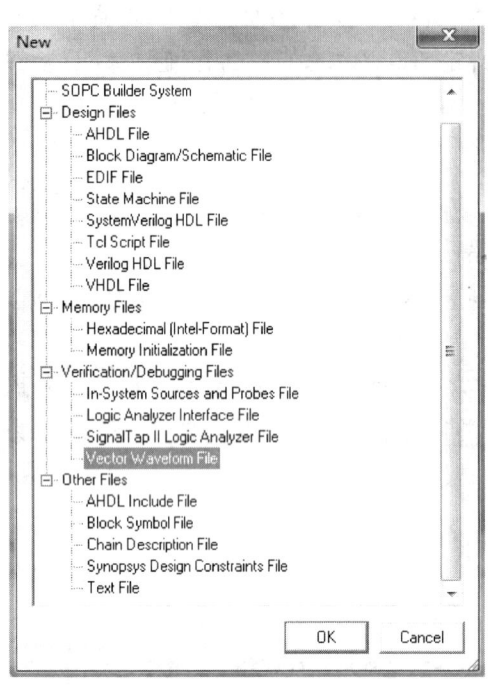

图 6-27　新建波形文件菜单

新建的波形文件菜单如图 6-28 所示。

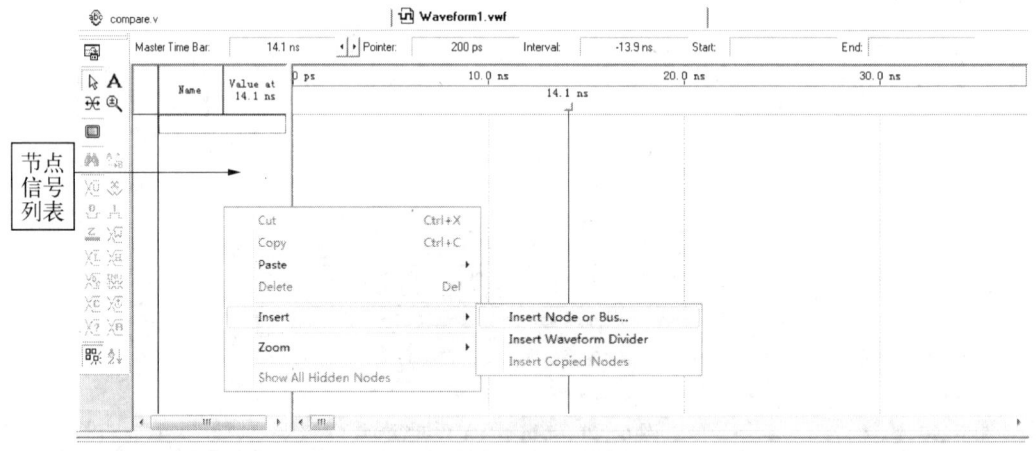

图 6-28　波形文件编辑画面

2. 添加节点信号

添加节点信号的方法有两种：

（1）在节点信号列表的空白处点击鼠标右键,在弹出菜单中选择 Insert→Insert Node or Bus,会弹出节点选择窗口,如图 6-29 所示。

（2）在节点信号列表的空白处点双击鼠标左键,会弹出节点选择窗口,如图 6-29

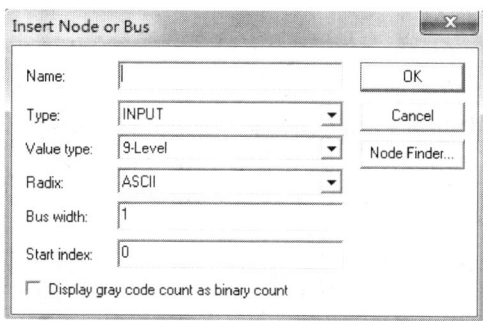

图 6-29 Insert Node or Bus 界面

所示。

在图 6-29 中可以直接输入节点信号名称，也可以点击 Node Finder 来查找节点信号名称，点击 Node Finder 后会出现如图 6-30 所示的界面。

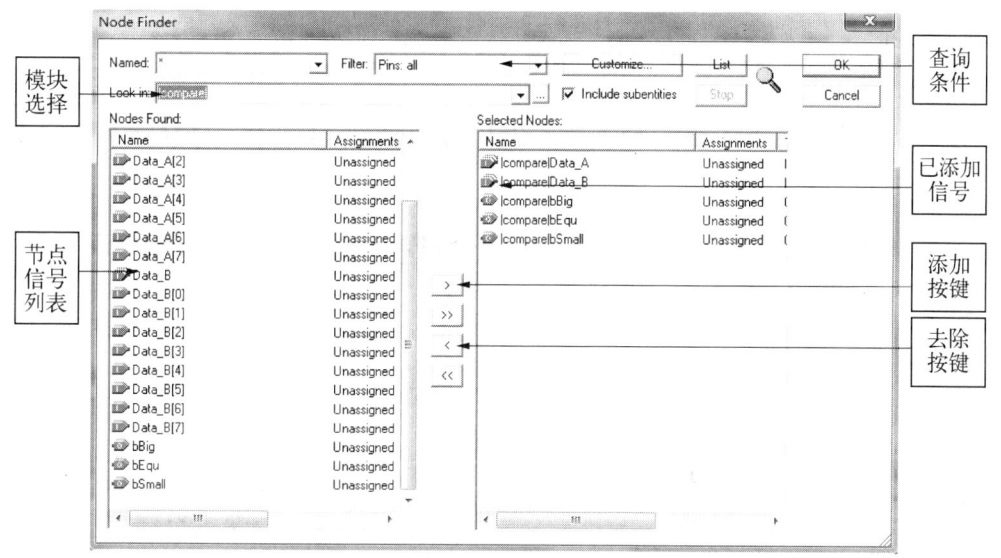

图 6-30 Node Finder 界面

在图 6-30 中选择点击 List 快捷键来查找，然后通过添加/去除按键进行信号节点的添加与删除，最后点击 OK 按键结束信号选择，对信号增加激励，如图 6-31 所示。

当波形文件编辑完成后必须保存波形文件 .vwf，文件名建议与顶层模块名一致，这里保存为 compare.vwf 文件。

注意：仿真的激励波形文件名必须与图 6-26 的 Simulator 设置页面的激励文件名一致，否则会出现仿真错误。

3. 仿真

对于已经综合编译通过的项目工程，可以先运行生成网络表 Processing 菜单→Generate Functional Simulation Netlist，然后使用 Processing 菜单→Start Simulation 命

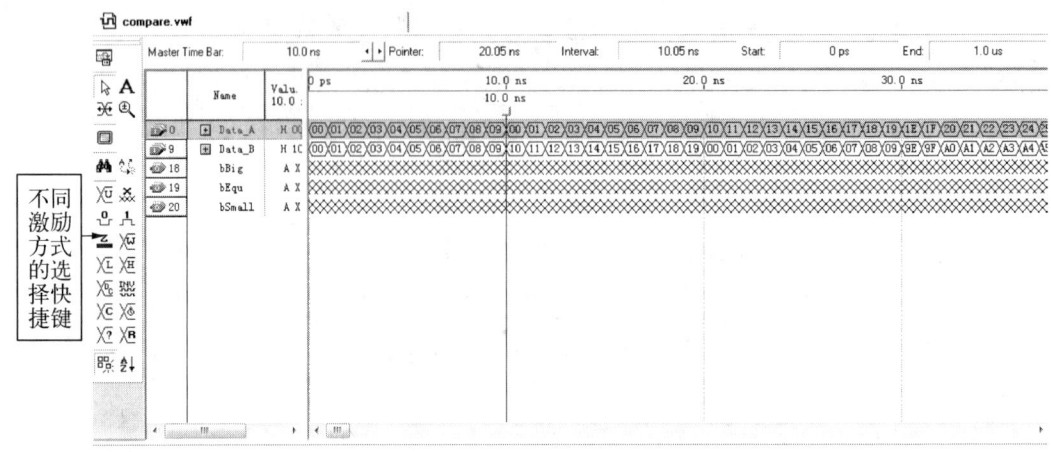

图 6-31 波形文件编辑界面

令或者采用 Simulator 快捷按键来运行仿真。

对于项目工程发生修改会调整的,可以使用 Processing 菜单→Start Compilation and Simulation 命令来运行仿真

仿真结果如图 6-32 所示,根据设计需要对仿真结果进行检验,以判断工程设计是否达到预期要求。

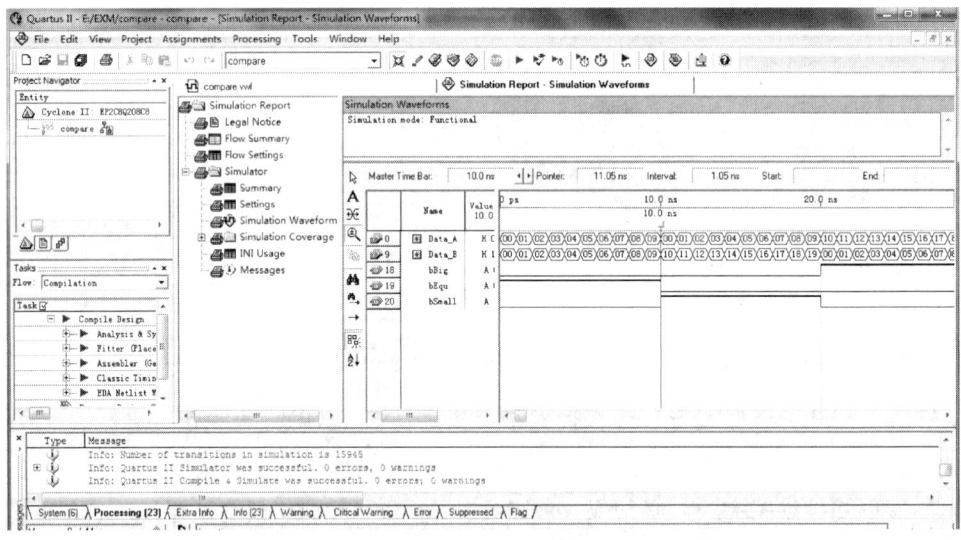

图 6-32 仿真结果波形

6.3.7 时序仿真

时序仿真与功能仿真的目的有所不同,时序仿真在于更好地体现芯片本身的性能,比如管脚间延时等。

Quartus II 软件中进行时序仿真的基本流程与功能仿真相同：

（1）进行 Simulator 设置，Assignments→Settings→Simulator Setting 进行参数设定。Simulation mode 选择 Timing。

（2）如果正在执行功能仿真，则选择 Generate Functional Simulation Netlist 命令。如果正在执行时序仿真，则编译整个设计。

（3）建立并指定仿真激励文件。

（4）使用 Processing 菜单→Start Simulation 命令或者采用 Simulator 快捷按键来运行仿真。

（5）Status 窗口显示仿真进度和处理时间。Report 窗口的 Summary Section 区域显示仿真结果。

6.3.8 机器编程和配置

使用 Quartus II 软件成功编译工程之后，就可以对 Altera 器件进行编程或配置。Quartus II Compiler 的 Assembler 模块生成编程文件，Quartus II Programmer 可以用它与 Altera 编程硬件一起对器件进行编程或配置。还可以使用 Quartus II Programmer 的独立版本对器件进行编程和配置。图 6-33 所示为编程设计流程。

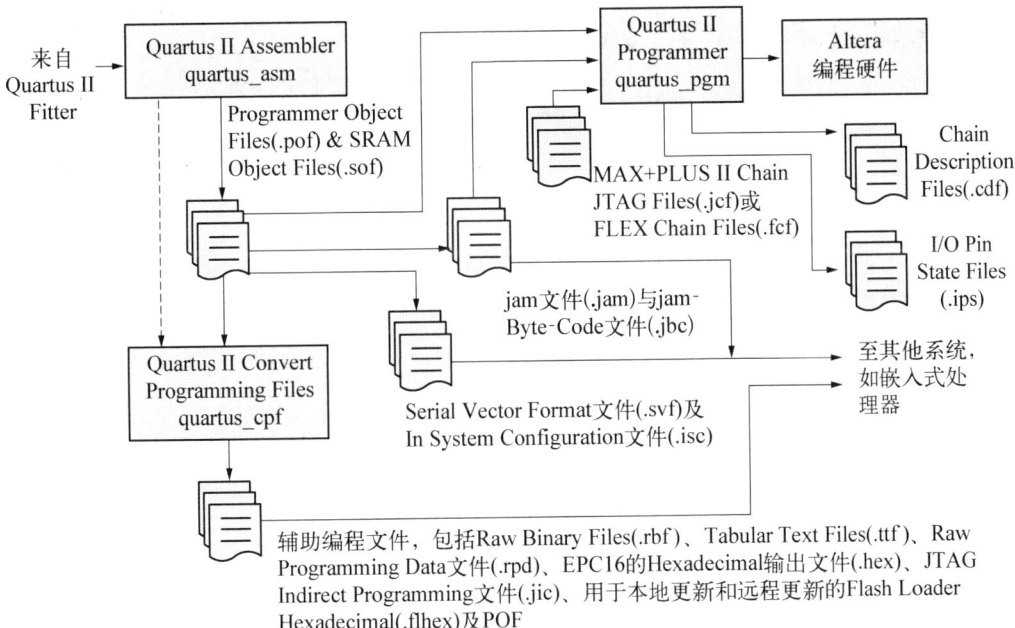

图 6-33 编程设计流程

将仿真器连接到 FPGA 的 JTAG 接口上，另一端 USB 口连接电脑，点击工具栏，弹出如图 6-34 所示的对话框；或点击 Hardware Setup，出现如图 6-34 所示的硬件安装窗口。

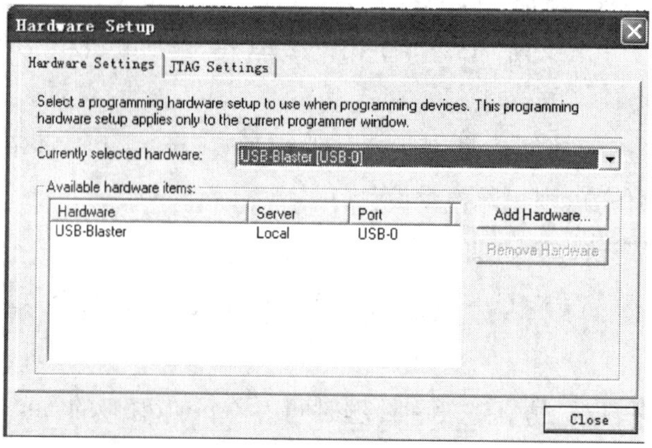

图 6-34 USB-Blaster 安装窗口

Programmer 使用 Assembler 生成的 POF 和 SOF 对 Quartus II 软件支持的所有 Altera 器件进行编程或配置。可以将 Programmer 与 Altera 编程硬件配合使用,例如,MasterBlaster™、ByteBlasterMV™、ByteBlaster™ II 或 USBBlaster™下载电缆等。在菜单 Tool→Programmer 或者点击 快捷按键进入 Programmer 的编程窗。编程窗口如图 6-35 所示。可点击 Start 进行程序下载。

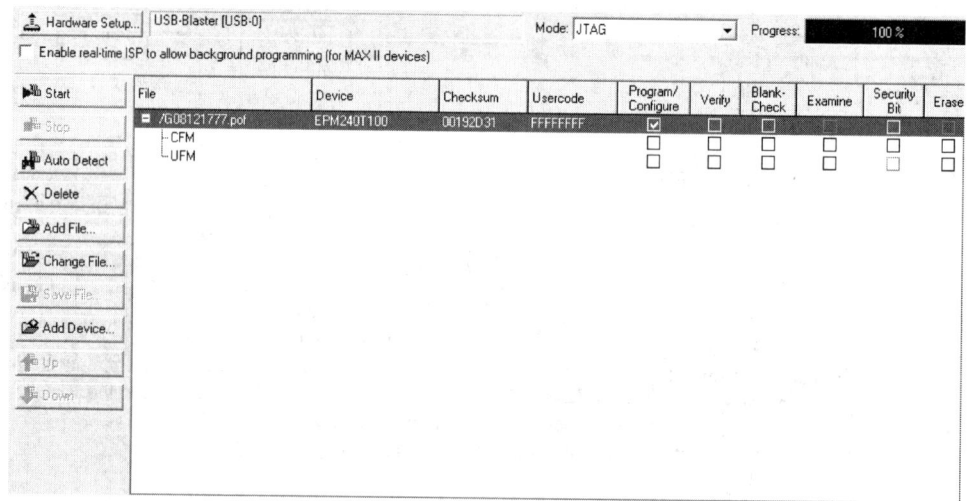

图 6-35 编程窗口

Programmer 具有四种编程模式:

(1) Passive Serial 模式;

(2) JTAG 模式;

(3) Active Serial Programming 模式;

(4) In Socket Programming 编程模式。

Passive Serial 和 JTAG 编程模式允许使用 CDF 和 Altera 编程硬件对单个或多个器

件进行编程。可以使用 Active Serial Programming 模式和 Altera 编程硬件对单个 EPCS1 或 EPCS4 串行配置器件进行编程。可以配合使用 In Socket Programming 模式与 CDF 和 Altera 编程硬件对单个 CPLD 或配置器件进行编程。

若要使用计算机上没有提供但可通过 JTAG 服务器获得的编程硬件，可以使用 Programmer 指定、连接至远程 JTAG 服务器。

Quartus II Programmer 允许编辑 CDF，CDF 存储器件名称、器件顺序和设计的可选编程文件名称信息。可以使用 CDF，通过一个或多个 SOF、POF 或通过单个 Jam 文件或 Jam Byte Code 文件对器件进行编程或配置。

6.4 Quartus II 下载及安装建议

Quartus II 是 Altera 公司最新版本的 EDA 开发软件，支持新器件，支持百万门级的设计，具有更强的设计能力和更快的编译速度。Quartus II 开发软件为可编程片上系统（SOPC）设计提供了一个完整的设计环境。无论是使用个人电脑、NUIX 或 Linux 工作站，Quartus II 都提供了方便设计、快速编译处理以及编程功能。Quartus II 支持 Altera 公司的各种可编程逻辑器件，包括 ACEX、APEX、ARM-based Excalibur、Cyclone、FLEX、HardCopy Stratix、MAX、Mercury 和 Stratix 等系列。

Quartus II 有几种方法可以实现 Altera 软件的下载和安装：

(1) 完整的软件和器件文件.tar 格式；
(2) 为定制下载和安装提供的独立可执行文件；
(3) DVD.iso 文件可烧入到光盘中在其他位置安装。

所选择的方法取决于的下载速度、设计需求以及安装方法。如果需要所支持系列完整的 Altera 软件包和器件支持，应该使用.tar 或者.iso 格式。如果希望下载部分软件、其他软件或者其他器件支持，应该使用单独的可执行文件。更多下载资料和信息请登录 Altera 公司网站查询或下载（http://www.altera.com.cn）。

第 7 章
基础应用实例

* **学习要点**

本章节主要通过一些简单的电路设计来实现一些基础知识和方法的掌握：

(1) 学习用 Verilog HDL 设计各种基本逻辑门电路、组合逻辑电路、加法器、减法器以及时序逻辑电路的设计。

(2) 学习 Verilog HDL 语言常见三种描述方法。

(3) 学习如何使用 Verilog HDL 语言的一些语法，如 if 语句、case 语句、for 循环等。

7.1 基本门电路设计实例

7.1.1 基本逻辑门

门电路是最基本的逻辑元件，它能实现最基本的逻辑功能，即其输入与输出之间存在一定的逻辑关系。基本逻辑门有与、或、非等。

所有的 Verilog 程序都以 module(模块)声明语句开始，其中包含模块名，紧随其后的是一个输入/输出信号程序清单，包含信号名、方向和类型。

输入/输出信号的方向通过 input、output 及 inout(双向信号)语句声明。

信号类型可以是 wire 或 reg。

VerilogHDL 多行注释从"/*"开始，直到"*/"才结束；VerilogHDL 单行注释采用"//"表示，从"//"开始到这一行末尾的内容会被系统识别为注释。

1. 功能要求

实现 2 输入与非门，其逻辑真值表和电路符号如图 7-1 所示，其逻辑真值表与表 3-1 相同。

2. 设计实现

本例子为组合逻辑电路功能，可以采用门级结构描述、数据流描述和行为描述方式来实现，模块名为 AND2，输入信号为 A、B，输出信号为 F，实现 $F = A \cdot B$，具体软件设计如下：

A	B	$F=AB$
0	0	0
0	1	0
1	0	0
1	1	1

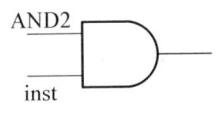

(a) 逻辑真值表　　　　　　　　(b) 电路符号

图 7-1　2 输入与门的逻辑真值表和电路符号

(1) 门级结构描述:

module　AND2(F,A,B);　//模块名为 AND2,输入输出信号为 F,A,B

input A,B;　　//输入信号

output F;　　//输出信号

and(F,A,B);　　//调用门元件

endmodule

(2) 数据流描述:

module　AND2　(F,A,B);

input A,B;

output F;

assign F = A&B;　　//assign 连续赋值

endmodule

(3) 行为描述:

module AND2　(F,A,B);

input A,B;

output F;

reg F;

always @(A or B)　　//过程赋值

begin

F = A&B;

end

endmodule

3. 仿真结果

仿真过程对输入信号 A、B 进行真值表遍历,产生图 7-1 中真值表中的 A、B 变化过程,然后核对输出信号 F 是否符合图 7-1 中真值表的输出结果,如果一致,表明程序设计正确,否则重新检查程序设计。正确的仿真结果如图 7-2 所示

4. 思考

参考实例,如何实现与非门和异或门?

数字电路应用

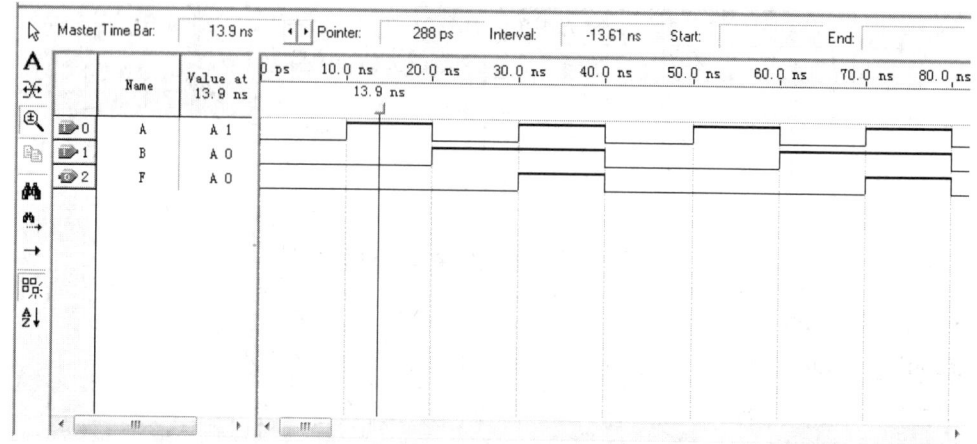

图 7-2 基本逻辑与门功能仿真结果

7.1.2 三态门电路

本节将学习用 Verilog HDL 语言描述三态门电路。

三态门有 bufif0、bufif1、notif0、notif1,这些门用于对三态驱动器建模。这些门有一个输出、一个数据输入和一个控制输入。

三态门实例语句的基本语法如下:

tristate_gate[instance_name](OutputA, InputB,ControlC);

第一个端口 OutputA 是输出端口,第二个端口 InputB 是数据输入,ControlC 是控制输入。根据控制输入,输出可被驱动到高阻状态,即值 z。对于 bufif0,若通过控制输入为 1,则输出为 z;否则数据被传输至输出端。对于 bufif1,若控制输入为 0,则输出为 z。对于 notif0,如果控制输出为 1,那么输出为 z;否则输入数据值的非传输到输出端。对于 notif1,若控制输入为 0,则输出为 z。

bufif1 BF1 (Dbus,MemData,Strobe);

notif0 NT2 (Addr, Abus, Probe);

当 Strobe 为 0 时,bufif1 门 BF1 驱动输出 Dbus 为高阻;否则 MemData 被传输至 Dbus。在第二个实例语句中,当 Probe 为 1 时,Addr 为高阻;否则 Abus 的非传输到 Addr。

1. 功能要求

用 bufif1 关键词描述的三态门,其电路符号如图 7-3 所示。模块名为 tri_1;输入信号为 in、en,其中 en 表示使能控制信号,en 高电平有效,in 表示数据输入信号;输出信号为 out。

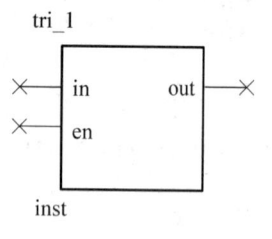

图 7-3 三态门电路符号

2. 设计实现

module tri_1(in,en,out);

input in,en;

```
output out;
tri out;
bufif1 b1(out,in,en);      //注意三态门端口的排列顺序
endmodule
```

3. 仿真结果

仿真过程对输入信号 en、in 进行真值表遍历,分别产生 00、01、10、11 四种遍历,然后核对输出信号 out 是否达到三态门控制输出的要求,即 en 在高电平状态下 out=in;en 在低电平状态下 out=Z。正确的仿真结果如图 7-4 所示。

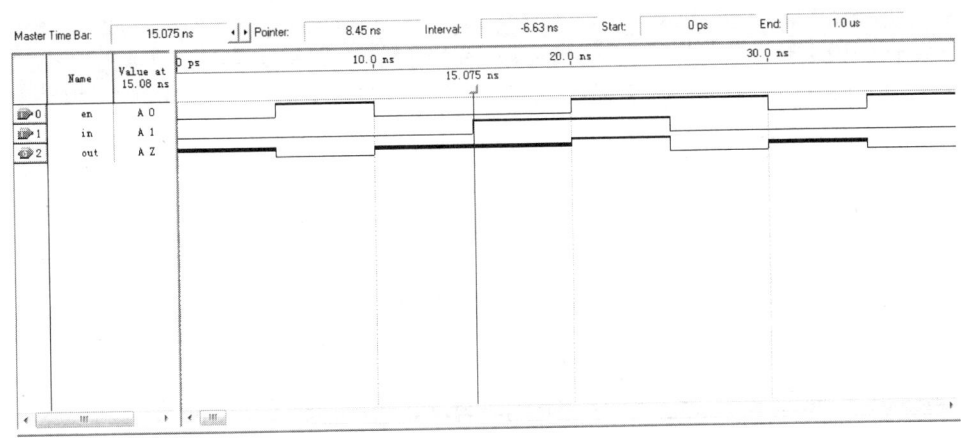

图 7-4 三态门功能仿真结果

4. 思考

能否用其他的 Verilog HDL 语言来描述三态门?

7.1.3 总线缓冲器

总线缓冲器在总线传输中起数据暂存缓冲的作用。其典型芯片有 74LS244 和 74LS245。74LS244 是一种 8 位三态缓冲器,可用来进行总线的单向传输控制。74LS245 是一种 8 位的双向传输的三态缓冲器,可用来进行总线的双向传输控制,所以也称总线收发器。

1. 功能要求

实现一个单向总线缓冲器,其电路符号如图 7-5 所示。模块名为 tri_buffer;输入信号为 din[7:0]、en,其中 en 表示使能控制信号,en 高电平有效,din[7:0]表示数据输入信号;输出信号为 dout[7:0]。

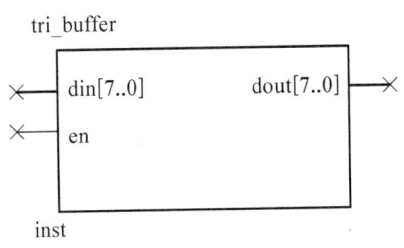

图 7-5 单向总线缓冲器电路符号

2. 设计实现

```
module tri_buffer(dout,din,en);
output reg [7:0] dout;
```

```
input [7:0] din;
input en;
always if(en) dout<=din;
   else dout<=' bz;
endmodule
```

3. 仿真结果

仿真过程对输入信号 en、din 进行遍历,然后核对输出信号 dout 是否达到三态门控制输出的要求,即 en 在高电平状态下 dout=din;en 在低电平状态下 dout=' bz。正确的仿真结果如图 7-6 所示。

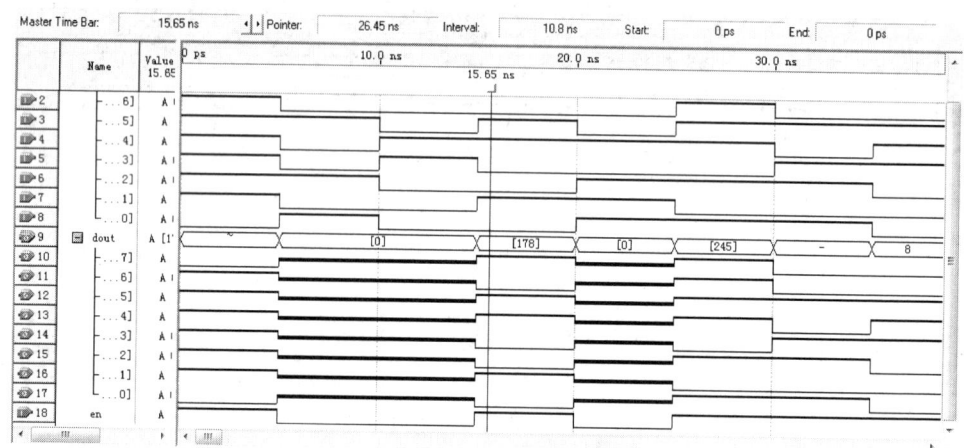

图 7-6 总线缓冲器功能仿真结果

4. 思考

参考实例,设计出一个双向总线缓冲器?

7.2 组合逻辑电路设计实例

7.2.1 逻辑函数的实现

逻辑函数是二值逻辑函数。一个复杂的逻辑电路,受到多种因素的控制,有多个逻辑变量。一般逻辑函数会用真值表、逻辑函数表达式、逻辑图、波形图和卡诺图等。使用 Verilog HDL 语言可轻松实现逻辑函数的表达。

1. 功能要求

实现门电路功能 $F=AB+BCD$,其电路符号如图 7-7 所示。模块名为 gate1;输入信号为 A、B、C、D,输出信号为 F。

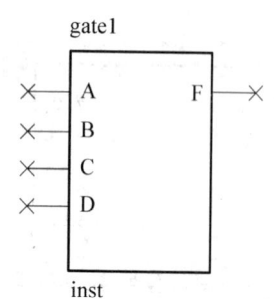

图 7-7 门电路电路符号

2. Verilog HDL 设计实现

本例为组合逻辑电路功能,可以采用门级结构描述、数据流描述和行为描述方式来实现,具体如下:

(1) 门级结构描述:

```
module gate1(F,A,B,C,D); //模块名为gate1,输入输出信号为F,A,B,C,D
input A,B,C,D;
output F;
and(F1,A,B);    //调用门元件
and(F2,B,C,D);
or(F,F1,F2);
endmodule
```

(2) 数据流描述:

```
module gate2(F,A,B,C,D);
input A,B,C,D;
output F;
assign F = (A&B)|(B&C&D);    //assign 连续赋值
endmodule
```

(3) 行为描述:

```
module gate3(F,A,B,C,D);
input A,B,C,D;
output F;
reg F;
always @(A or B or C or D)    //过程赋值
begin
F = (A&B)|(B&C&D);
end
endmodule
```

3. 仿真结果

仿真过程对输入信号 A、B、C、D 进行遍历,然后核对输出信号 F 是否达到功能控制输出的要求。正确的仿真结果如图 7-8 所示。

4. 思考

参考基本逻辑门电路,用 Verilog HDL 语言编写 $F = A \wedge B + \overline{CD}$。

逻辑函数都有哪些表示方法? $F = \overline{A}C + \overline{A}B$ 怎么用 Verilog HDL 表示?

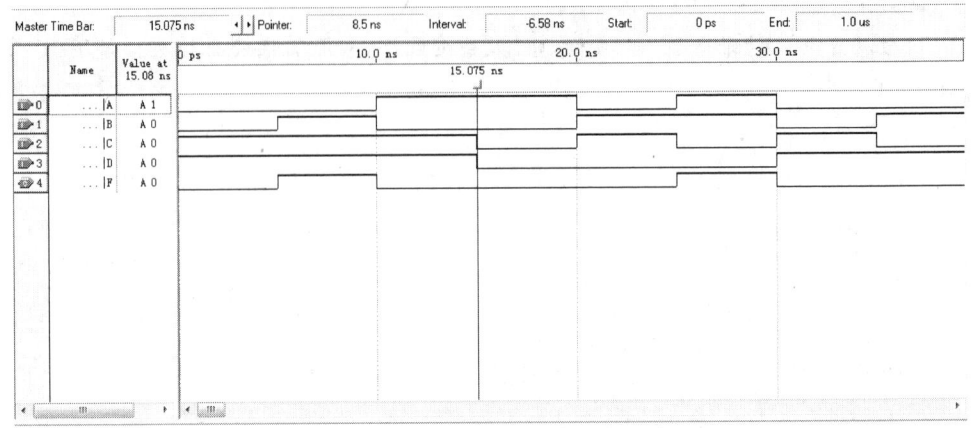

图 7-8 组合逻辑电路功能仿真结果

7.2.2 多路数据选择器

多路数据选择器是指经过选择,把多路数据中的某一路数据传送到公共数据线上,实现数据选择功能的逻辑电路。它的作用相当于多个输入的单刀多掷开关。具体功能描述可以参见第 3.2.3 节常用的集成组合逻辑电路中的数据选择器。

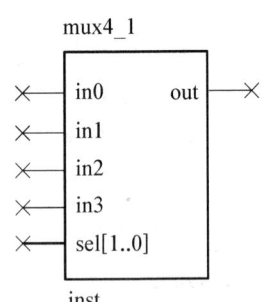

图 7-9 四选一数据选择器电路符号

1. 功能要求

设计一个四选一数据选择器,其电路符号如图 7-9 所示。模块名为 mux4_1;输入信号为 in0、in1、in2、in3、sel[1:0],输出信号为 out。其真值表可以参考图 3-21 四选一数据选择器。

2. 设计实现

```
module mux4_1(out,in0,in1,in2,in3,sel);
output out;
input in0,in1,in2,in3;
input[1:0] sel;
reg out;
always @(in0 or in1 or in2 or in3 or sel)    //敏感信号列表
case(sel)
2'b00:    out = in0;
2'b01:    out = in1;
2'b10:    out = in2;
2'b11:    out = in3;
default: out = 2'bx;
endcase
```

endmodule

3. 仿真结果

仿真过程对输入信号 sel、in0、in1、in2、in3 进行遍历,然后核对输出信号 out 是否达到功能控制输出的要求。正确的仿真结果如图 7‑10。

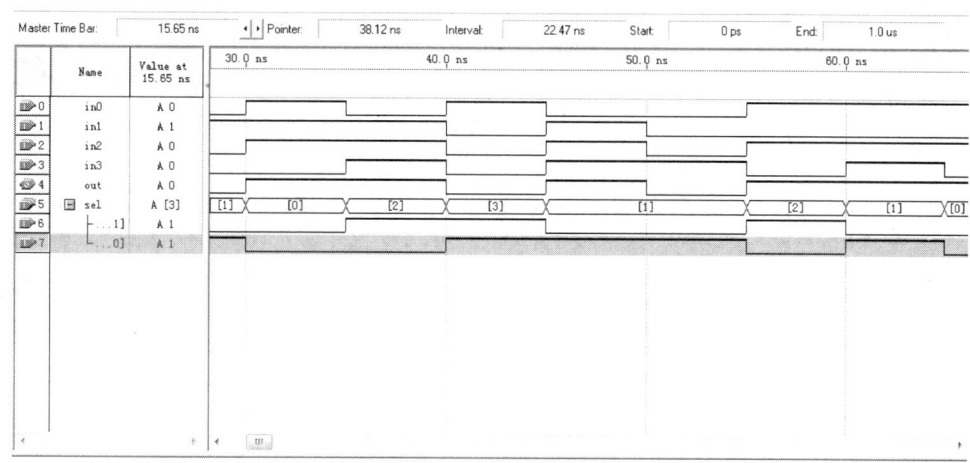

图 7‑10 四选一数据选择器功能仿真结果

4. 思考

参考四选一数据选择器实例,能否编写八选一数据选择器?

7.2.3 数据分配器

数据分配器是将公共数据线上的数据根据需要送到不同的通道上去,实现数据分配功能的逻辑电路。它的作用相当于多个输出的单刀多掷开关。它可以用唯一地址译码器实现。在 Verilog HDL 语言中,也有多种方法实现数据分配。具体功能描述可以参见第 3.2.3 节常用的集成组合逻辑电路中的译码器。

1. 功能要求

设计一个四数据分配器,其电路符号如图 7‑11 所示。模块名为 demux4;输入信号为数据信号 din、地址控制信号 a[1:0],输出信号为 y_0、y_1、y_2、y_3。

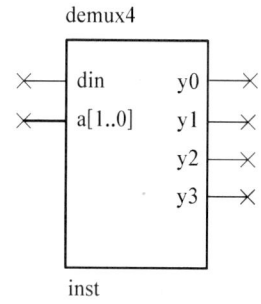

图 7‑11 四数据分配器的电路符号

2. 设计实现

```
module demux4(y0,y1,y2,y3,din,a);
output   y0,y1,y2,y3;    //4个数据通道
input din;  //数据输入端
input [1:0] a;  //两位地址码
reg y0,y1,y2,y3;
always@(din,a)
```

```
begin
y0 = 0;
y1 = 0;
y2 = 0;
y3 = 0;
case(a[1:0])
2'b00:y0 = din;
2'b01:y1 = din;
2'b10:y2 = din;
2'b11:y3 = din;
default: ;
endcase;
end
endmodule
```

3. 仿真结果

仿真过程对输入信号地址控制信号 a 和数据输入信号 din 进行遍历，然后核对输出信号 y_0、y_1、y_2、y_3 是否达到功能控制输出的要求。正确的仿真结果如图 7-12 所示。

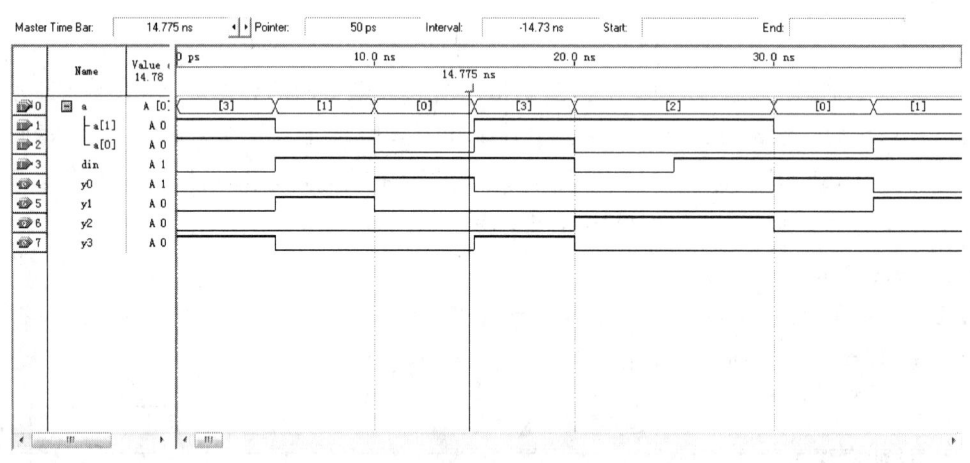

图 7-12 四数据分配器功能仿真结果

4. 思考

如果有八个数据通道，数据分配器如何实现？

7.2.4 比较器

数值比较器就是对两个二进制数 A、B 进行比较的逻辑电路，比较结果有 $A>B$、$A<$

B 以及 $A=B$ 三种情况。数值比较器有 1 位数值比较器、2 位数值比较器以及多位数值比较器。

1. 功能要求

设计一个 4 位数值比较器,具有 $a>b$, $y_1=1$; $a=b$, $y_2=1$; $a<b$, $y_3=1$,其电路符号如图 7-13 所示。模块名为 comparator_4;输入信号为数据信号 a[3:0]、b[3:0],输出信号为 y_1、y_2、y_3。

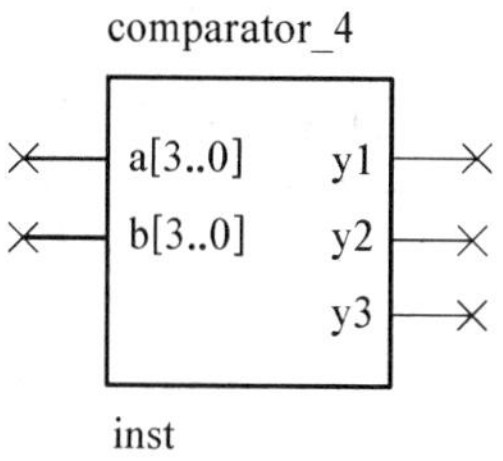

图 7-13 4 位数值比较器的逻辑符号

2. 设计实现

```
module comparator_4(y1,y2,y3,a,b);
output reg y1,y2,y3;   //比较结果: a>b y1 = 1; a = b y2 = 1;  a<b y3 = 1;
input [3:0] a,b;   //数据输入端
always@(a,b)
begin
  if(a<b)
    begin
    y1 = 1;y2 = 0;y3 = 0;
    end
  if(a == b)
    begin
    y1 = 0;y2 = 1;y3 = 0;
    end
  if(a>b)
    begin
    y1 = 0;y2 = 0;y3 = 1;
    end
end
endmodule
```

3. 仿真结果

仿真过程对输入信号 a 和数据输入信号 b 进行遍历,然后核对输出信号 y_1、y_2、y_3 是否达到功能控制输出的要求。正确的仿真结果如图 7-14 所示。

4. 思考

参考实例,2 位数值比较器如何实现?

7.2.5 优先编码器

优先编码器的 Verilog HDL 描述有多种方法,设计过程中可以根据真值表采用

数字电路应用

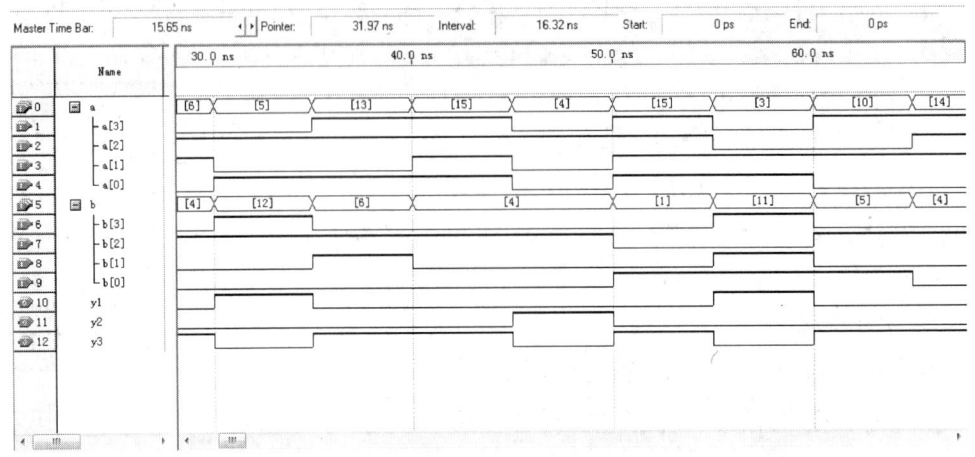

图 7-14　4 位数据比较器功能仿真结果

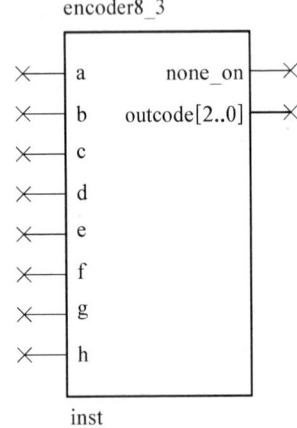

图 7-15　8 线-3 线优先
编码器的电路符号

case-when 语句、with-select 语句、if-then 结构等多种手段实现,也可以根据真值表分析输入输出间的逻辑关系,根据逻辑关系写出其布尔表达式,根据布尔代数式调用基本逻辑门元件来实现。具体功能可以参考第 3.2.3 节常用的集成组合逻辑电路中的编码器。

1. 功能要求

设计一个 8 线-3 线优先编码器,其电路符号如图 7-15 所示。模块名为 encoder8_3;输入信号为数据信号 a、b、c、d、e、f、g、h,输出信号为 none_on、outcode[2:0]。输出信号 none_on 表示输入信号没有一个有效(高电平)。

2. 设计实现

```
module encoder8_3(none_on,outcode,a,b,c,d,e,f,g,h);
output none_on;
output[2:0] outcode;
input a,b,c,d,e,f,g,h;
reg[3:0] outtemp;
assign {none_on,outcode} = outtemp;
always @(a or b or c or d or e or f or g or h)
begin
    if(h)outtemp = 4'b0111;
    else if(g)outtemp = 4'b0110;
    else if(f)outtemp = 4'b0101;
```

else if(e)outtemp = 4'b0100;
else if(d)outtemp = 4'b0011;
else if(c)outtemp = 4'b0010;
else if(b)outtemp = 4'b0001;
else if(a)outtemp = 4'b0000;
elseouttemp = 4'b1000;
end
endmodule

3. 仿真结果

仿真过程对输入信号 a、b、c、d、e、f、g、h，进行遍历，然后核对输出信号 none_on、outcode[2:0] 是否达到功能控制输出的要求。正确的仿真结果如图 7-16 所示。

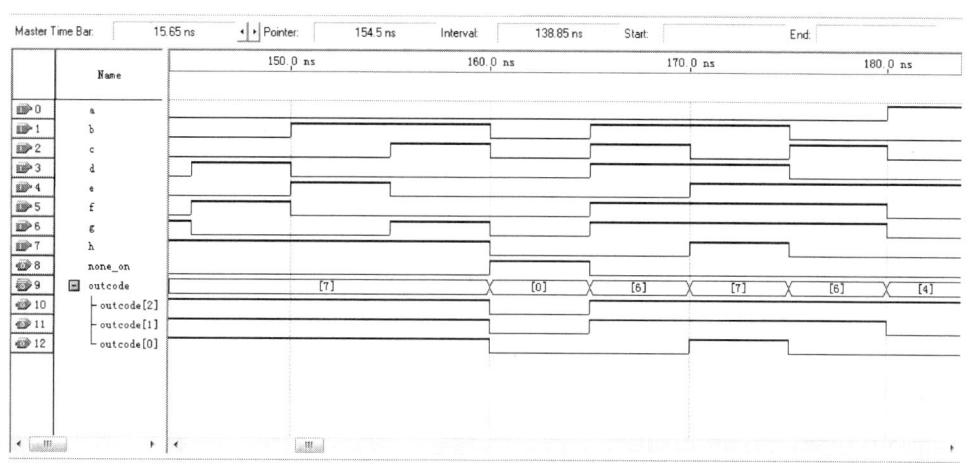

图 7-16 8线-3线优先编码器功能仿真结果

4. 思考

试想 8 线-3 线普通编码器如何实现？

7.2.6 3线-8线译码器

译码是编码的逆过程，它的功能是将具有特定含义的二进制码转换成对应的输出信号。译码器则是具有译码功能的逻辑电路。译码器有两种类型，一是唯一地址译码器，另一种是代码变换器。具体功能可以参考第 3.2.3 节常用的集成组合逻辑电路中的译码器。

1. 功能要求

实现一个 3 线-8 线译码器，其电路符号如图 7-17 所示。模块名为 decoder_3_8；输入信号为数据信号 in[2:0]，输出信号为 out[7:0]。其真值表可以参考表 3-12 的 74LS138 功

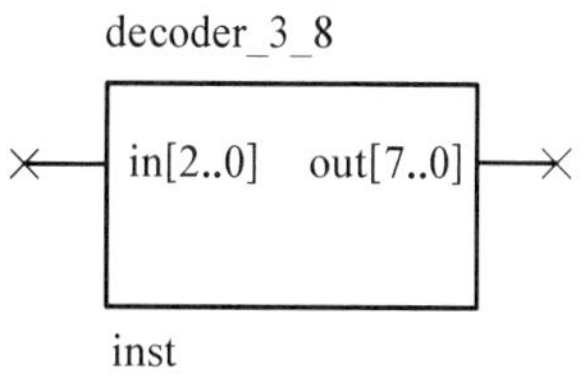

图 7-17 3线-8线译码器的电路符号

能表。

2. 设计实现

```
module decoder_3_8(out,in);
output[7:0] out;
input[2:0] in;
reg[7:0] out;
always @(in)
begin
case(in)
3'd0: out = 8'b11111110;
3'd1: out = 8'b11111101;
3'd2: out = 8'b11111011;
3'd3: out = 8'b11110111;
3'd4: out = 8'b11101111;
3'd5: out = 8'b11011111;
3'd6: out = 8'b10111111;
3'd7: out = 8'b01111111;
endcase
end
endmodule
```

3. 仿真结果

仿真过程对输入信号 in 进行遍历,然后核对输出信号 out[7:0]是否达到功能控制输出的要求。正确的仿真结果如图 7-18 所示。

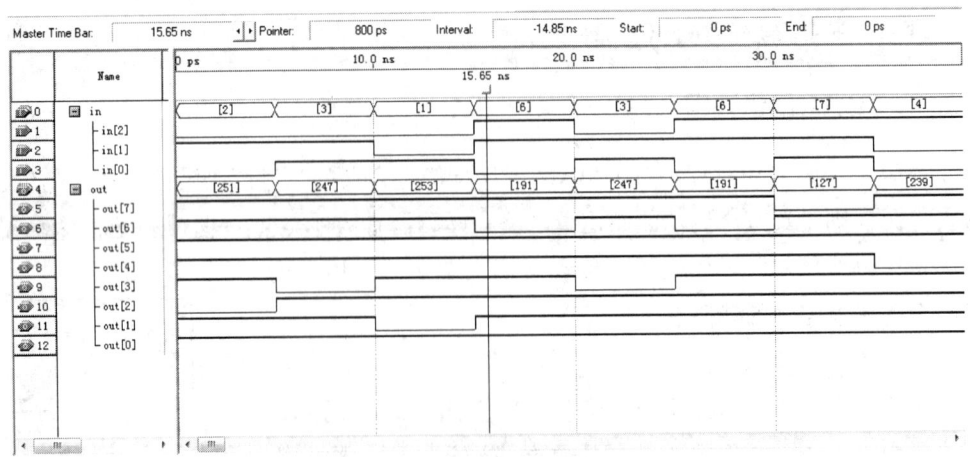

图 7-18　3线-8线译码器功能仿真结果

4. 思考

常见的集成电路译码器有哪些？如何利用 3 线-8 线译码器构成 4 线-16 线译码器？

7.2.7 BCD-七段显示译码器

七段发光二极管(LED)数码管是目前最常用的数字显示器,有共阴管和共阳管的电路。一个 LED 数码管可用来显示 1 位 0~9 十进制数和一个小数点。LED 数码管要显示 BCD 码所表示的十进制数字就需要有一个专门的译码器,该译码器不但要完成译码功能,还要有相当的驱动能力。常用的集成七段显示译码器有两类:一类译码器输出高电平有效信号,用来驱动共阴极显示器;另一类输出低电平有效信号,以驱动共阳极显示器。具体功能可以参考第 3.2.3 节常用的集成组合逻辑电路中的译码器。

1. 功能要求

实现一个 BCD-七段译码器,其电路符号如图 7-19 所示。模块名为 decoder4_7;输入信号为数据信号 indec[3:0],输出信号为的 decodeout[6:0]。其真值表可以参考表 3-13 的 4 位二进制译码器的真值表。

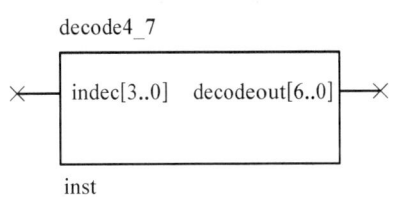

图 7-19 BCD-七段译码器的电路符号

2. 设计实现

```
module decode4_7(decodeout,indec);
output[6:0] decodeout;
input[3:0] indec;
reg[6:0] decodeout;
always @(indec)
begin
case(indec) //用 case 语句进行译码
4'd0:decodeout = 7'b1111110;
4'd1:decodeout = 7'b0110000;
4'd2:decodeout = 7'b1101101;
4'd3:decodeout = 7'b1111001;
4'd4:decodeout = 7'b0110011;
4'd5:decodeout = 7'b1011011;
4'd6:decodeout = 7'b1011111;
4'd7:decodeout = 7'b1110000;
4'd8:decodeout = 7'b1111111;
4'd9:decodeout = 7'b1111011;
default: decodeout = 7'bx;
endcase
```

end
endmodule

3. 仿真结果

仿真过程对输入信号 indec 进行遍历,然后核对输出信号 decodeout 是否达到功能控制输出的要求。正确的仿真结果如图 7-20 所示。

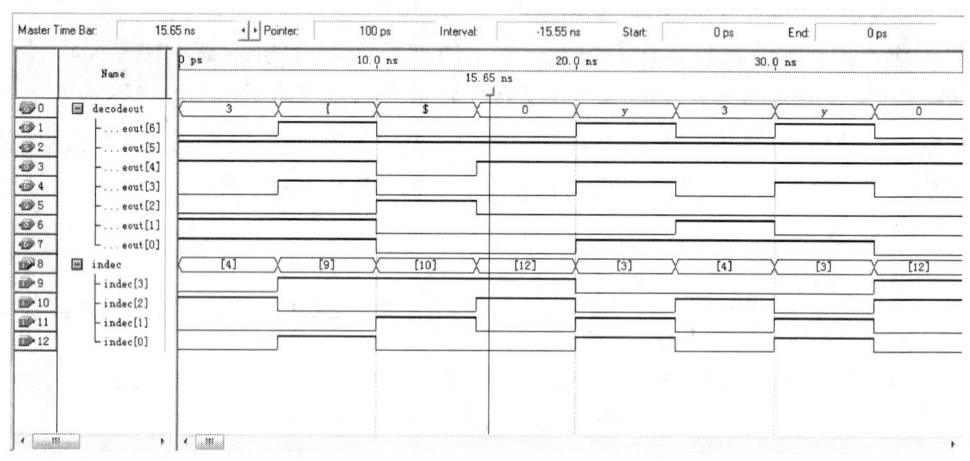

图 7-20 BCD-七段译码器功能仿真结果

4. 思考

如何实现四个 BCD-七段译码器的程序编写?

7.2.8 码制转换器

数字电路中,常见的码制有二进制码、BCD 码、格雷码以及 ASCⅡ码。BCD 码中常见的有 8421 码、2421 码、5421 码、余 3 码以及余 3 循环码,这些码制之间可以相互转换。具体可以参考第 2.1.4 节的码制。

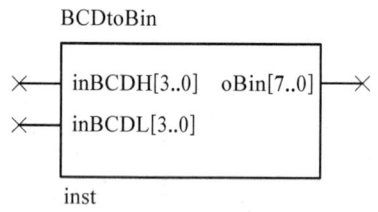

图 7-21 BCD 码-二进制码转换器的电路符号

1. 功能要求

设计一个 BCD 码-二进制码转换器,能实现 2 位的二进制数转换成为 8 位的二进制码,其电路符号如图 7-21 所示。模块名为 BCD_to_Bin;输入信号为数据信号 inBCDH[3:0]、inBCDL[3:0],inBCDH 表示十位数,inBCDL 表示个位数,输出信号为的 oBin[7:0]。

2. 设计实现

```
module BCDtoBin(input[3:0] inBCDH, input[3:0] inBCDL, output reg [7:0] oBin);
always @(inBCDH,inBCDL)
begin
```

```
       if(inBCDH[3:0]>4'b1001)
          oBin[7:0] = 0;
       else if(inBCDL[3:0]>4'b1001)
          oBin[7:0] = 0;
       else
          oBin[7:0] = inBCDH[3:0] * 10 + inBCDL[3:0];
    end
endmodule
```

3. 仿真结果

仿真过程对输入信号 inBCDH、inBCDL 进行遍历,遍历过程为 inBCDH 的变化周期是 inBCDL 的 16 倍,然后核对输出信号 oBin 是否达到功能控制输出的要求。正确的仿真结果如图 7-22 所示。

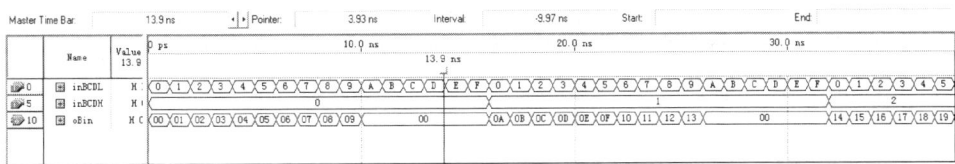

图 7-22 BCD 码-二进制码转换器功能仿真结果

4. 思考

如何实现二进制码到格雷码转换?

7.3 加法器

7.3.1 半加器

半加器电路模块由两个基本逻辑门元件构成,即与门和异或门。图 7-23 中的 a 和 b 是加数和被加数的数据输入端口;SO 是和值的数据输出端口;CO 则是进位数据的输出端口。根据图 7-23 的电路结构,很容易获得半加器的逻辑表述是 $SO=a\oplus b,CO=a\cdot b$。具体可以参考第 3.2.3 节常用的集成组合逻辑电路中的加法器。

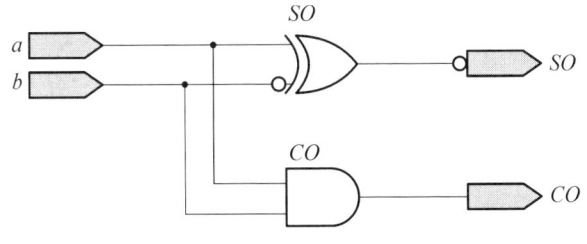

图 7-23 半加器的电路结构

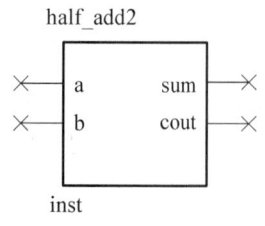

图7-24 1位半加器的电路符号

1. 功能要求

实现一个1位半加器,其电路符号如图7-24所示。模块名为half_add2;输入信号为数据信号 a、b,输出信号为和 sum 和进位位 cout。

2. 设计实现

实现1位半加器有三种 Verilog HDL 描述方式:

(1) 门元件实现:

```
module half_add1(a,b,sum,cout);
  input a,b;
  output sum,cout;
  and (cout,a,b);
  xor (sum,a,b);
endmodule
```

(2) 数据流方式描述:

```
module half_add2(a,b,sum,cout);
  input a,b;
  output sum,cout;
  assign sum = a ^ b;
  assign cout = a&b;
endmodule
```

(3) 行为描述:

```
module half_add3(a,b,sum,cout);
  input a,b;
  output sum,cout; reg sum,cout; always @(a or b)
  begin
    case ({a,b})           //真值表描述
      2'b00: begin   sum = 0; cout = 0;    end
      2'b01: begin   sum = 1; cout = 0;    end
      2'b10: begin   sum = 1; cout = 0;    end
      2'b11: begin   sum = 0; cout = 1;    end
    endcase
  end
endmodule
```

3. 仿真结果

仿真过程对输入信号 a、b 进行遍历,然后核对输出信号 sum 和 cout 是否达到功能控

制输出的要求。正确的仿真结果如图 7－25 所示。

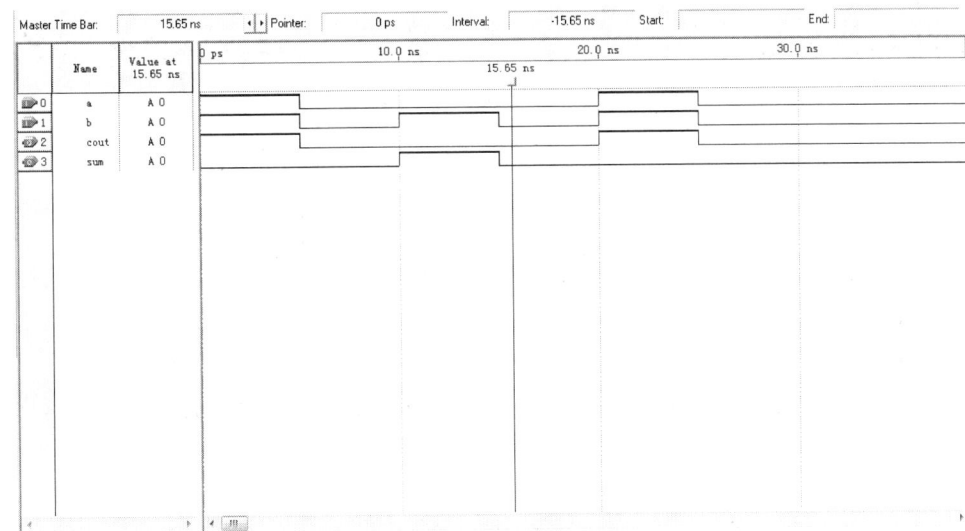

图 7－25　1 位半加器功能仿真结果

4．思考

如何用 Verilog HDL 语言描述 4 位半加器？

7.3.2　全加器

全加器可以由两个半加器和一个或门连接而成。设计全加器之前，必须首先设计好半加器和或门电路，把它们作为全加器的元件，再按照全加器的电路结构连接起来。最后获得的全加器电路可称为顶层设计。具体可以参考第 3.2.3 节常用的集成组合逻辑电路中的加法器。

1．功能要求

设计一个 1 位全加器，其电路符号如图 7－26 所示。模块名为 full_add2；输入信号为数据信号 a、b 和输入进位 cin，输出信号为和 sum 和进位位 cout。

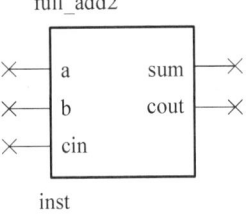

图 7－26　1 位全加器的
　　　　电路符号

2．设计实现

（1）门元件实现：

module full_add2(a,b,cin,sum,cout); input a,b,cin;

output sum,cout; wire s1,m1,m2,m3; and (m1,a,b),

(m2,b,cin),

(m3,a,cin);

xor (s1,a,b),

(sum,s1,cin);

or (cout,m1,m2,m3);
endmodule

（2）数据流描述：
module full_add2(a,b,cin,sum,cout);
input a,b,cin;
output sum,cout;
assign sum = a ^ b ^ cin;
assign cout = (a & b)|(b & cin)|(cin & a);
endmodule

3. 仿真结果

仿真过程对输入信号 a、b、cin 进行遍历，然后核对输出信号 sum 和 cout 是否达到功能控制输出的要求。正确的仿真结果如图 7-27 所示。

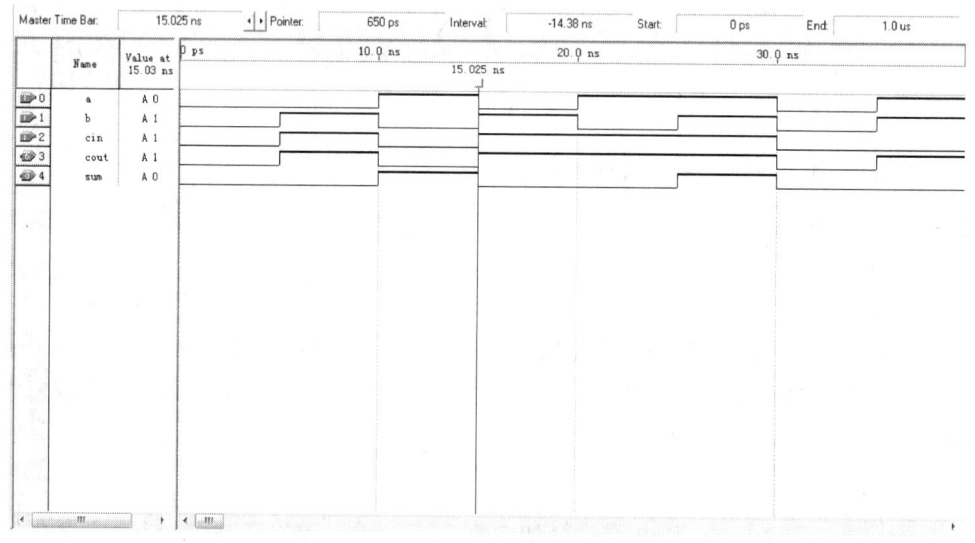

图 7-27　1 位全加器功能仿真结果

4. 思考

如何实现 4 位全加器？

7.4　减法器

7.4.1　半减器

两个二进制数相减叫做半减，实现半减操作的电路称为半减器。从二进制数减法的角度看，半减器真值表中只考虑了两个减数本身，没有考虑低位来的借位，这就是半减器的由来。

1. 功能要求

采用 Verilog HDL 语言实现半减器,其电路符号如图 7‑28 所示。模块名为 half_sub;输入信号为被减数 a、减数 b,输出信号为差 dout、借位 cout。

图 7‑28 半减器的电路符号

2. 设计实现

```
module half_sub(a,b,dout,cout);
  input a,b; //被减数,减数
  output reg dout,cout; //差位,借位
  always@(a,b)
  begin
    {cout,dout} = a - b;
  end
endmodule
```

3. 仿真结果

仿真过程对输入信号 a、b 进行遍历,然后核对输出信号 dout 和 cout 是否达到功能控制输出的要求。正确的仿真结果如图 7‑29 所示。

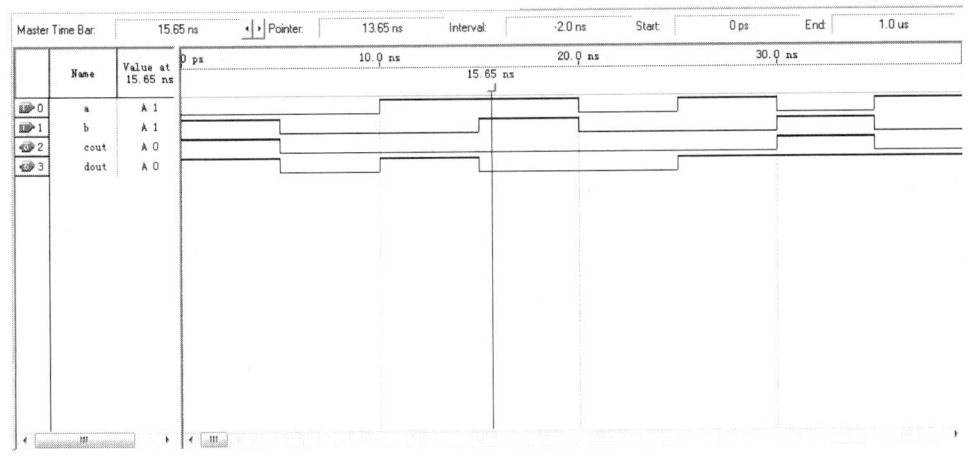

图 7‑29 半减器功能仿真结果

4. 思考

如何实现 4 位半减器?

7.4.2 全减器

全减器能被减数 x、减数 y 和低位来的借位 z 信号相减,并根据求减结果给出该位的借位信号。1 位全减器输出 D(差),B(借位)逻辑表达式:

$$D = \overline{x}\,\overline{y}z + \overline{x}y\overline{z} + x\overline{y}\,\overline{z} + xyz$$

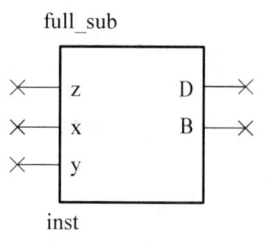

图 7-30 1 位全减器的电路符号

$$B = \bar{x}y + \bar{x}z + yz$$

1. 功能要求

设计 1 位全减器,其电路符号如图 7-30 所示。模块名为 full_sub;输入信号为被减数 x、减数 y、低位来的借位 z,输出信号为差 D、借位 B。

2. 设计实现

```
module full_sub(D,B,z,x,y);
    output D,B;
    input x,y,z;
    assign D = ((~x)&&(~y)&&(~z))||((~x)&&y&&(~z))||(x&&(~y)&&(~z))||(x&&y&&z);
    assign B = ((~x)&&y)||((~x)&&z)||(y&&z);
endmodule
```

3. 仿真结果

仿真过程对输入信号 x、y、z 进行遍历,然后核对输出信号 D 和 B 是否达到功能控制输出的要求。正确的仿真结果如图 7-31 所示。

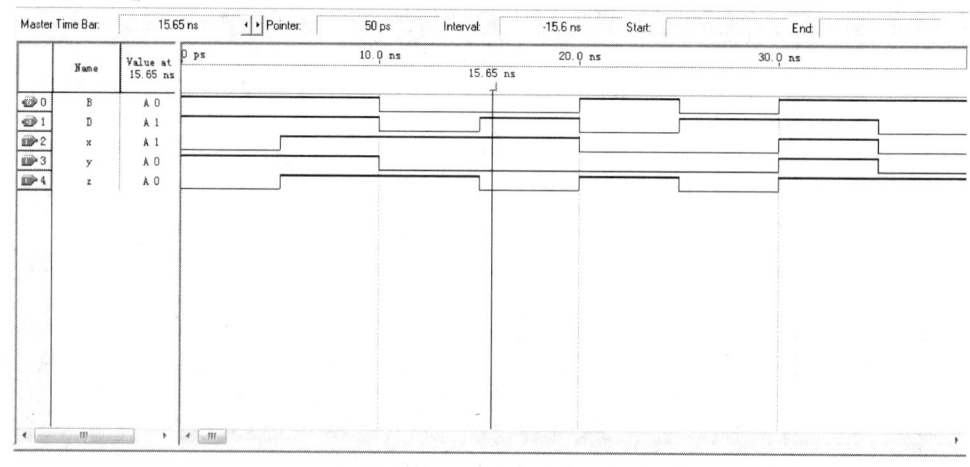

图 7-31 1 位全减器功能仿真结果

4. 思考

如何实现 4 位全减器?

7.5 时序逻辑电路设计实例

7.5.1 触发器

触发器是具有记忆功能,能存储数字信息的最常用的一种基本单元电路,是构成时序逻辑电路的基本逻辑部件。触发器具有两个稳定的状态：0 状态和 1 状态；在适当触发信号作用下，触发器的状态发生翻转，即触发器可由一个稳态转换到另一个稳态。当输入触发信号消失后，触发器翻转后的状态保持不变（记忆功能）。根据电路结构和功能的不同，触发器有 RS 触发器、D 触发器、JK 触发器、T 触发器、T′触发器等类型。具体可以参考第 3.3.2 节的典型触发器。

1. 功能要求

分别实现一个 RS、JK、D 和 T 触发器，其电路符号如图 7-32 所示。

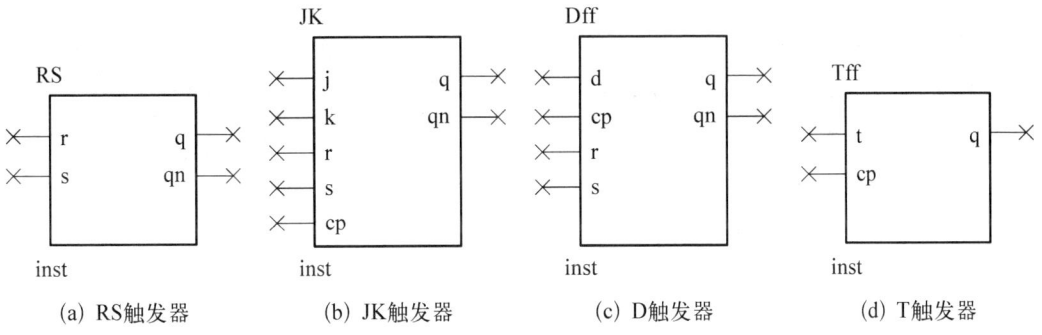

图 7-32 触发器的电路符号

2. 设计实现

(1) RS 触发器：

```
module RS(q,qn,r,s); //RS 触发器
input r,s; //输入信号 r、s
output reg q,qn; //输出信号 q、qn
reg q1,qn1;
always@(r,s)
begin q1 = ~(s&qn1);
qn1 = ~(r&q1);
q = q1;
qn = qn1;
end
endmodule
```

(2) JK 触发器：

```
module JK(q,qn,j,k,r,s,cp); //JK 触发器
input j,k,r,s,cp; //输入数据 j、k；时钟 cp；清零信号 r；置位信号 s
output reg q,qn;
always@(posedge cp) //上升沿触发
begin
```

```verilog
if({r,s} == 2'b01)
begin q<=0; qn<=1; end
else if({r,s} == 2'b10)
begin q<=1; qn<=0; end
else if({r,s} == 2'b00)
begin q<=q; qn<=qn; end
else if({r,s} == 2'b11)
begin
if({j,k} == 2'b00)
begin q<=q; qn<=qn; end
if({j,k} == 2'b01)
begin q<=0; qn<=1; end
if({j,k} == 2'b10)
begin q<=1; qn<=0;
end if({j,k} == 2'b11)
begin q<=~q; qn<=~qn; end
end
end
endmodule
```

(3) D 触发器：

```verilog
module Dff(q,qn,d,cp,r,s); //D 触发器
output reg q,qn;
input d,cp,r,s; //输入数据 d;时钟 cp;清零信号 r;置位信号 s
always@(posedge cp) //上升沿触发
begin
if({r,s} == 2'b01)
begin
q=0; qn='b1;
end
else if({r,s} == 2'b10)
begin
q='b1; qn=0;
end
else if({r,s} == 2'b11)
begin
```

```
q = d;qn = ~d;
end
end
endmodule
```

(4) T 触发器：

```
module Tff(q,t,cp); //T 触发器
output reg q;
input t,cp; //输入数据 t;时钟 cp
always@(posedge cp) //上升沿触发
begin
if(t)
begin
q<= = ~q;
end
end
endmodule
```

3. 仿真结果

(1) RS 触发仿真结果：

仿真过程对输入信号 r、s 进行遍历，然后核对输出信号 q 和 qn 是否达到功能控制输出的要求。正确的仿真结果如图 7-33 所示。

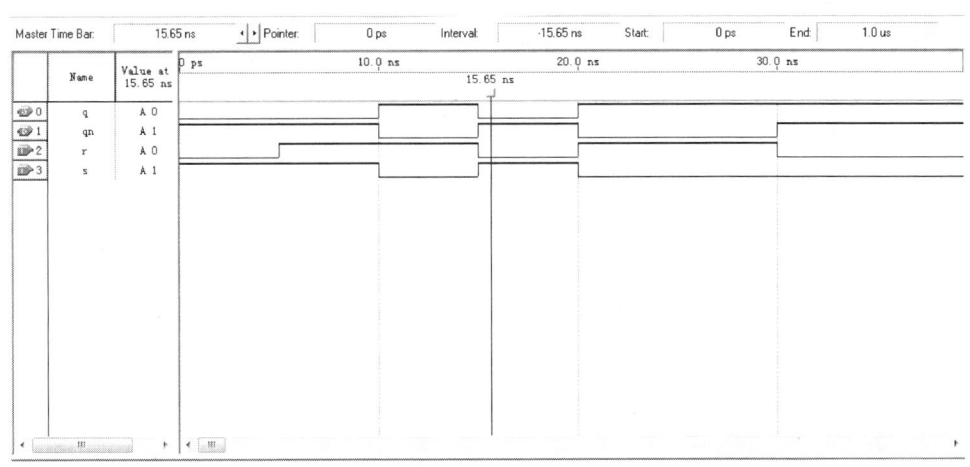

图 7-33 RS 触发器功能仿真结果

(2) JK 触发器仿真结果：

仿真过程为：根据时钟信号 cp 对输入信号 j、k、清零信号 r、置位信号 s 进行遍历，然后核对输出信号 q 和 qn 是否达到功能控制输出的要求。正确的仿真结果如图 7-34 所示。

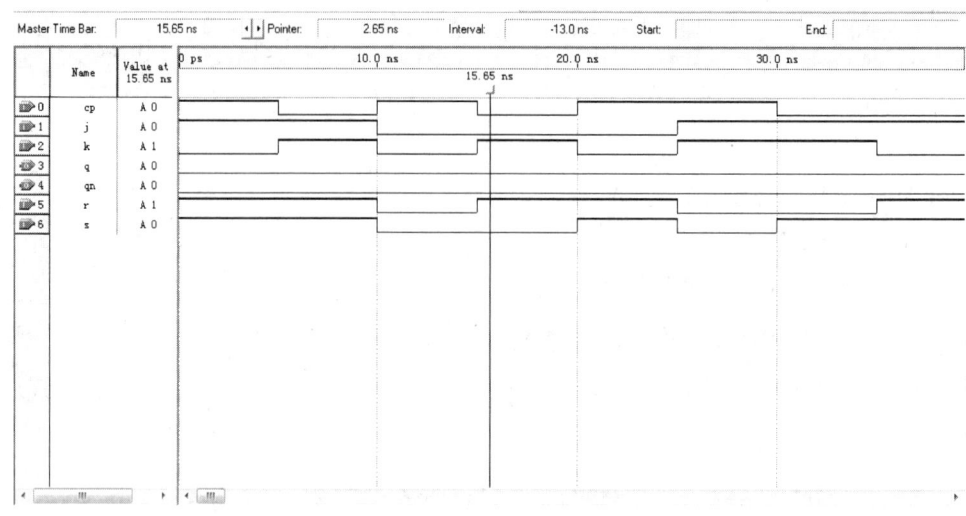

图 7-34　JK 触发器功能仿真结果

（3）D 触发器仿真结果：

仿真过程为：根据时钟信号 cp 对输入信号 d、清零信号 r、置位信号 s 进行遍历，然后核对输出信号 q 和 qn 是否达到功能控制输出的要求。正确的仿真结果如图 7-35 所示。

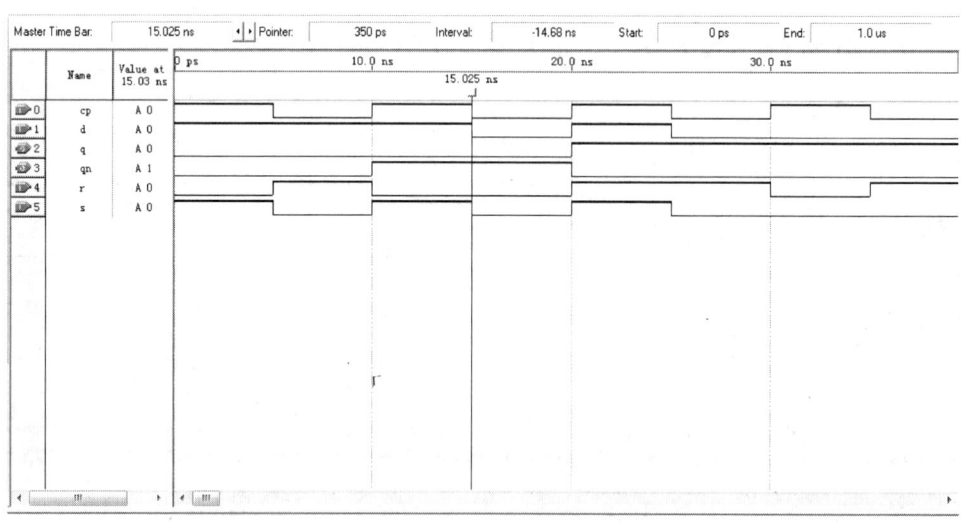

图 7-35　D 触发器功能仿真结果

（4）T 触发器仿真结果：

仿真过程为：根据时钟信号 cp 对输入信号 t 进行遍历，然后核对输出信号 q 是否达到功能控制输出的要求。正确的仿真结果如图 7-36 所示。

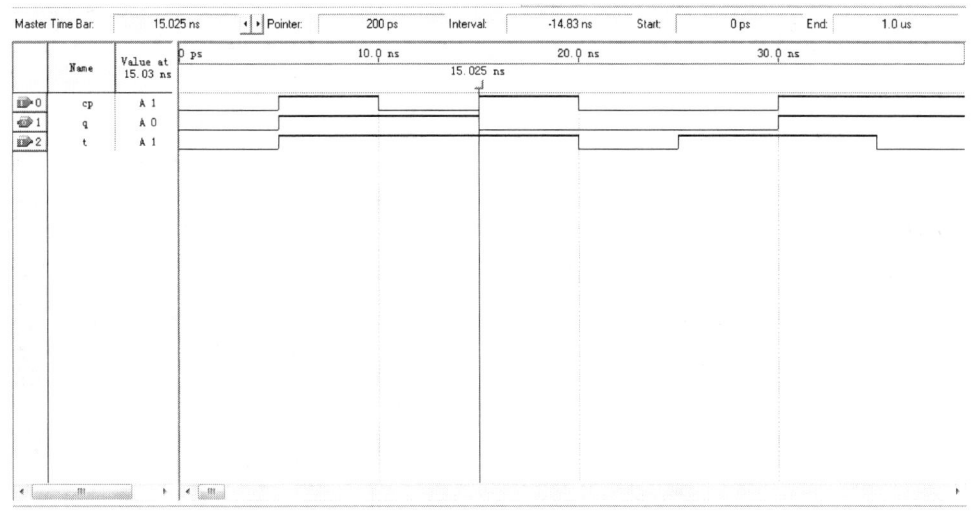

图 7‑36 T 触发器功能仿真结果

4. 思考

RS 触发器为什么不允许出现两个输入同时为零的情况？

7.5.2 计数器

计数器的功能介绍可以参考第 3.3.7 节的计数器。

1. 功能要求

实现一个具有异步置零、并行置数功能的 4 位同步二进制计数器。其电路符号如图 7‑37 所示。模块名为 counter4；输入信号为使能 CEP、使能 CET、置数 PE、输入数据 D[3:0]、时钟 CP、清零 CR；输出为数据 Q[3:0] 和进位位 TC。时钟 CP 上升沿有效。

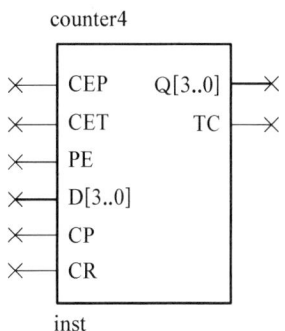

图 7‑37 四位同步二进制计数器的逻辑符号

2. 设计实现

在该模块中混合使用了 assign 语句和 always 语句。assign 语句描述了组合电路中由与门产生的使能控制信号 CE 和进位输出信号 TC，当计数器到达最大值 15 时，TC=1。always 语句描述了计数器的逻辑功能，当 CR 信号跳变到低电平时，计数器的输出被置为零；否则，当 CR=1 时，在 CP 的上升沿作用下，完成其他三种功能：同步置数、加 1 计数和保持原有状态不变。

具体程序如下：

```
module counter4 (CEP, CET, PE, D, CP, CR, Q, TC);
input CEP, CET, PE, CP, CR;            //
input[3:0]D;                            //输入数据
output TC;                              //进位位
```

```
output[3:0]Q;                          //输出结果
reg[3:0]Q;
wire CE;
assign CE = CEP&CET;
assign TC = CET&(Q = = 4'b1111);
always @(posedge CP or negedge CR)    //时钟 CP 上升沿有效,清零 CR 下降沿有效
    if(~CR)Q <= 4'b0000;
    else if(~PE)Q <= D;               //PE = 0,synchronous load input
    else if(~CE)Q <= Q;               //the output no change
    else Q <= Q + 1'b1;
endmodule
```

3. 仿真结果

仿真过程为：根据时钟信号 CP 对输入信号使能 CEP、使能 CET、置数 PE、输入数据 D、清零 CR 进行遍历,然后核对输出信号 Q、TC 是否达到功能控制输出的要求。正确的仿真结果如图 7-38 所示。

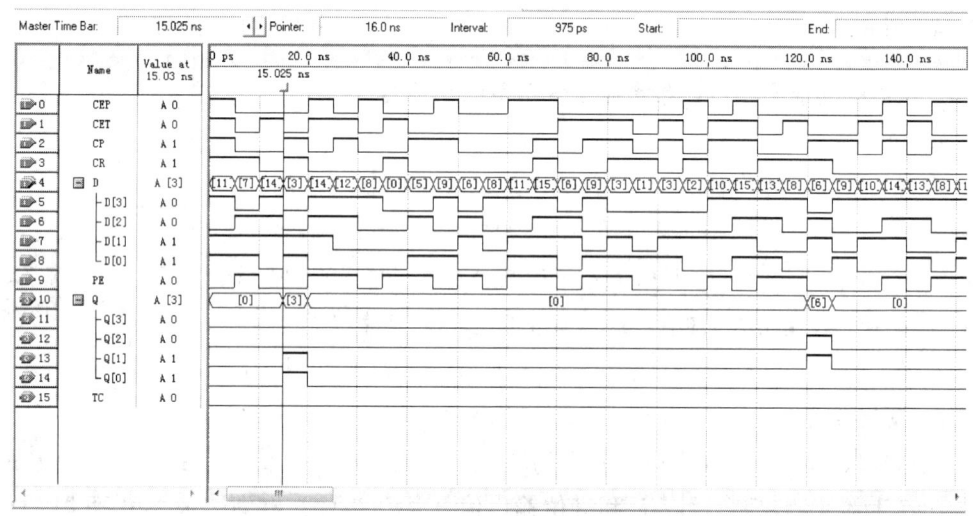

图 7-38 计数器功能仿真结果

4. 思考

参照实例,如何实现用其他方法描述同步二进制计数器？

7.5.3 寄存器

寄存器是数字系统中用来存储二进制数据的逻辑部件。一个触发器可储存 1 位二进制数据,储存 n 位二进制数据的寄存器需要用 n 个触发器组成。寄存器的功能介绍可以参考第 3.3.8 节的寄存器。

1. 功能要求

设计一个 8 位寄存器,其电路符号如图 7-39 所示。模块名为 reg8;输入信号为输入数据 in[7:0]、时钟 clk、清零 clear;输出为数据 qout[7:0]。时钟 clk 上升沿有效,清零 clear 上升沿有效。

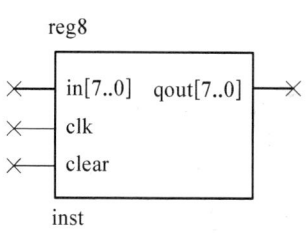

图 7-39 8 位寄存器的电路符号

2. 设计实现

```
module reg8(qout,in,clk,clear);
output[7:0] qout;
input[7:0] in;
input clk,clear;
reg[7:0] qout;
always @(posedge clk or posedge clear)  //时钟 clk 上升沿有效,清零 clear 上升沿有效
    begin
        if(clear)   qout = 0;      //异步清零
        else        qout = in;
    end
endmodule
```

3. 仿真结果

仿真过程为:根据时钟信号 clk 对输入信号输入数据 in、清零 clear 进行遍历,然后核对输出信号 qout 是否达到功能控制输出的要求。正确的仿真结果如图 7-40 所示。

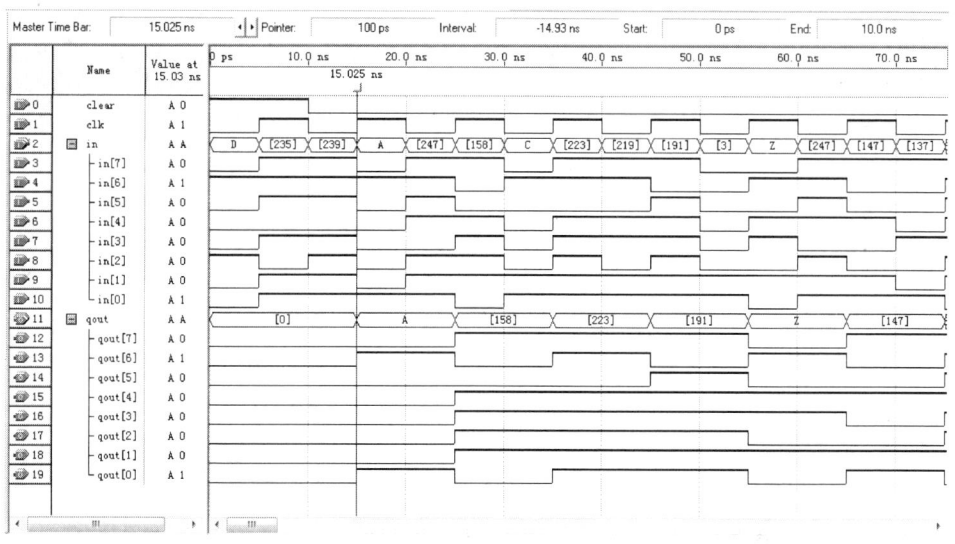

图 7-40 寄存器功能仿真结果

4. 思考

为什么说寄存器比锁存器有更好的同步性和抗干扰性？

7.5.4 移位寄存器

寄存器只有寄存数据或代码的功能。而移位寄存器可以在同一时钟脉冲下，将寄存器的二进制代码或数据依次移位，用来实现数据的串行/并行或并行/串行的转换、数值运算以及其他数据处理功能。它属于同步时序电路。

1. 功能要求

设计一个 8 位移位寄存器，其电路符号如图 7-41 所示。模块名为 shifter8；输入信号为输入数据 din、时钟 clk、清零 clr；输出为数据 dout[7:0]。时钟 clk 上升沿有效。

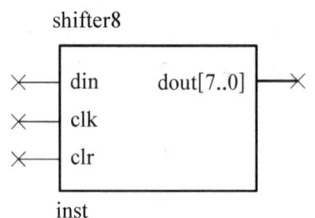

图 7-41 8 位移位寄存器的电路符号

2. 设计实现

```
module shifter8(din,clk,clr,dout);
input din,clk,clr;
output[7:0] dout;
reg[7:0] dout;
always @(posedge clk)
begin
    if (clr)   dout<= 8'b0;      //同步清零,高电平有效
    else
    begin
    dout <= dout << 1;           //输出信号左移一位
    dout[0] <= din;              //输入信号补充到输出信号的最低位
    end
end
endmodule
```

3. 仿真结果

仿真过程为：根据时钟信号 clk 对输入信号输入数据 din、清零 clr 进行遍历，然后核对输出信号 dout 是否达到功能控制输出的要求。正确的仿真结果如图 7-42 所示。

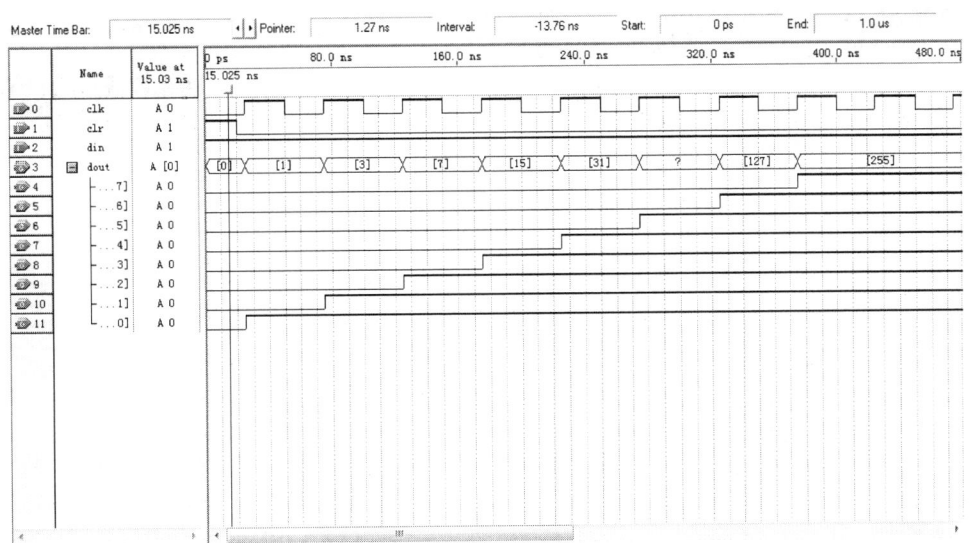

图 7-42 寄存器功能仿真结果

4. 思考

参考程序,双向移位寄存器如何采用 Verilog HDL 实现?

第 8 章 高级应用实例

* 学习要点

(1) 掌握 EDA 开发的基本流程,运用常见电路进行设计、分析、综合仿真的方法。

(2) 学习使用 Verilog HDL 语言描述投票表决器、序列信号发生器、分频器、交通控制器。

(3) 实现颗粒物罐装系统的 Verilog 的设计与仿真。

8.1 投票表决器

8.1.1 功能要求

表决器的功能是将所投票者的结果综合起来,超过半数赞成则表示结果通过,反之则不通过。而七人表决器由七个人来投票,当赞成的票数大于或者等于 4 人,则认为通过;当反对的票数大于或者等于 4 人时,则认为不通过。所以这次设计中我们将用 7 个数据开关来表示七个人,当对应的拨挡开关输入为"1"时,表示此人同意;否则若拨挡开关输入为"0"时,则表示此人反对。表决的结果用一个 LED 表示,若表决的结果为同意,则 LED 被点亮;否则,如果表决的结果为反对,则 LED 不会被点亮。

表决器的电路符号如图 8-1 所示。模块名为 voter7;输入信号为 vote[6:0]表示 7 个表决人的输入 r;输出为 pass 表示表决结果。pass 直接连接 LED 正极,pass 高电平表示表决通过,点亮 LED。

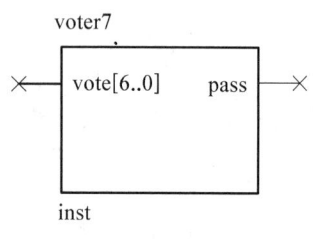

图 8-1 表决器的电路符号

8.1.2 设计实现

```
module voter7(pass,vote);
output pass;
input[6:0] vote;
reg[2:0] sum;
```

```
integer i;
reg pass;
always @(vote)
begin
    sum = 0;
      for(i = 0;i<= 6;i = i + 1)            //for 语句
        if(vote[i]) sum = sum + 1;
        if(sum[2])      pass = 1;           //若超过 4 人赞成,则 pass = 1
        else            pass = 0;
    end
endmodule
```

8.1.3 仿真结果

仿真过程为:对输入信号 vote 进行遍历,然后核对输出信号 pass 是否达到功能控制输出的要求。正确的仿真结果如图 8-2 所示。

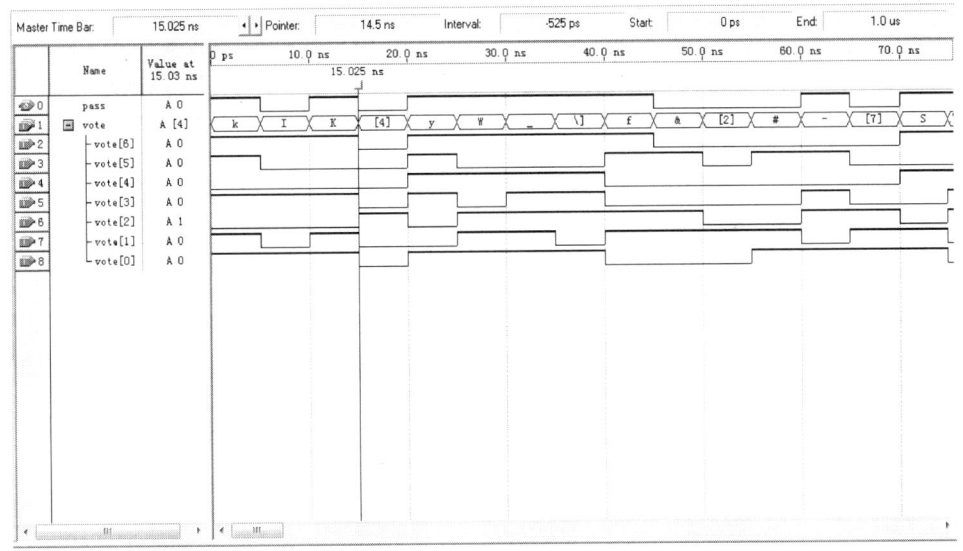

图 8-2 表决器功能仿真结果

8.2 序列信号发生器

8.2.1 功能要求

在数字电路中,序列信号是指在同步脉冲作用下循环地产生一串周期性的二进制信号。能产生这种信号的逻辑器件就称为序列信号发生器。根据结构不同,它可分为反馈

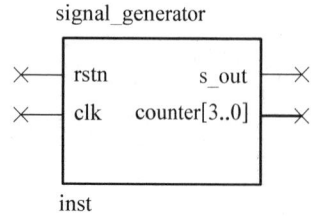

图 8-3 序列信号发生器的电路符号

移位型和计数型两种。本实验的目的就是设计一个序列信号发生器。

设计产生序列 1101000101 的计数型序列信号发生器,序列信号发生器的电路符号如图 8-3 所示。模块名为 signal_generator;输入信号为时钟信号 clk 和复位信号 rstn,输出信号为输出序列 s_out 和序列计数器 counter[3:0]。clk 上升沿有效,rstn 低电平有效。

8.2.2 设计实现

```
module signal_gen(s_out,counter,rstn,clk);
input              rstn;     //复位信号
input              clk;      //计数时钟
output [3:0]       counter;  //计数
output             s_out;
reg    [3:0]       counter;
reg    [9:0]       s_data;
reg                s_out;
always @ (posedge clk or negedge rstn)  //clk 上升沿有效,rstn 下降沿有效
    if(! rstn)
      begin
        s_out <= 0;
        counter <= 0;
        s_data <= 10'b11_0100_0101;  //内部输出序列
      end
    else
      if(! (counter[0]&&counter[3]))
        begin
          s_out <= s_data[counter];
          counter <= counter + 1;
        end
      else
        begin
          counter <= 0;
          s_out <= s_data[0];
        end
```

endmodule

8.2.3 仿真结果

仿真过程为：复位信号 rstn 进行数据复位，对计数时钟信号 clk 进行计数，根据 clk 信号和 rstn 的输入，核对输出信号 dout 是否达到功能控制输出的要求。正确的仿真结果如图 8-4 所示。

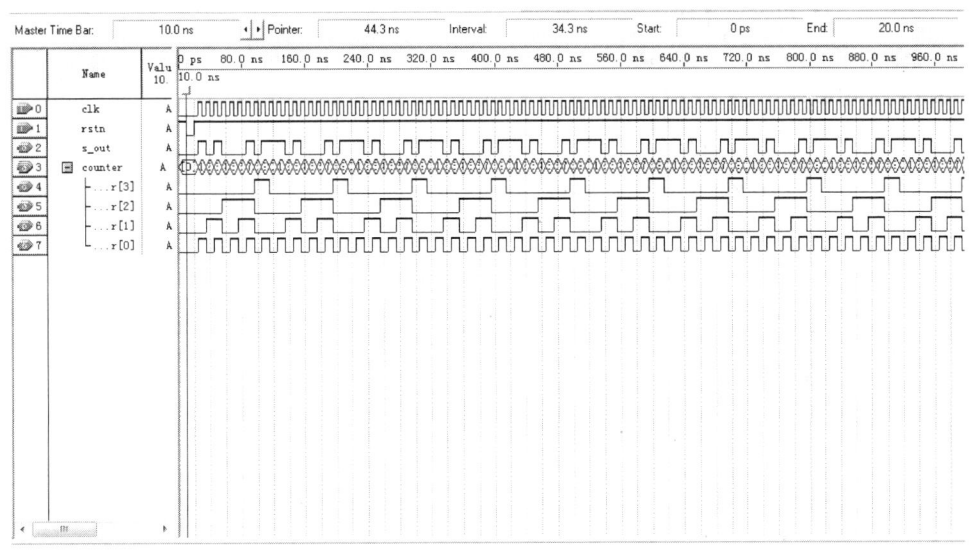

图 8-4 序列信号发生器功能仿真结果

8.3 分频器

8.3.1 功能要求

整数分频包括偶数分频和奇数分频，对各种分频系数进行分频方法具体如下：

第一，偶数倍分频：偶数倍分频是大家都比较熟悉的分频，通过计数器计数是完全可以实现的。如进行 N 倍偶数分频，那么可以通过由待分频的时钟触发计数器计数，当计数器从 0 计数到 N/2−1 时，输出时钟进行翻转，并使计数器复位，使得下一个时钟从零开始计数。以此循环下去。这种方法可以实现任意的偶数分频。

第二，奇数倍分频：对于实现占空比为 50% 的 N 倍奇数分频，首先进行上升沿触发进行模 N 计数，计数从零开始，到 (N−1)/2 进行输出时钟翻转，然后经过 (N−1)/2 再次进行翻转得到一个占空比非 50% 奇数 N 分频时钟。再者同时进行下降沿触发的模 N 计数，到和上升沿过 (N−1)/2 时，输出时钟再次翻转生成占空比非 50% 的奇数 N 分频时钟。两个占空比非 50% 的 N 分频时钟相或运算，得到占空比为 50% 的奇数 N 分频时钟。

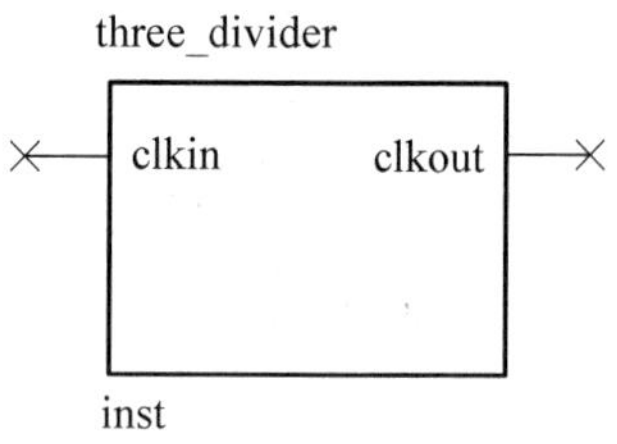

设计一个要求输出时钟占空比为 50% 的三分频分频器，其电路符号如图 8-5 所示。模块名为 three_divider；输入信号为时钟信号 clkin，输出信号为三分频输出 clkout。

8.3.2 设计实现

```verilog
//上升沿触发的分频设计
module three_divider (clkin, clkout);
input clkin; //定义输入信号
output clkout; //定义输出信号
reg [1:0] step1, step;
always @(posedge clkin)
begin
case (step)    //这个状态机就是一个计数器
2'b00: step<= 2'b01;
2'b01: step<= 2'b10;
2'b10: step<= 2'b00;
default: step<= 2'b00;
endcase
end
always @(negedge clkin)  //step1 与 step 相差半个 clk
begin
case (step1)
2'b00: step1<= 2'b01;
2'b01: step1<= 2'b10;
2'b10: step1<= 2'b00;
default: step1<= 2'b00;
endcase
end
assign clkout = step[1] | step1[1]; //利用 step 和 step1 高位的或运算，实现在 1.5 个 clk 时翻转。
endmodule
```

图 8-5 三分频分频器的电路符号

8.3.3 仿真结果

仿真过程为：对时钟信号 clkin 进行分频，核对输出信号 clkout 是否达到功能控制输出的要求。正确的仿真结果如图 8-6 所示。

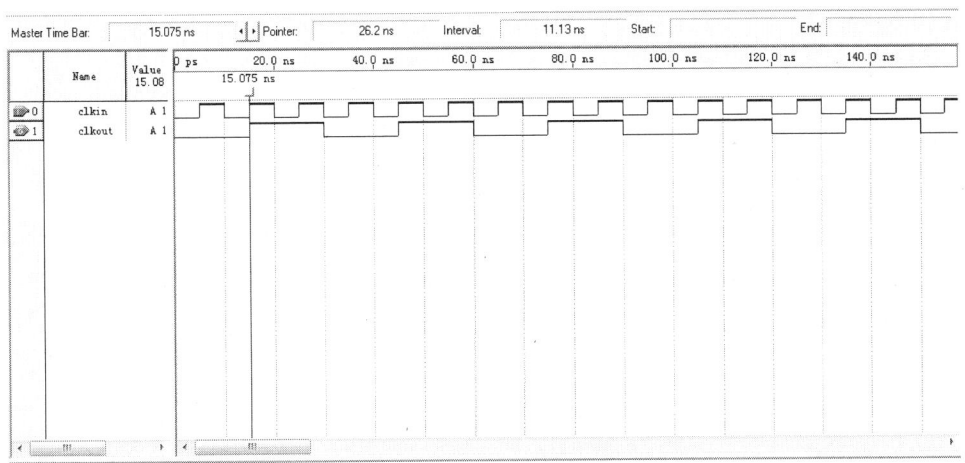

图 8-6 分频器功能仿真结果

8.4 交通灯控制器

8.4.1 功能要求

城市街道的十字路口,为保证交通秩序和行人安全,一般在每条道路上各设一组红、绿、黄交通信号灯,其中红灯亮,表示该条道路禁止通行;黄灯亮,表示该条道路上未过停车线的车辆禁止通行,已过停车线的车辆继续通行;绿灯亮,表示该条道路允许通行。交通管理系统的控制电路自动控制十字路口的两组红、绿、黄交通信号灯的状态,指挥各种车辆和行人安全通行,实现十字路口交通管理的自动化。观察十字路口交通灯变化规律,按要求设计。

交通灯控制器的电路符号如图 8-7 所示。模块名为 traffic;输入信号为时钟信号 CLK 和使能信号 EN,输出信号为 LAMPA[3:0]、LAMPB[3:0]、ACOUNT[7:0] 和 BCOUNT[7:0]。CLK 为同步时钟信号,上升沿有效; EN 为使能信号,高电平有效,EN 有效则控制器开始工作;LAMPA 为控制 A 方向四盏灯亮灭的控制信号,其中 LAMPA0~LAMPA3 分别控制 A 方向的左拐灯、绿灯、黄灯和红灯;LAMPB 为控制 B 方向四盏灯亮灭的控制信号,其中 LAMPB0~LAMPB3 分别控制 B 方向的左拐灯、绿灯、黄灯和红灯;ACOUNT 为 A 方向灯的时间计数器,用于 A 方向灯的时间显示;BCOUNT 为 B 方向灯的时间计数器,用于 B 方向灯的时间显示。

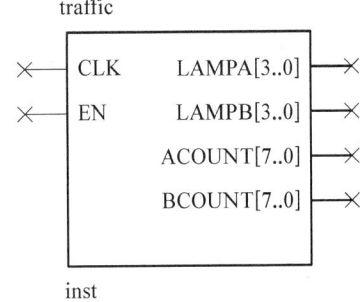

图 8-7 交通灯控制器的电路符号

8.4.2 设计实现

```
module traffic(CLK,EN,LAMPA,LAMPB,ACOUNT,BCOUNT);
```

```verilog
output[7:0] ACOUNT,BCOUNT;
output[3:0] LAMPA,LAMPB;
input CLK,EN;
reg[7:0] numa,numb;
reg tempa,tempb;
reg[2:0] counta,countb;
reg[7:0] ared,ayellow,agreen,aleft,bred,byellow,bgreen,bleft;
reg[3:0] LAMPA,LAMPB;
always @(EN)
if(!EN)
    begin            //设置各种灯的计数器的预置数
        ared     <=8'd55;    //55 秒
        ayellow  <=8'd5;     //5 秒
        agreen   <=8'd40;    //40 秒
        aleft    <=8'd15;    //15 秒
        bred     <=8'd65;    //65 秒
        byellow  <=8'd5;     //5 秒
        bleft    <=8'd15;    //15 秒
        bgreen   <=8'd30;    //30 秒
    end
assign ACOUNT=numa; assign BCOUNT=numb;

always @(posedge CLK)    //该进程控制 A 方向的四种灯
begin
if(EN)
  begin
    if(!tempa)
    begin
        tempa<=1;
        case(counta)    //控制亮灯的顺序
        0: begin numa<=agreen;  LAMPA<=2; counta<=1; end
        1: begin numa<=ayellow; LAMPA<=4; counta<=2; end
        2: begin numa<=aleft;   LAMPA<=1; counta<=3; end
        3: begin numa<=ayellow; LAMPA<=4; counta<=4; end
        4: begin numa<=ared;    LAMPA<=8; counta<=0; end
```

```verilog
          default:       LAMPA<=8;
        endcase
      end
    else
      begin        //倒计时
        if(numa>1)
        if(numa[3:0]==0) begin
        numa[3:0]<=4'b1001;
        numa[7:4]<=numa[7:4]-1;
        end
        else   numa[3:0]<=numa[3:0]-1;
        if (numa==2) tempa<=0; end
      end
  else
    begin
    LAMPA<=4'b1000;
    counta<=0;    tempa<=0;
    end
end
always @(posedge CLK)    //该进程控制 B 方向的四种灯
begin
if (EN)
begin
  if(! tempb)
  begin
    tempb<=1;
    case (countb)    //控制亮灯的顺序
    0: begin numb<=bred; LAMPB<=8; countb<=1; end
    1: begin numb<=bgreen; LAMPB<=2; countb<=2; end
    2: begin numb<=byellow; LAMPB<=4; countb<=3; end
    3: begin numb<=bleft; LAMPB<=1; countb<=4; end
    4: begin numb<=byellow; LAMPB<=4; countb<=0; end
    default:      LAMPB<=8;
    endcase
  end
```

```
                else
                begin            //倒计时
                    if(numb>1)
                    if(! numb[3:0])    begin
                    numb[3:0]<=9;
                    numb[7:4]<=numb[7:4]-1;
                    end
                    else    numb[3:0]<=numb[3:0]-1;
                    if(numb==2)  tempb<=0;
                end end
            else
            begin
                LAMPB<=4'b1000;
                tempb<=0; countb<=0;
            end
            end endmodule
```

8.4.3 仿真结果

仿真过程为：根据输入时钟信号 CLK 和使能信号 EN，核对输出信号 LAMPA、LAMPB、ACOUNT 和 BCOUNT 是否达到功能控制输出的要求。正确的仿真结果如图 8-8 所示。

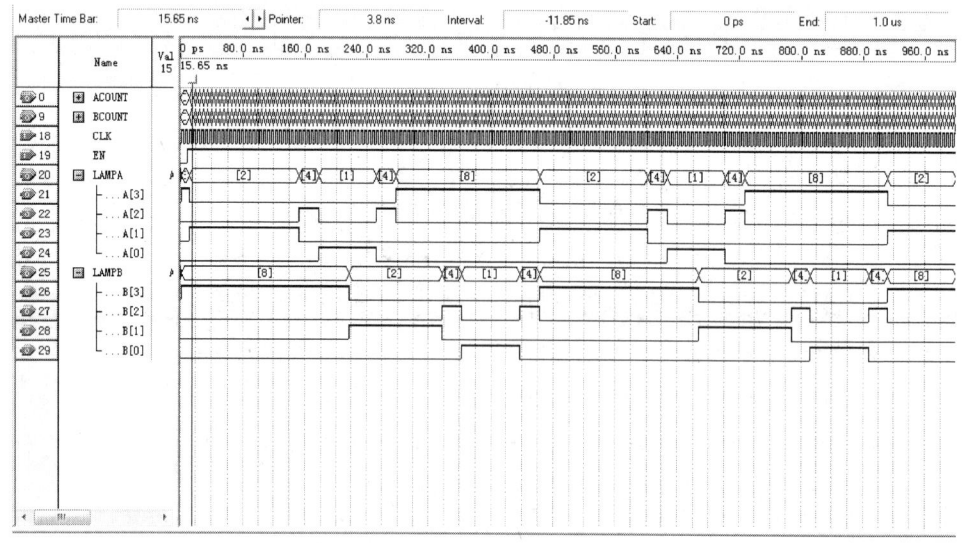

图 8-8　交通灯控制功能仿真结果

8.5 颗粒物罐装系统

8.5.1 功能要求

(1) 对整个系统中各模块进行结构拼接,并进行整体仿真。

(2) 完成芯片配置和下载,验证系统。

(3) 设计整个罐装系统,如图 8-9 所示。

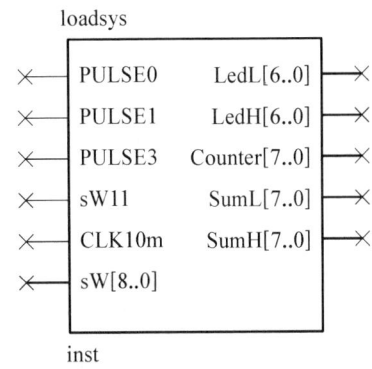

图 8-9 颗粒物罐装系统的电路符号

输入为每瓶颗粒数设定拨码开关 sW[8:0]、总清零 sW11、颗粒计数脉冲信号 PULSE0、瓶到信号 PULSE1 和锁存时钟 PULSE3,输出信号为计数器 Counter[7:0],CLK10M 是一个 10 MHz 的时钟信号,输出为每瓶颗粒设定值个位数显示 LedL[6:0]、十位数显示 LedH[6:0]和总颗粒数 Sum[15:0]。主要功能要求如下:主要完成上面概述中所要求的所有功能。拼接所有模块,具体如下:

当总清零 sW11 为 0 时,所有信号输出清零(包括计数器 Counter[7:0]、静态 LedL[6:0]、静态 LedH[6:0]和药片总数 Sum[15:0]);

拨码开关 sW[8:0]连接优先编码器 coder 获得数字编码 iReg[3:0];

iReg[3:0]和锁存时钟 PULSE3 连接寄存器 reg 获得每瓶颗粒数目设定数据 Reg[7:0];

设定数据 Reg[7:0]连接译码器 decoder7 驱动 LED 数码管,输出为 LedH[6:0]和 LedL[6:0];

颗粒计数脉冲信号 PULSE0 连接计数器 counter 获得每瓶罐装的颗粒数 Counter[7:0];

颗粒数 Counter[7:0]和每瓶颗粒数目设定数据 Reg[7:0]连接比较器 comparator,获得每瓶数据相等信号 bEQU;

颗粒数 Counter[7:0]、总数 Sum[7:0]连接到加法器 add,获得更新总数 Sum[7:0]和进位 C8。

进位 C8 连接到计数器 counter2,获得总数 Sum[15:8]。

相等信号 bEQU 和瓶到信号 PULSE1 反馈连接计数器,对计数器进行控制。

8.5.2 设计实现

```
module top(PULSE0, PULSE1, PULSE3, sW11, sW, LedL, LedH, Counter, SumL, SumH,
bEQU, Clock10M);
    input           PULSE0;
    input           PULSE1;
    input           PULSE3;
```

```
    input              sW11;
    input              Clock10M;
    input      [9:1]   sW;
    output     [6:0]   LedL;
    output     [6:0]   LedH;
    output     [7:0]   Counter;
    output     [7:0]   SumL;
    output     [7:0]   SumH;
    output             bEQU;

    wire       [3:0]   iReg;
    wire       [7:0]   RReg;
    wire       [6:0]   LedL;
    wire       [6:0]   LedH;
    wire       [7:0]   bReg;
    wire               bEQU;
    wire       [7:0]   Counter;
    wire       [7:0]   SumH;
    wire       [7:0]   SumL;
    wire       [7:0]   addResultL;
    wire       [7:0]   addResultH;
    wire               C8;

    encoder9 enCoder(sW, iReg);  //优先编码器
    Reg shifter(iReg, PULSE3, sW11, bReg); //移位寄存器
    decoder7 decoder(bReg[7:4], bReg[3:0], LedL, LedH); //数码管显示译码器
    counter counter(PULSE0, PULSE1, sW11, bEQU, Counter); //计数器
    BCDtoBin b_bin(bReg[7:4], bReg[3:0], RReg); //BCD 转二进制
    compare compare(Counter, RReg, bEQU); //bReg, bEQU); //比较器
    add Add(RReg, Counter, SumL, C8); //加法器
    counter counter2(C8, PULSE1, sW11, bEQU, SumH); //计数器
endmodule
```

8.5.3 仿真结果

仿真过程为：根据每瓶颗粒数设定拨码开关 sW[8:0]、总清零 sW11、颗粒计数脉冲

信号 PULSE0、瓶到信号 PULSE1 和锁存时钟 PULSE3，核对在 PULSE0 驱动下的计数器 Counter、每瓶颗粒设定值个位数显示 LEDL、十位数显示 LEDH 和总颗粒数 Sum 的输出是否达到功能要求。正确的仿真结果如图 8-10 所示。

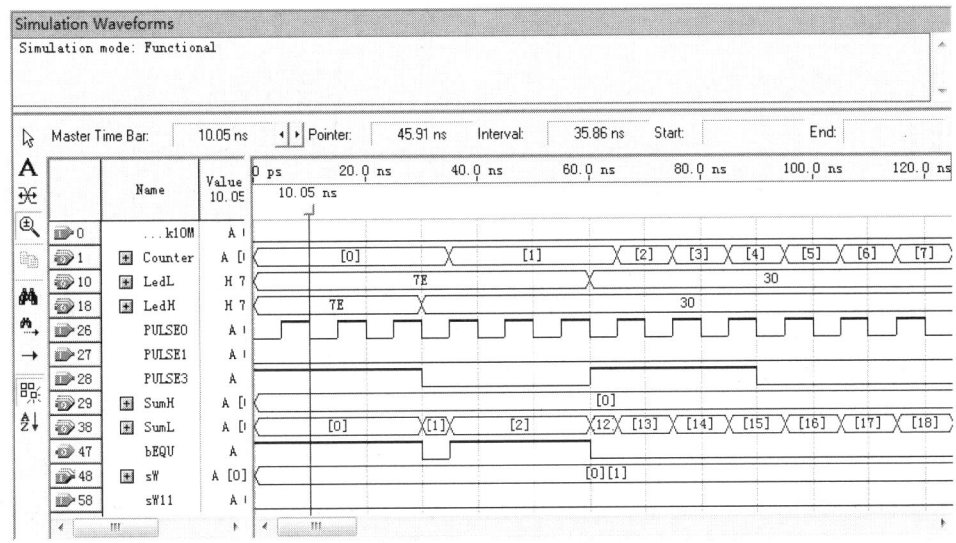

图 8-10 颗粒物罐装系统功能仿真结果

附录 A
参考系统硬件原理图

A.1 实验平台硬件的介绍

DS2018 实验的硬件平台基本功能分布如图 A-1 所示。

图 A-1 中,IC 为开头的区域是用于单逻辑芯片的组合实验中使用的,共有 12 个区域,其中有 4 个 14 引脚,3 个 16 引脚,2 个 20 引脚,1 个 24 引脚,1 个 28 引脚,1 个 40 引脚的插座,用于单逻辑器件的实验使用;拨动开关区有 16 个开关,用于输入开关量信号使用;单脉冲区有 4 个单脉冲按钮,用于输入单脉冲量信号使用;4×4 的键盘区,用于键盘实验;液晶显示区,用于液晶的显示使用;发光二极管区域共有 16 个发光二极管,可以用于信号的显示;静态数码管,有 2 个七段数码管,可以显示 2 位的数字;主控 CPLD 和 CPU 负责实验过程某些过程的功能实验;主控 CPLD 区的上下两端,各有扩展总线,可以连接额外的 FPGA 或 CPLD,可以进行 FPGA 或 CPLD 的实验;另外实验平台上还有光电开发、直流电机和步进电机的模块,可以进行相关的实验。

在器件的周围有对应管脚的插孔连线,用于不同部分之间的连接。还有部分的连线在电路板内部已经做好,在实验中会具体说明。

A.2 DS2018 实验平台的电路原理

(1) 矩阵键盘(见图 A-2)。
(2) 单脉冲电路图(见图 A-3)。
(3) 拨码开关电路图(见图 A-4)。
(4) 七段数码管电路图(见图 A-5)。
(5) 发光二极管电路图(见图 A-6)。

附录 A 参考系统硬件原理图

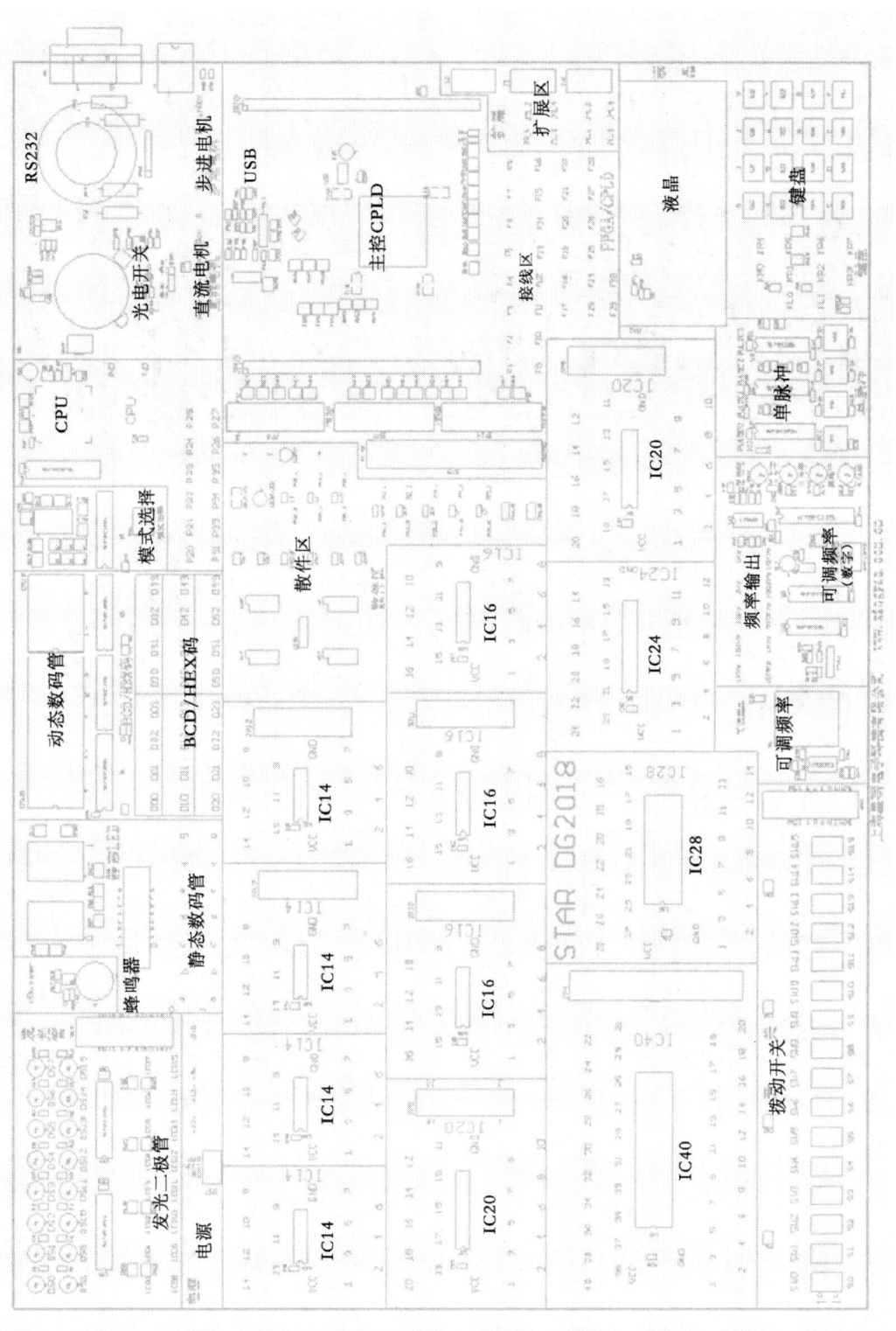

图 A-1 实验平台功能分布图

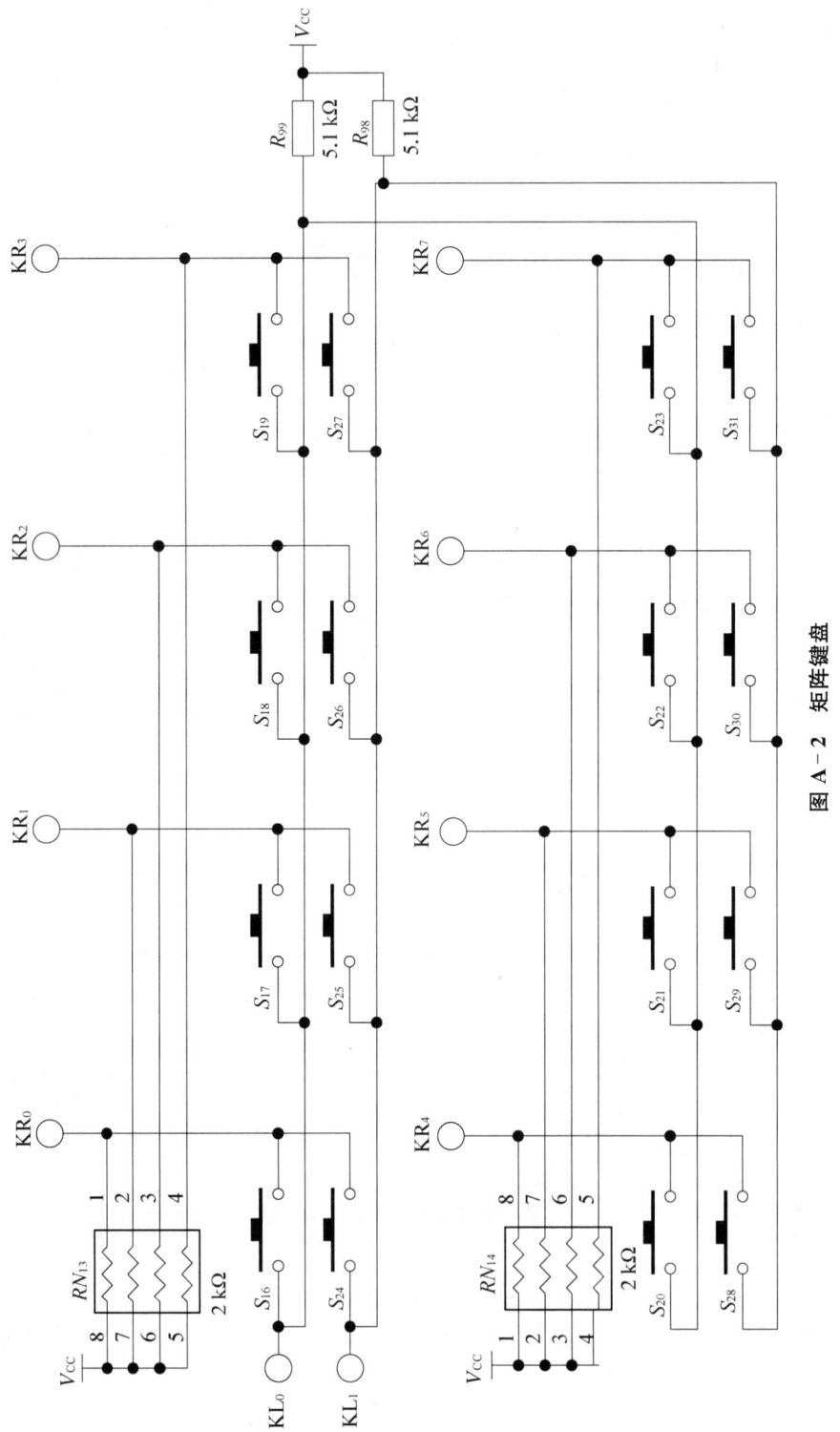

图 A-2 矩阵键盘

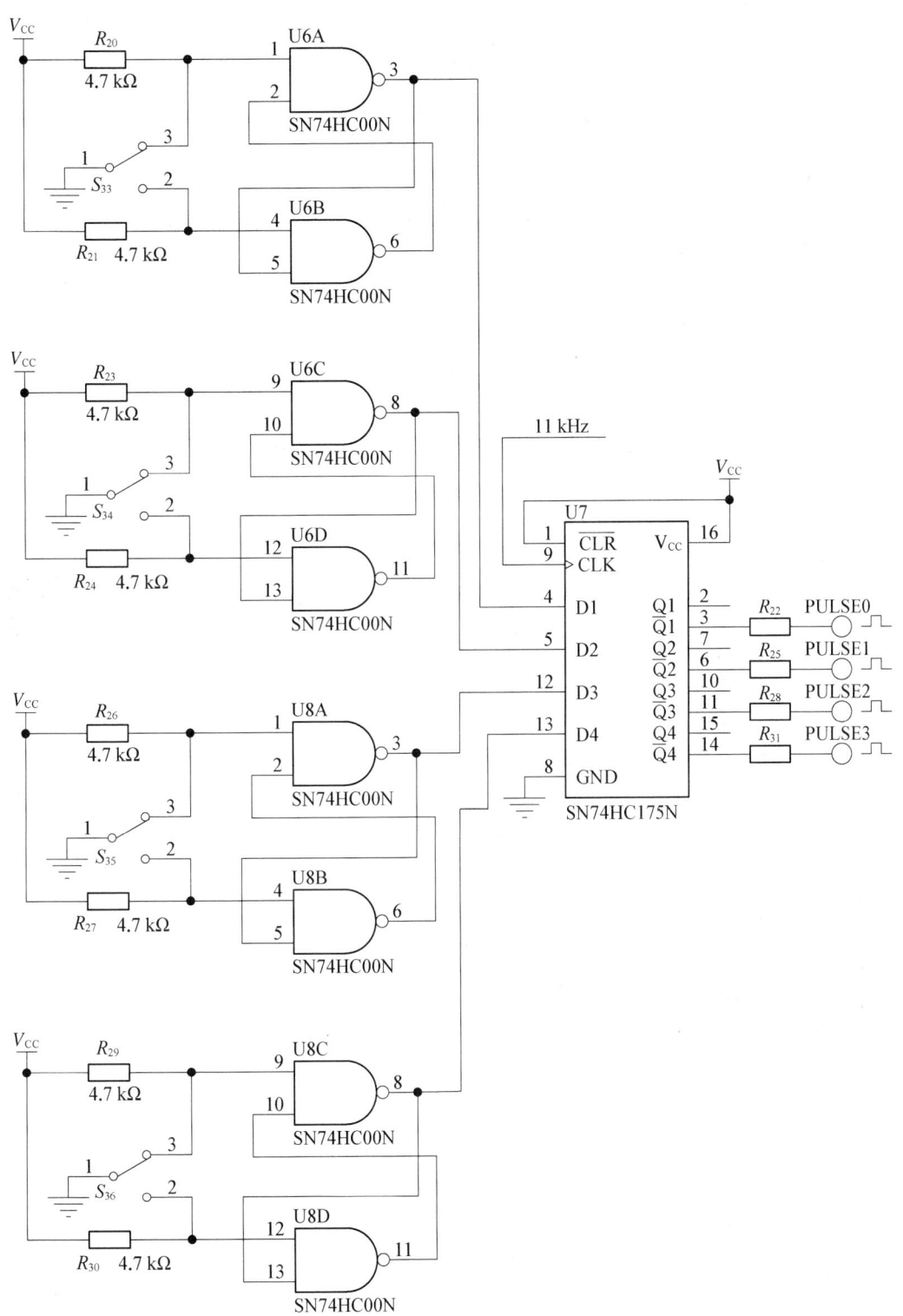

图 A-3 单脉冲电路图

JP22
sW0
sW1
sW2
sW3
sW4
sW5
sW6
sW7
sW8
sW9
sW10
sW11
sW12
sW13
sW14
sW15
RN4 10 kΩ
RN3 10 kΩ
RN2 10 kΩ
RN1 10 kΩ
VCC
S0
S1
S2
S3
S4
S5
S6
S7
S8
S9
S10
S11
S12
S13
S14
S15

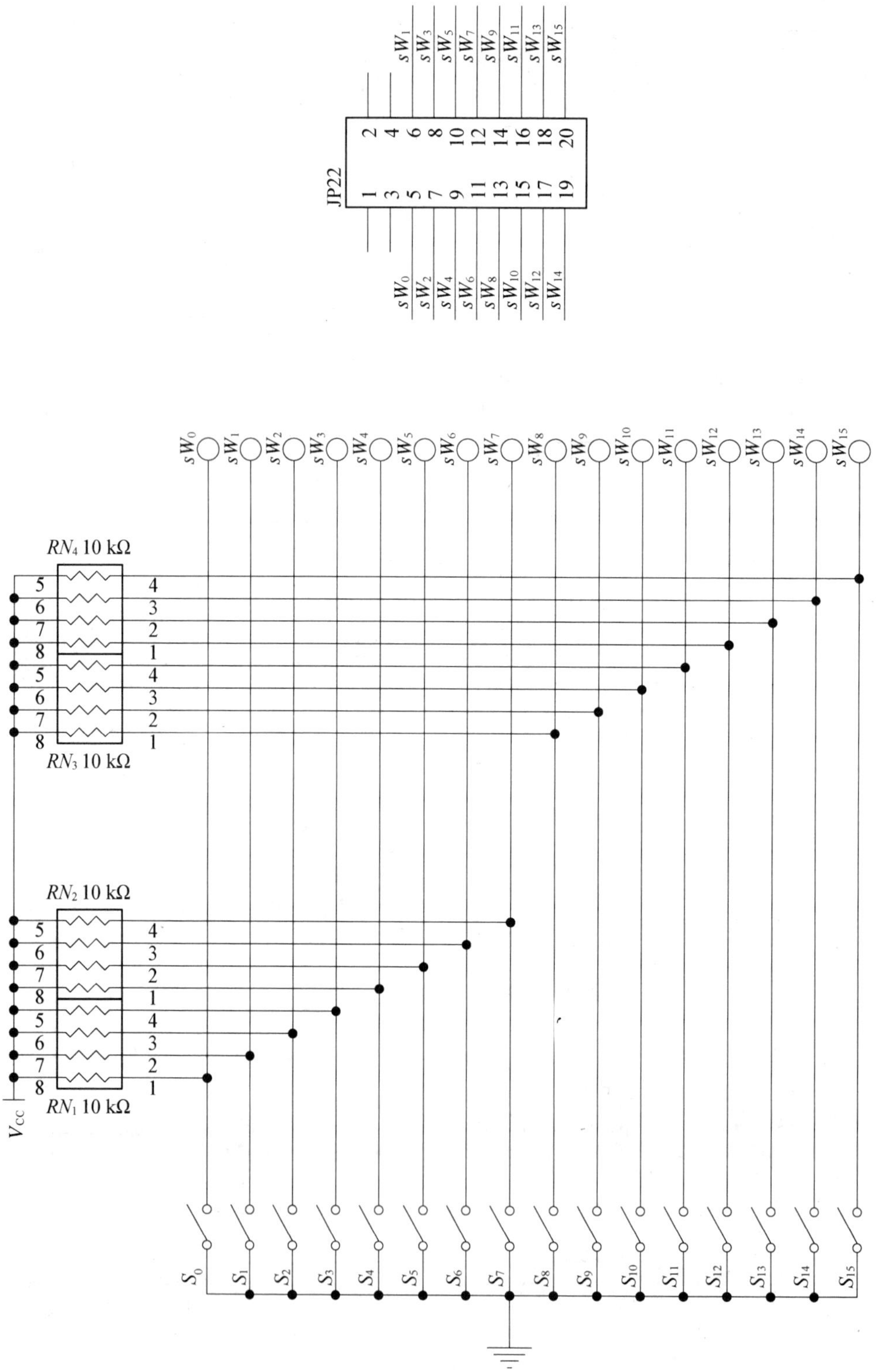

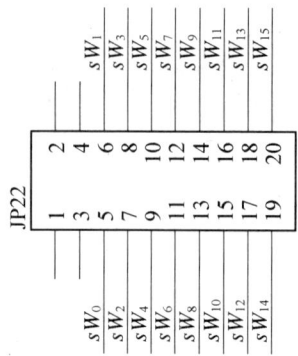

图 A－4　拨码开关电路图

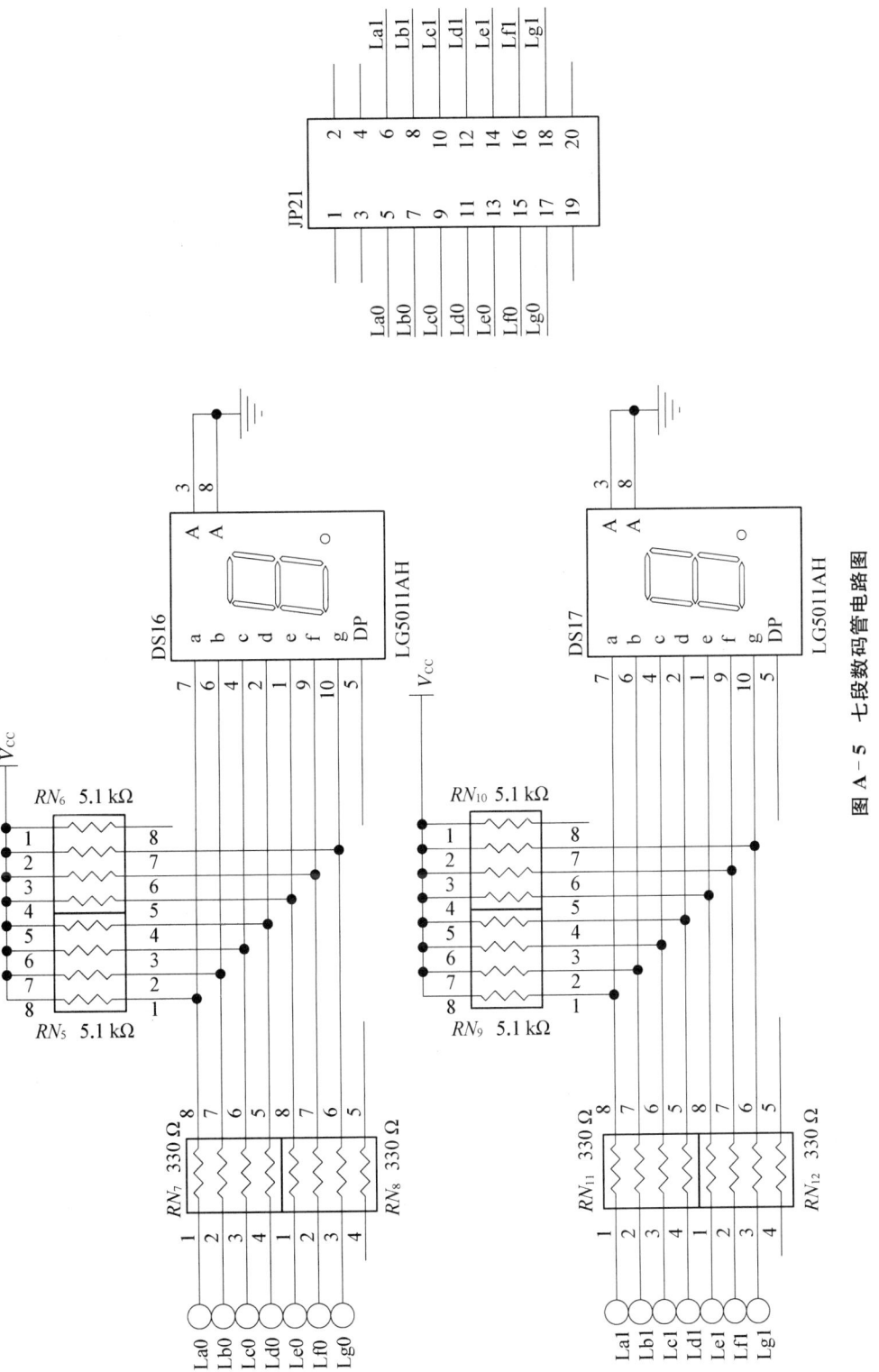

图 A-5 七段数码管电路图

数字电路应用

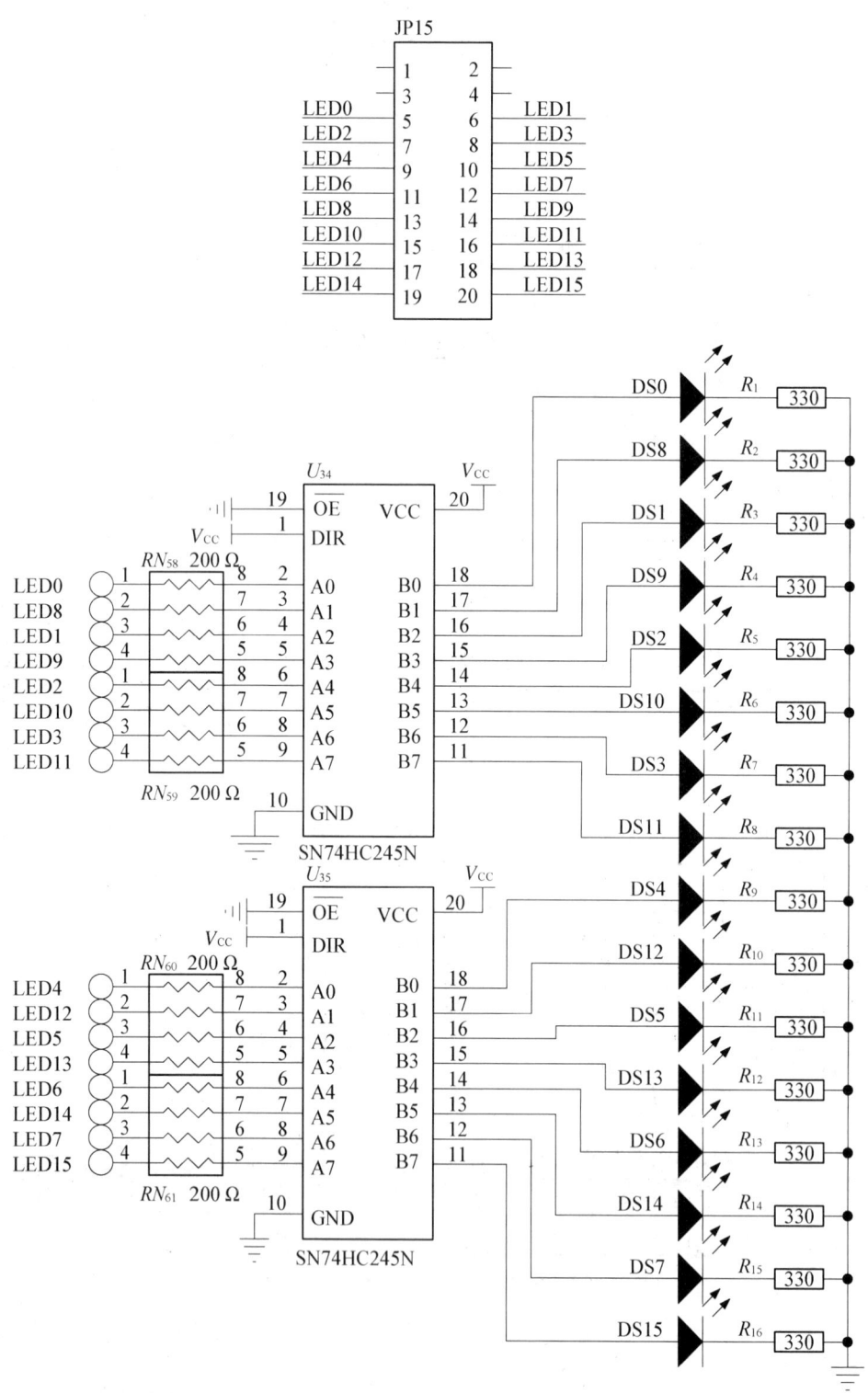

图 A-6 发光二极管电路图

附录 B

参考系统管脚对应表

电路名称及符号	引 脚 图	注 释
六反向器 TTL 74LS04 CMOS MC14069	V_{CC} 6A 6Y 5A 5Y 4A 4Y —14 13 12 11 10 9 8— 74LS04 —1 2 3 4 5 6 7— 1A 1Y 2A 2Y 3A 3Y GND	A 为输入, Y 为输出
四 2 输入与非门 TTL 74LS00 CMOS MC14069 7401(OC)	V_{CC} 4B 4A 4Y 3B 3A 3Y —14 13 12 11 10 9 8— 74LS00 —1 2 3 4 5 6 7— 1A 1B 1Y 2A 2B 2Y GND	A、B 为输入, Y 为输出
双 4 输入与非门 TTL 74LS20 CMOS MC14012	V_{CC} 2D 2C NC 2B 2A 2Y —14 13 12 11 10 9 8— 74LS20 —1 2 3 4 5 6 7— 1A 1B NC 1C 1D 1Y GND	NC 为空脚, A、B、C、D 输入, Y 输出
双进位保留全加器 74LS183	V_{CC} $2A_n$ $2B_n$ $2C_{n-1}$ $2C_n$ NC $2F_n$ —14 13 12 11 10 9 8— 74LS183 —1 2 3 4 5 6 7— $1A_n$ NC $1B_n$ $1C_{n-1}$ $1C_n$ $1F_n$ GND	NC 为空脚

续 表

电路名称及符号	引 脚 图	注 释
四2输入异或门 74LS86	V_{CC} 14, 4B 13, 4A 12, 4Y 11, 3B 10, 3A 9, 3Y 8 — 74LS86 — 1A 1, 1B 2, 1Y 3, 2A 4, 2B 5, 2Y 6, GND 7	A、B 为输入,Y 为输出
与门输入主-从 单 JK 触发器 74H72	V_{CC} 14, $\overline{S}_D$ 13, CP 12, K_3 11, K_2 10, K_1 9, Q 8 — 74H72 — NC 1, $\overline{R}_D$ 2, J_1 3, J_2 4, J_3 5, $\overline{Q}$ 6, GND 7	上升沿触发
二-五-十进制 异步计数器 74LS290	V_{CC} 14, $R_{0(2)}$ 13, $R_{0(1)}$ 12, $\overline{CP}_B$ 11, $\overline{CP}_A$ 10, Q_A 9, Q_D 8 — 74LS290 — $S_{9(1)}$ 1, NC 2, $S_{9(2)}$ 3, Q_C 4, Q_B 5, NC 6, GND 7	
双 D 型触发器 74LS74	V_{CC} 14, $2\overline{R}_D$ 13, $2D$ 12, $2CP$ 11, $2\overline{S}_D$ 10, $2Q$ 9, $2\overline{Q}$ 8 — 74LS74 — $1\overline{R}_D$ 1, $1D$ 2, $1CP$ 3, $1\overline{S}_D$ 4, $1Q$ 5, $1\overline{Q}$ 6, GND 7	上升沿触发
556	V_{CC} 14, 放电 13, 阈值 12, 控制 11, 复位 10, 输出 9, 触发 8 — 556 — 放电 1, 阈值 2, 控制 3, 复位 4, 输出 5, 触发 6, GND 7	

附录B 参考系统管脚对应表

续 表

电路名称及符号	引 脚 图	注 释
双JK触发器 74LS112	V_{CC} 16, $1\overline{R}_D$ 15, $2\overline{R}_D$ 14, $2CP$ 13, $2K$ 12, $2J$ 11, $2\overline{S}_D$ 10, $2Q$ 9 / 74LS112 / $1CP$ 1, $1K$ 2, $1J$ 3, $1\overline{S}_D$ 4, $1Q$ 5, $1\overline{Q}$ 6, $2\overline{Q}$ 7, GND 8	负沿触发
四总线缓冲器 74125(三态低有效) 74126(三态高有效)	V_{CC} 14, $4E$ 13, $4A$ 12, $4Y$ 11, $3E$ 10, $3A$ 9, $3Y$ 8 / $1E$ 1, $1A$ 2, $1Y$ 3, $2E$ 4, $2A$ 5, $2Y$ 6, GND 7	
555	V_{CC} 8, 放电 7, 高触发 6, 控制 5 / 555 / GND 1, 低触发 2, 输出 3, 复位 4	
4线-10线译码器 74LS42	V_{CC} 16, A_0 15, A_1 14, A_2 13, A_3 12, $\overline{Y}_9$ 11, $\overline{Y}_8$ 10, $\overline{Y}_7$ 9 / 74LS42 / $\overline{Y}_0$ 1, $\overline{Y}_1$ 2, $\overline{Y}_2$ 3, $\overline{Y}_3$ 4, $\overline{Y}_4$ 5, $\overline{Y}_5$ 6, $\overline{Y}_6$ 7, GND 8	
10线-4线优先编码器 74LS147	V_{CC} 16, NC 15, $\overline{Y}_3$ 14, $\overline{I}_3$ 13, $\overline{I}_2$ 12, $\overline{I}_1$ 11, $\overline{I}_9$ 10, $\overline{Y}_0$ 9 / 74LS147 / $\overline{I}_4$ 1, $\overline{I}_5$ 2, $\overline{I}_6$ 3, $\overline{I}_7$ 4, $\overline{I}_8$ 5, $\overline{Y}_2$ 6, $\overline{Y}_1$ 7, GND 8	

续表

电路名称及符号	引 脚 图	注 释
双四选一数据选择器 74LS153	引脚: 16-V_{CC}, 15-$2\overline{S}$, 14-A_0, 13-$2D_3$, 12-$2D_2$, 11-$2D_1$, 10-$2D_0$, 9-$2Y$; 1-$1\overline{S}$, 2-A_1, 3-$1D_3$, 4-$1D_2$, 5-$1D_1$, 6-$1D_0$, 7-$1Y$, 8-GND	
4位二进制"加"计数器 74LS161	上: Q_3, Q_2, Q_1, Q_0, ET, EP, CP; 左: RCO; 下: LD, CR, D_3, D_2, D_1, D_0	
同步可逆十进制计数器 74LS192	引脚: 16-V_{CC}, 15-A, 14-CR, 13-$\overline{Q}_{CB}$, 12-$\overline{Q}_{CC}$, 11-$\overline{L}_D$, 10-C, 9-D; 1-B, 2-Q_B, 3-Q_A, 4-CP_-, 5-CP_+, 6-Q_C, 7-Q_D, 8-GND	$CP_+ = 1$ $CP_- = \uparrow$ 减法 $CP_+ = \downarrow$ $CP_- = 1$ 加法
3线-8线译码器 74LS138	上: Y_7, Y_6, Y_5, Y_4, Y_3, Y_2, Y_1, Y_0; 下: G_1, G_{2A}, G_{2B}, A_2, A_1, A_0	
ADC 0809	引脚: 28-IN_2, 27-IN_1, 26-IN_0, 25-1DDA, 24-ADDB, 23-ADDC, 22-ALE, 21-D_7, 20-D_6, 19-D_5, 18-D_4, 17-D_0, 16-VREF(−), 15-D_2; 1-IN_3, 2-IN_4, 3-IN_5, 4-IN_6, 5-IN_7, 6-START, 7-EOC, 8-D_3, 9-OE, 10-CLOCK, 11-$+V_{CC}$, 12-VREF(+), 13-GND, 14-D_1	

参考文献

[1] 高吉祥. 数字电子技术. 北京：电子工业出版社,2011.

[2] 高吉祥. 电路技术基础实验与课程设计. 北京：电子工业出版社,2007.

[3] 康华光. 电子技术基础(数字部分). 北京：高等教育出版社,2006.

[4] 阎石. 数字电子技术基础. 北京：高等教育出版社,2004.

[5] 章海涛,王羽佳. 实验电子技术基础. 北京：电子工业出版社,2008.

[6] 周良权,方向乔. 数字电子技术基础. 北京：高等教育出版社,1999.

[7] 叶致诚,唐冠宗. 电子技术基础实验. 北京：高等教育出版社,2009.

[8] 邹华跃. 数字集成电路基础学习参考. 南京：南京大学出版社,2009.

[9] 余志新,徐娟. 电路与电子学习与实验指导. 广州：华南理工大学出版,2010.

[10] 杨素行. 微机原理及应用. 北京：清华大学出版社,1994.

[11] 唐德洲,邱寄帆. 数字电子技术. 重庆：重庆大学出版社,2002.

[12] 李亚伯. 数字电路与系统. 北京：电子工业出版社,1998.

[13] 唐泽荷,段军政,王应勋. 数字逻辑电路基础. 西安：西安交通大学出版社,1994.

[14] 杜建国. Verilog HDL 硬件描述语言. 北京：国防工业出版社,2004.

[15] 康磊,宋彩利,李润洲. 数字电路设计及 Verilog HDL 实现. 西安：西安电子科技大学出版社,2010.

[16] 贺敬凯. Verilog HDL 数字设计教程. 西安：西安电子科技大学出版社,2010.

[17] Altera Quartus II 使用指南. https://www.altera.com/

[18] 郑亚民,董晓舟. 可编程逻辑器件开发软件 Quartus II. 北京：国防工业出版社,2006.

[19] 赵艳华. 基于 Quartus II 的 FPGA/CPLD 设计与应用. 北京：电子工业出版社,2009.

[20] 哈斯凯尔(Richard E. Haskell),汉纳(Darrin M. Hanna). FPGA 数字逻辑设计教程. 郑利浩,王荃,陈华锋,译. 北京：电子工业出版社,2010.

[21] 王金明. Verilog HDL 程序设计教程. 北京：人民邮电出版社,2004.

[22] 王毓银. 数字电路逻辑设计. 北京：高等教育出版社,2005.

[23] 江国强.数字逻辑电路基础.北京：电子工业出版社,2010.

[24] 夏宇闻.Verilog 数字系统设计教程.北京：北京航空航天大学出版社,2013.

[25] 王秀琴,夏洪洋,张鹏南.Verilog HDL 数字系统设计入门与应用实例.北京：电子工业出版社,2012.

[26] 李响初,数字电路基础与应用.北京：机械工业出版社,2012.

[27] 周润景,姜攀.基于 Quartus II 的数字系统 Verilog HDL 设计实例详解.北京：电子工业出版社,2014.